JN117820

現数Select No.7

線型空間と線型写像

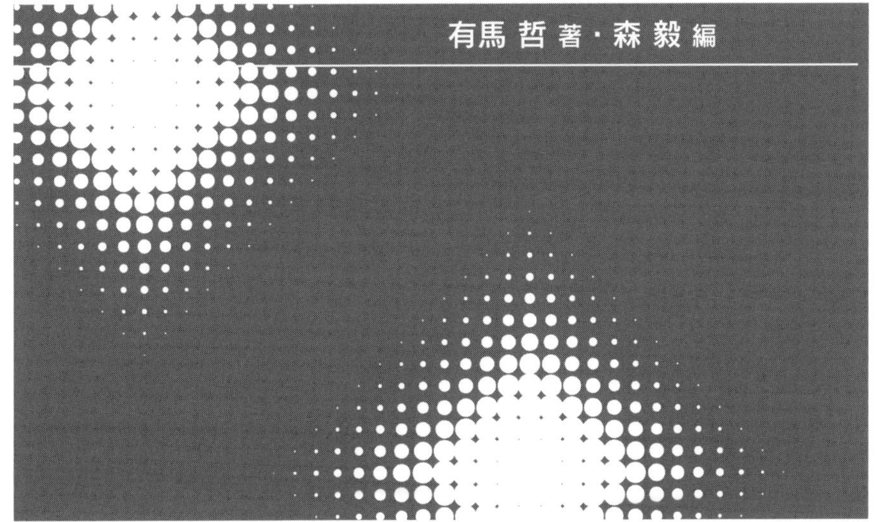

有馬 哲 著・森 毅 編

現代数学社

本書は 1977 年 9 月に小社から出版した
『ポケット数学④　線型空間と線型写像』
を判型変更・リメイクし、再出版するものです。

この本を手にとったアナタのために

大学の数学について，教科書とか参考書とかいったゴツイ本はいくらもあります．しかし，そうした本ではとかく著者の方でもかまえてしまうものですし，総花式にソツなく書くものですから，メリハリがなくなってしまうものです．４月に買っても，試験の頃にはホコリがたまっているだけ，なんてこともよくあります． そのかわり，何年か先にヒョッとすると役に立つかもしれない，とまあ心をなぐさめるわけです．

このシリーズでは，そのようなツンドク用の反対のむしろ使い捨て用の本を意図しました．必要な時に必要な部分を買って使うためのものです．学校をサボッて，試験前になって授業内容をはじめて聞いたアナタのための本です．単位だけ取って数学なんか忘れてしまったけれど，何かのハズミで気になることができたときのアナタのための本です．

いかめしい大学教授も，たいていは怠惰な学生のナレノハテです．でも授業ではツイ，学生は全部出席して講義を聞いているという前提で，やってしまうものです．まあ学校というのはそうした所です．授業にはあまり出ず，たとい出ていても講義がよくわからんのでノートに落書きをしていたり，そうした現実の大学生の方を考えると，それを補完することにこのシリーズの役割りもあると思うのです．

森　　毅

まえがき

この本は第 2 章から読んで欲しい．第 1 章と第 6 章はおまけである．

学校への往復の電車の中で鉛筆を持って欄外に計算する位で読み通せ，線型写像の重要さが印象づけられ，標準的な問題が一通りは解けるようになる本．そういう本を私は目指した．

そのために，前の頁からの引用は頁数の指示ですますことなく定義や命題を繰返してあるし，命題は self-contained に述べてあるから，途中の各 § から読み始めても著しい困難はないと思う．各 § は，証明の都合よりは概念形成の都合によって組み立てたから，一つの § を読めば必ず何かが貴方の中に残る筈である．新概念はなるべく高校数学で親しんだ概念の拡張という形に展開した．

とは言っても，数学を全くの計算抜きで理解することはできない．線型写像の計算部分（行列計算）を第 1 章にコンパクトにまとめたから，適宜参照するか，“行列計算は小学算数の九九のようなもの” と覚悟して別に一晩を費して第 1 章を消化するか，して欲しい．練習問題，固有値の計算（第 8 章）にも紙と鉛筆が必要である．

第 1 章，第 6 章，第 7 章，第 8 章はどの大学でも必ず取り上げる内容である．世の習慣に反して多元環の話を入れたのは，化学者や物理学者のためである．そのために難しくなったのか易しくなったのかは，私にはわからない．

私は先に「線型代数入門」（東京図書）を書いた．そのとき頁数と気怯れのために省略したお話を開陳するつもりで本書を書いた．結果は「…入門」の解説書のようになった．本書は概念の理解に重点を置き，省いた証明が多いし，二次形式，Hermite 行列，Jordan 標準形などの話も省いた．これらの話や完全な証明を望む人は「…入門」を見て欲しい．

浅枝陽先生は校正刷をお読み下さり多くの有用な助言を下さった．いつものことであって感謝の言葉を知らない．

1977 年 3 月 11 日

有馬 哲

このたびの刊行にあたって

本書初版は 1977 年 4 月でした．この面白く生き生きとした数学を少しでも多くの方に読んでいただきたいと，今回新たに組み直しました．このたびの刊行にあたり，故有馬哲先生とご快諾くださったご親族様に，心より厚く御礼を申し上げます．

現代数学社編集部

目　次

第1章

行列，連立一次方程式

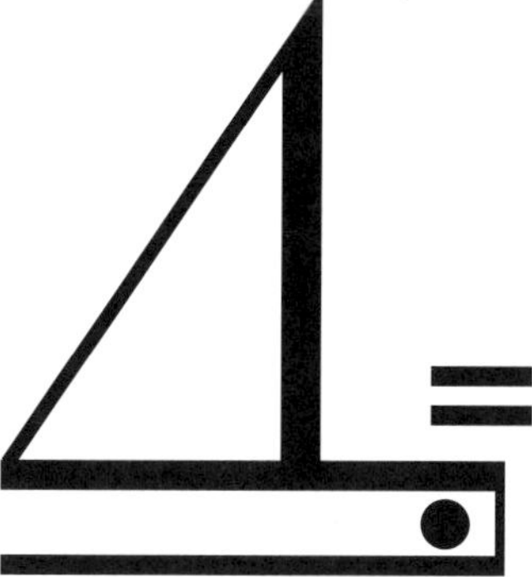

本書では実数を係数とする場合を主題とするが，それでもなお，複素数なしですますことはできない．そこで複素数の話から始めよう．急ぐ読者は §1.1 はとばして，必要なときに参照するという読み方もある．

§1.1 複素数

平方すると -1 となる数 i を考え，$i^2=-1$

$$a+bi \quad (a, b \text{ は実数})$$

の形のものを**複素数**という．

$$\text{実数の全体を}\boldsymbol{R}, \quad \text{複素数の全体を}\boldsymbol{C}$$

で表す．複素数 $a+0i$ とは実数 a にほかならない．したがって集合 $\boldsymbol{R}$ は集合 $\boldsymbol{C}$ の部分集合である．

$$a=a+0i, \quad \boldsymbol{R} \cong \boldsymbol{C}$$

特に，複素数 $1+0i$ は実数 1 と一致し，$0+0i$ は 0 と一致する．

二つの複素数 $\alpha=a+bi$ と $\beta=c+di$ の**和**と**積**を

$$\alpha+\beta=(a+c)+(b+d)i, \quad \alpha\beta=(ac-bd)+(ad+bc)i$$

と定める．要するに，複素数の加減乗除は，i を文字のように扱い，途中 i^2 が現れたら $i^2=-1$ とおけばよい．

$\alpha=a+bi$ に対し，$-\alpha$ と**逆数** α^{-1}（$\dfrac{1}{\alpha}$ とも書く）を

$$-\alpha=-a-bi=(-a)+(-b)i, \alpha^{-1}=\frac{a}{a^2+b^2}-\frac{b}{a^2+b^2}i$$
$$(\text{ただし} a+bi \neq 0)$$

によって定義する．

命題（1.1.1） 複素数は**体の公理**と呼ばれる次の性質をみたす．$\alpha, \beta, \gamma \in \boldsymbol{C}$ のとき

$$\left\{\begin{array}{c} (\alpha+\beta)+\gamma=\alpha+(\beta+\gamma) \\ \alpha+\beta=\beta+\alpha \\ 0+\alpha=\alpha+0=\alpha \\ (-\alpha)+\alpha=\alpha+(-\alpha)=0 \end{array}\right. \qquad \left\{\begin{array}{c} (\alpha\beta)\gamma=\alpha(\beta\gamma) \\ \alpha\beta=\beta\alpha \\ 1\alpha=\alpha 1=\alpha \\ \alpha\neq 0 \text{ のとき } \alpha^{-1}\alpha=\alpha\alpha^{-1}=1 \end{array}\right.$$

$$\alpha(\beta+\gamma)=\alpha\beta+\alpha\gamma, \quad (\alpha+\beta)\gamma=\alpha\gamma+\beta\gamma \quad \text{（体の公理終）}$$

数 $\alpha = a + bi$ に対し，$\bar{\alpha} = a - bi$ を α の**共役**という．

$$\bar{\bar{\alpha}}=\alpha, \quad \overline{\alpha+\beta}=\bar{\alpha}+\bar{\beta}, \quad \overline{\alpha\beta}=\overline{\alpha\beta}, \quad \alpha\bar{\alpha}=a^2+b^2$$

が成り立つ．

平面に直交座標を定め，数 $a + bi$ と点（a, b）を対応させると，$\boldsymbol{C}$ の元と平面上の点は 1 対 1 に対応する．そこで数 $a + bi$ と点 (a, b) とを同一視し，集合 $\boldsymbol{C}$ と平面とを同一視する．このとき，平面を**複素平面**という．そうすれば，0 は原点，実数 $a = a + 0i = (a, 0)$ は第 1 座標軸上の点，**純虚数** $bi = 0 + bi = (0, b)$ は第 2 座標軸上の点 $(\neq 0)$ である $(b \neq 0)$．第 1 座標軸を**実軸**，第 2 座標軸を**虚軸**という．

原点 0 と点 $\alpha = a + bi = (a, b)$ との距離を α の**絶対値**といい，$|\alpha|$ で表す．すなわち

$$|\alpha|=\sqrt{\alpha\bar{\alpha}}=\sqrt{a^2+b^2}$$

である．

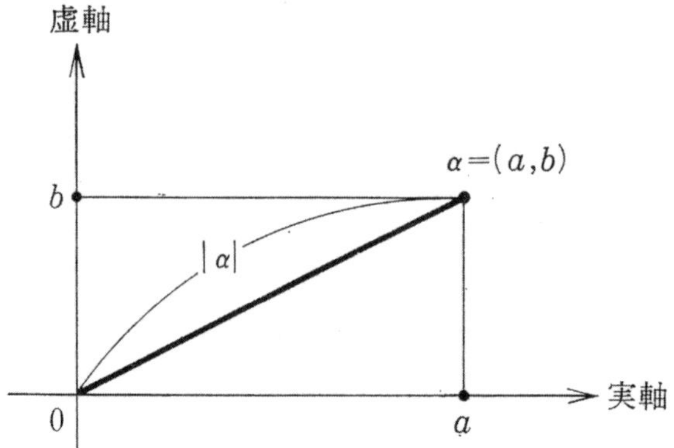

$$|\alpha+\beta| \leqq |\alpha|+|\beta| \quad (三角不等式), \quad |\alpha\beta|=|\alpha||\beta|$$

が成り立つ．$|\alpha-\beta|=|\beta-\alpha|$ は二点 α,β 間の距離に等しい．

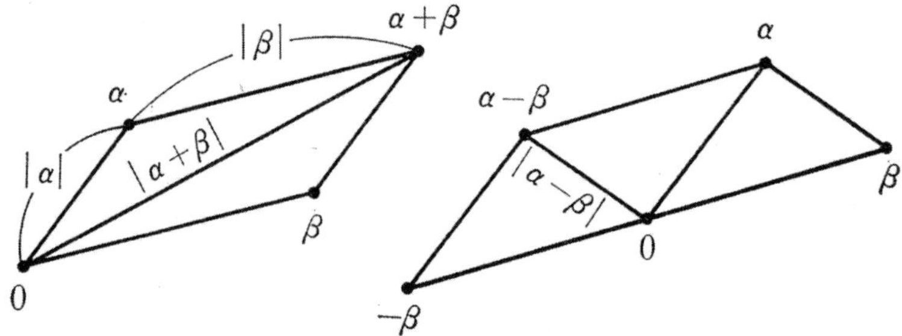

数 $\alpha=a+bi\neq 0$ に対して，原点 0 のまわりに，実軸から半直線 0α の位置まで動径が回転するときの一般角を α の**偏角**という．

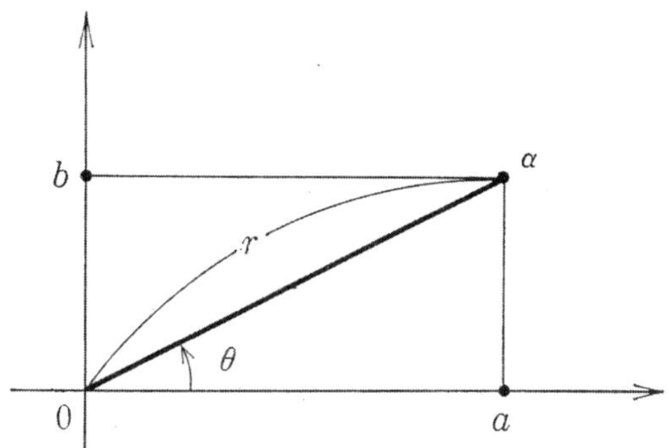

θ が α の一つの偏角であれば，$\theta + (2\pi$ の整数倍$)$ もまた α の偏角である．θ が α の一つの偏角であることを

$$\theta = \arg \alpha$$

と書く．このとき，$r = |\alpha|$ とすれば，$a = r\cos\theta, b = r\sin\theta$ であるから

$$\alpha = r(\cos\theta + i\sin\theta)$$

と表される．これを複素数 α の**極形式表示**という．

例題（1.1.2） $\alpha = \sqrt{3} + i$ の絶対値と偏角を求めよ．

解　$|\alpha|^2 = (\sqrt{3})^2 + 1^2 = 2^2$ より，$|\alpha| = 2$．また $\alpha = 2\left(\dfrac{\sqrt{3}}{2} + \dfrac{1}{2}i\right) = 2\left(\cos\dfrac{\pi}{6} + i\sin\dfrac{\pi}{6}\right)$ であるから，$\arg\alpha = \dfrac{\pi}{6}$.　(終)

複素数 $\xi = x + iy$ に対して

$$e^{\xi} = e^x \cos y + ie^x \sin y$$

と定義する．実数 $x = x + i0$ に対しては e^x は普通の指数関数の値と一致する．純虚数 $iy = 0 + iy$ に対しては

$$e^{iy} = \cos y + i\sin y$$

となって，絶対値が 1 で偏角が y の複素数である．複素数の極形式表示は

$$\alpha = r(\cos\theta + i\sin\theta) = re^{i\theta}, r = |\alpha|, \quad \theta = \arg\alpha$$

と書くこともできる．

命題（1.1.3） $e^{\xi+\eta} = e^{\xi}e^{\eta}$（加法公式），$e^{-\xi} = \dfrac{1}{e^{\xi}}$

証明 $\xi = x + iy, \eta = u + iv$ とすると，$\xi + \eta = (x+u) + i(y+v)$ である．$e^{\xi} = e^{x}(\cos y + i\sin y), e^{\eta} = e^{u}(\cos v + i\sin v)$ だから，

$$\begin{aligned} e^{\xi}\cdot e^{\eta} &= e^{x}e^{u}(\cos y + i\sin y)(\cos v + i\sin v) \\ &= e^{x+u}\{(\cos y\cos v - \sin y\sin v) + i(\sin y\cos v + \cos y\sin v)\} \\ &= e^{x+u}\{\cos(y+v) + i\sin(y+v)\} = e^{\xi+\eta} \end{aligned}$$

$$\eta = -\xi \text{のとき}, e^{\xi}\cdot e^{-\xi} = e^{0} = 1, \quad \therefore \quad e^{-\xi} = \frac{1}{e^{\xi}}$$

（証明終）

系（1.1.4） $|\alpha\beta| = |\alpha||\beta|, \quad \arg(\alpha\beta) = \arg\alpha + \arg\beta +$（$2\pi$ の整数倍）

証明 $r = |\alpha|$，$\theta = \arg\alpha$，$s = |\beta|$，$\varphi = \arg\beta$ とすると，

$$\alpha = re^{i\theta}, \quad \beta = se^{i\varphi}, \quad \therefore \alpha\beta = rse^{i\theta}e^{i\varphi} = rse^{i(\theta+\varphi)}$$

$$\therefore \quad |\alpha\beta| = rs = |\alpha||\beta|, \arg(\alpha\beta) = \theta + \varphi = \arg\alpha + \arg\beta$$

（証明終）

上のことを複素平面 $\boldsymbol{C}$ 上で幾何学的に解釈すれば

（i） 絶対値 1 の複素数 $e^{i\theta}$ を定めたとき，写像 $\boldsymbol{C} \longrightarrow \boldsymbol{C}, \beta \longmapsto e^{i\theta}\beta$ は，原点のまわりの，一般角 θ の回転移動である．

（ii）　$\boldsymbol{C} \ni \alpha = re^{i\theta}$ を定めたとき，写像 $\boldsymbol{C} \longrightarrow \boldsymbol{C}, \beta \longmapsto \alpha\beta$ は，β を原点のまわりに一般角 θ だけ回転し，さらにそれを原点を中心として r 倍拡大する．

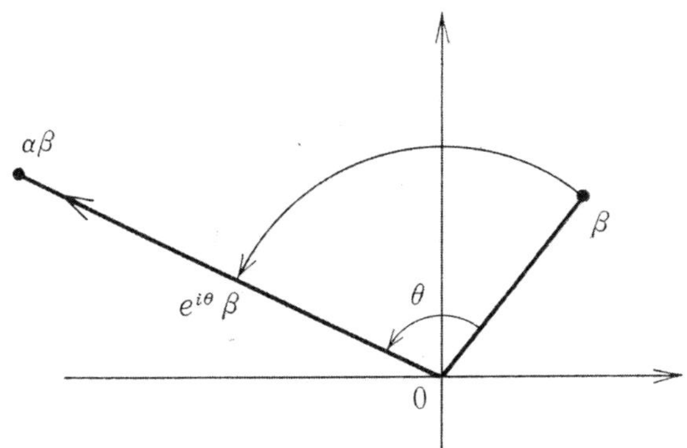

一般に，$\boldsymbol{C}$ の部分集合 K が加減乗除の四則に関して閉じていることを，簡単の為に，K は数体であるという．もっとも 0 だけからなる集合 $K = \{0\}$ というのはつまらないから，$K \ni 0, 1$ と仮定する．すなわち

定義（1.1.5）　部分集合 $K \subseteq \boldsymbol{C}$ が数体であるとは，条件

$$\begin{cases} \text{(i)} & x, y \in K \text{ ならば } x + y \in K, -x \in K \\ \text{(ii)} & x, y \in K \text{ ならば } xy \in K, x \neq 0 \text{ ならば } x^{-1} \in K \\ \text{(iii)} & 0, 1 \in K \end{cases}$$

をみたすことである．たとえば，$\boldsymbol{C}$ 自身は数体であるし，実数の全体 $\boldsymbol{R}$，有理数の全体 $\boldsymbol{Q}$ もまた数体である．$\boldsymbol{C}$ を**複素数体**，$\boldsymbol{R}$ を**実数体**，$\boldsymbol{Q}$ を**有理数体**という．

数体 K は体の公理（1.1.1）をみたす．

§ 1.1 の練習問題

1. 複素平面上の二点 P_k と Q_k の間の距離を求めよ．$(1 \leqq k \leqq 3)$

$$\begin{cases} P_1 = 2+i, \\ Q_1 = 4+2i, \end{cases} \quad \begin{cases} P_2 = 7+7i, \\ Q_2 = -5+2i, \end{cases} \quad \begin{cases} P_3 = (m^2-n^2)+2mni, \\ Q_3 = 0, \end{cases}$$

$(m, n$ 実数$)$

2. -1 でなく絶対値が 1 の複素数の全体を S とする．
$S = \{u \| u| = 1, u \neq -1\}$．このとき，写像 $f : t \longmapsto \dfrac{1+it}{1-it}$ が実数全体 $\boldsymbol{R}$ から S の上への 1 対 1 の写像であることを示せ．f の逆写像を求めよ．

3. 複素数 α, β, γ の絶対値がすべて 1 であって，

$$z = \frac{(\alpha+\beta)(\beta+\gamma)(\gamma+\alpha)}{\alpha\beta\gamma}, \quad w = \frac{\alpha\beta+\beta\gamma+\gamma\alpha}{\alpha+\beta+\gamma}$$

（ただし $\alpha+\beta+\gamma \neq 0$）

のとき，z が実数であることを示せ．$|w| = 1$ を示せ．

4. 複素数 $\alpha = re^{i\theta}$ とその共役複素数を根とする二次方程式を求めよ．その判別式 D を求めよ．

§1.1 の答

1 $|P_1 - Q_1| = \sqrt{5}, |P_2 - Q_2| = 13, |P_3 - Q_3| = m^2 + n^2$

2 $f^{-1} : u \longmapsto i\dfrac{1-u}{1+u}$

3 $\alpha\bar{\alpha} = \beta\bar{\beta} = \gamma\bar{\gamma} = 1$ を用いて，$\bar{z} = z$ を示せ．

4 $t^2 - 2r\cos\theta \cdot t + r^2 = 0, D = -4r^2\sin^2\theta$

§1.2 行列

行列は線型写像を数によって具体的に表すために用いられる．ここでは一般に m 行 n 列の行列を扱うが，考え方は 2 行 2 列の行列の場合と同様である．実数を成分とする行列を考えるが，実数に限らず複素数でもよろしい．

定義（1.2.1）　たとえば，$\begin{pmatrix} 45 & -3 & -11 \\ 37 & 8 & 29 \end{pmatrix}$ は 2 行 3 列の行列である．一般に，mn 個の実数を長方形に並べた

$$\begin{pmatrix} a_{11} & a_{12} & \cdots & a_{1n} \\ a_{21} & a_{22} & \cdots & a_{2n} \\ \vdots & \vdots & & \vdots \\ a_{m1} & a_{m2} & \cdots & a_{mn} \end{pmatrix}, \quad a_{ij} \in \boldsymbol{R}$$

を $(\boldsymbol{m}, \boldsymbol{n})$ **行列**または簡単に**行列**などという．上の行列を簡単に

$$(a_{ij})_{1 \leqq i \leqq m, 1 \leqq j \leqq n}, \quad (a_{ij})$$

などとも表す．二つの同じ型の行列 A, B と実数 c に対して，**和** $A + B$ と $\boldsymbol{c}$ **倍** cA とを，成分毎の和と c 倍で

$$A = \begin{pmatrix} a_{11} & \cdots & a_{1n} \\ \vdots & & \vdots \\ a_{m1} & \cdots & a_{mn} \end{pmatrix}, \quad B = \begin{pmatrix} b_{11} & \cdots & b_{1n} \\ \vdots & & \vdots \\ b_{m1} & \cdots & b_{mn} \end{pmatrix} \text{のとき}$$

$$A + B = \begin{pmatrix} a_{11} + b_{11} & \cdots & a_{1n} + b_{1n} \\ \vdots & & \vdots \\ a_{m1} + b_{m1} & \cdots & a_{mn} + b_{mn} \end{pmatrix}, \quad cA = \begin{pmatrix} ca_{11} & \cdots & ca_{1n} \\ \vdots & & \vdots \\ ca_{m1} & \cdots & ca_{mn} \end{pmatrix}$$

と定義する．$(-1)A$ を $-A$ と書く．$A + (-B)$ を $A - B$ と書く．ゆえに

$$-A = \begin{pmatrix} -a_{11} & \cdots & -a_{1n} \\ \vdots & & \vdots \\ -a_{m1} & \cdots & -a_{mn} \end{pmatrix}, \quad A - B = \begin{pmatrix} a_{11} - b_{11} & \cdots & a_{1n} - b_{1n} \\ \vdots & & \vdots \\ a_{m1} - b_{m1} & \cdots & a_{mn} - b_{mn} \end{pmatrix}.$$

成分がすべて 0 である (m, n) 行列を**零行列**と言い，$O_{m,n}$ または簡単に O で表す．

このとき，次の性質が成り立つことは，高校で学んだ $(2,2)$ 行列の場合と同様である．

命題（1.2.2） m 行 n 列の行列 A, B, C に対し

I（加法の性質）

(1) $(A+B)+C = A+(B+C)$

(2) $A+B = B+A$

(3) $A+O = O+A$

(4) $(-A)+A = A+(-A) = O$

II（実数倍の性質）$b, c \in \boldsymbol{R}$ に対し

(5) $c(A+B) = cA+cB$

(6) $(b+c)A = bA+cA$

(7) $(bc)A = b(cA)$

(8) $1A = A$

定義（1.2.3） 行列 A の列の個数と B の行の個数とが等しいとする．

$$A = \begin{pmatrix} a_{11} & \cdots & a_{1m} \\ \vdots & & \vdots \\ a_{l1} & \cdots & a_{lm} \end{pmatrix}, \quad B = \begin{pmatrix} b_{11} & \cdots & b_{1n} \\ \vdots & & \vdots \\ b_{m1} & \cdots & b_{mn} \end{pmatrix}$$

$$c_{ij} = \sum_{k=1}^{m} a_{ik}b_{kj} = a_{i1}b_{1j} + a_{i2}b_{2j} + \cdots + a_{im}b_{mj}, 1 \leqq i \leqq l, 1 \leqq j \leqq n$$

のとき，

$$AB = \begin{pmatrix} c_{11} & \cdots & c_{1n} \\ \vdots & & \vdots \\ c_{l1} & \cdots & c_{ln} \end{pmatrix}$$

と定義する．これを A と B の**積**という．

$$\overbrace{\begin{pmatrix} & * & \\ \boxed{a_{i1}\ a_{i2}\cdots a_{im}} \\ & * & \end{pmatrix}}^{m\text{ 列}} \left.\begin{pmatrix} & b_{1j} & \\ & b_{2j} & \\ * & \vdots & * \\ & b_{mj} & \end{pmatrix}\right\} m\text{ 行} = \begin{pmatrix} & \vdots & \\ \cdots & c_{ij} & \cdots \\ & \vdots & \end{pmatrix}$$

(l,m) 型　　(m,n) 型　　(l,n) 型

(l,m) 行列と (m,n) 行列の積は (l,n) 行列である．

$(1,m)$ 行列と $(m,1)$ 行列の積は $(1,1)$ 行列すなわち数である．

$$\begin{pmatrix} a_1 & \cdots & a_m \end{pmatrix}\begin{pmatrix} b_1 \\ \vdots \\ b_m \end{pmatrix} = a_1b_1 + \cdots + a_mb_m.$$

$(l,1)$ 行列と $(1,n)$ 行列との積は，(l,n) 行列であって

$$\begin{pmatrix} a_1 \\ \vdots \\ a_l \end{pmatrix}(b_1,\cdots,b_n) = \begin{pmatrix} a_1b_1 & \cdots & a_1b_n \\ \vdots & & \vdots \\ a_lb_1 & \cdots & a_lb_n \end{pmatrix}$$

注意　$(1,m)$ 行列 $(a_1\cdots a_m)$ は，コンマを使って $(a_1,\cdots,a_m)$ のように書くこともある．

例（1.2.4）

（i）$\begin{pmatrix} 2 & -1 & 3 \\ 5 & -2 & -4 \end{pmatrix}\begin{pmatrix} 5 & -1 & 4 \\ 3 & 2 & 1 \\ -2 & 2 & 3 \end{pmatrix}$

$$= \begin{pmatrix} 2\cdot 5 + (-1)\cdot 3 + 3\cdot(-2) & * & * \\ 5\cdot 5 + (-2)3 + (-4)(-2) & * & * \end{pmatrix} = \begin{pmatrix} 1 & 2 & 16 \\ 27 & -17 & 6 \end{pmatrix}$$

(ii) $\begin{pmatrix} 45 & 3 & 11 \end{pmatrix}\begin{pmatrix} 1 \\ -1 \\ -2 \end{pmatrix} = 45 \cdot 1 + 3 \cdot (-1) + 11 \cdot (-2) = 20$

(iii) $\begin{pmatrix} 1 \\ 2 \\ 3 \end{pmatrix}\begin{pmatrix} 1 & 2 & 3 \end{pmatrix} = \begin{pmatrix} 1 & 2 & 3 \\ 2 & 4 & 6 \\ 3 & 6 & 9 \end{pmatrix}$

定義（1.2.5） (n, n) 型の行列で対角線に 1 が並び，他の成分がすべて 0 である行列を**単位行列**といい，E_n または E で表す．すなわち

$$E = E_n = \begin{pmatrix} 1 & & \\ & \ddots & \\ & & 1 \end{pmatrix}$$

である．単位行列の (i, j) 成分を δ_{ij} で表す習慣がある．したがって

$$E = \left(\delta_{ij}\right), \quad \delta_{ij} = \begin{cases} 1, i = j \\ 0, i \neq j \end{cases}$$

である．δ_{ij} を **Kronecker の記号**という．

命題（1.2.6） III（乗法の性質）

(1) $\underset{(l,m)(m,n)(n,k)}{(AB)C} = \underset{(l,m)(m,n)(n,k)}{A(BC)}$

(2) 単位行列は数 1 と似た役割を果たす．すなわち任意の (m, n) 行列 A に対して

$$AE_n = A, E_m A = A$$

IV（乗法と加法の関係）

(3) $\underset{(l,m)(m,n)(m,n)}{A(B + C)} = \underset{(l,m)(m,n)(l,m),(m,n)}{AB + AC}$

(4) $\underset{(l,m)(l,m)(m,n)}{(A + B)C} = \underset{(l,m)(m,n)(l,m)(m,n)}{AC + BC}$

行列の行と列の間にいくつかの横線と線とを入れて全体を何個かの長方形に分割することを，行列の**区分け**という．行列 A を

$$A=\begin{array}{|c|c|c|c|}\hline A_{11} & A_{12} & \cdots & A_{1s} \\ \hline A_{21} & A_{22} & \cdots & A_{2s} \\ \hline \vdots & \vdots & \cdots & \vdots \\ \hline A_{r1} & A_{r2} & & A_{rs} \\ \hline \end{array}$$ と区分けしたとき

$$A=\begin{pmatrix} A_{11} & A_{12} & \cdots & A_{1s} \\ A_{21} & A_{22} & \cdots & A_{2s} \\ \vdots & \vdots & & \vdots \\ A_{r1} & A_{r2} & \cdots & A_{rs} \end{pmatrix}$$

と表す．

公式（1.2.7）　(l,m) 行列 A と (m,n) 行列 B に対して，A の列の分け方と B の行の分け方が同じになるように区分けして

$$A=\begin{pmatrix} A_{11} & \cdots & A_{1q} \\ \vdots & & \vdots \\ A_{p1} & \cdots & A_{pq} \end{pmatrix},\quad B=\begin{pmatrix} B_{11} & \cdots & B_{1r} \\ \vdots & & \vdots \\ B_{q1} & \cdots & B_{qr} \end{pmatrix}$$

としたとき，

$$C_{st}=\sum_{k=1}^{q} A_{sk}B_{kt}=A_{s1}B_{1t}+\cdots+A_{sq}B_{qt}, 1\leqq s\leqq p, 1\leqq t\leqq r$$

とおくと

$$AB=\begin{pmatrix} C_{11} & \cdots & C_{1r} \\ \vdots & & \vdots \\ C_{p1} & \cdots & C_{pr} \end{pmatrix}$$

である．たとえば，$p=q=r=2$ のときには

$$\begin{pmatrix} A_{11} & A_{12} \\ A_{21} & A_{22} \end{pmatrix}\begin{pmatrix} B_{11} & B_{12} \\ B_{21} & B_{22} \end{pmatrix}=\begin{pmatrix} A_{11}B_{11}+A_{12}B_{21} & A_{11}B_{12}+A_{12}B_{22} \\ A_{21}B_{11}+A_{22}B_{21} & A_{21}B_{12}+A_{22}B_{22} \end{pmatrix},$$

$$\begin{pmatrix} A_{11} & A_{12} \\ O & A_{22} \end{pmatrix}\begin{pmatrix} B_{11} & B_{12} \\ O & B_{22} \end{pmatrix}=\begin{pmatrix} A_{11}B_{11} & A_{11}B_{12}+A_{12}B_{22} \\ O & A_{22}B_{22} \end{pmatrix},$$

$$\begin{pmatrix} A_{11} & O \\ O & A_{22} \end{pmatrix}\begin{pmatrix} B_{11} & O \\ O & B_{22} \end{pmatrix}=\begin{pmatrix} A_{11}B_{11} & O \\ O & A_{22}B_{22} \end{pmatrix}$$

行列 $A=\begin{pmatrix} a_{11} & \cdots & a_{1n} \\ \vdots & & \vdots \\ a_{m1} & \cdots & a_{mn} \end{pmatrix}$ に対して，左から j 番目の縦に並んだ

$$\begin{matrix} a_{1j} \\ \vdots \\ a_{mj} \end{matrix}$$

を A の**第 j 列**という．上から i 番目の横に並んだ

$$a_{i1}, \cdots, a_{in}$$

を A の**第 i 行**という．A の列は全部で

$$\boldsymbol{a}_1=\begin{pmatrix} a_{11} \\ \vdots \\ a_{m1} \end{pmatrix}, \cdots, \quad \boldsymbol{a}_n=\begin{pmatrix} a_{1n} \\ \vdots \\ a_{mn} \end{pmatrix}$$

の n 個である．これらを A の**列ベクトル**ともいう．A の行は全部で

$$\boldsymbol{a}_1{}'=(a_{11}, \cdots, a_{1n})$$

$$\boldsymbol{a}_m{}'=(a_{m1}, \cdots, a_{mn})$$

の m 個である．これらを A の**行ベクトル**ともいう．このとき

$$A = (\boldsymbol{a}_1, \cdots, \boldsymbol{a}_n), \quad A = \begin{pmatrix} \boldsymbol{a}_1{}' \\ \vdots \\ \boldsymbol{a}_m{}' \end{pmatrix}$$

と書く．これは A の区分けの特別の場合にほかならない．

公式（1.2.8）　(l, m) 行列 A の行ベクトル表示と (m, n) 行列 B の列ベクトル表示を

$$A = \begin{pmatrix} \boldsymbol{a}_1{}' \\ \vdots \\ \boldsymbol{a}_l{}' \end{pmatrix}, \quad B = (\boldsymbol{b}_1, \cdots, \boldsymbol{b}_n)$$

とするとき，積 AB は次の三通りの仕方で計算できる．

（i）$AB = \begin{pmatrix} \boldsymbol{a}_1{}' \\ \vdots \\ \boldsymbol{a}_l' \end{pmatrix} (\boldsymbol{b}_1, \cdots, \boldsymbol{b}_n) = \begin{pmatrix} \boldsymbol{a}_1{}'\boldsymbol{b}_1 & \cdots & \boldsymbol{a}_1{}'\boldsymbol{b}_n \\ \vdots & & \vdots \\ \boldsymbol{a}_l{}'\boldsymbol{b}_1 & \cdots & \boldsymbol{a}_l{}'\boldsymbol{b}_n \end{pmatrix}$

（ii）$AB = A(\boldsymbol{b}_1, \cdots, \boldsymbol{b}_n) = (A\boldsymbol{b}_1, \cdots, A\boldsymbol{b}_n)$

（iii）$AB = \begin{pmatrix} \boldsymbol{a}_1{}' \\ \vdots \\ \boldsymbol{a}_l' \end{pmatrix} B = \begin{pmatrix} \boldsymbol{a}_1{}'B \\ \vdots \\ \boldsymbol{a}_l'B \end{pmatrix}$

§1.2 の練習問題

1. (n, n) 行列 A, B に対して，$(A+B)^2 = A^2 + 2AB + B^2$ が成り立つための条件をいえ．

§1.2 の答

1. $AB = BA$

§1.3　行列の基本変形，逆行列の求め方

行の個数と列の個数とが等しい行列を**正方行列**という．(n, n) 型

の行列を **n 次正方行列**，**n 次行列**などという．n 次行列と n 次行列の積はまた n 次行列であるから，n 次行列の全体は加法と乗法に関して閉じていて，実数の全体 $\boldsymbol{R}$ と似た性質をもっているが，異なる点が三つある．それは

（i）n 次行列 A, B に対して，AB も BA も n 次行列であるが，

$$AB = BA$$

は成り立たないことがある．

（ii）$A \neq O, B \neq O$ であっても $AB = O$ となることがある．

（iii）$A \neq O$ であっても，$XA = AX = E_n$ となる（逆数に相当する）行列 X が存在しないことがある．

定義（1.3.1） 正方行列 A に対し

$$XA = E \text{かつ} AX = E$$

をみたす行列 X が存在するとき，A を**正則行列**または**可逆行列**という．行列 X を A の**逆行列**という．A の逆行列を

$$A^{-1}$$

で表す．

命題（1.3.2） A, B が n 次行列とする．

（i）A が正則ならば，A^{-1} もまた正則であって $(A^{-1})^{-1} = A$

（ii）A, B がともに正則ならば，積 AB もまた正則であって，

$(AB)^{-1} = B^{-1}A^{-1}$．一般に $(A_1A_2 \cdots A_k)^{-1} = {A_k}^{-1} \cdots {A_2}^{-1}{A_1}^{-1}$．

証明（i）$X = A$ は A^{-1} の逆行列の条件 $XA^{-1} = A^{-1}X = E$ をみたす．

（ii） $X = B^{-1}A^{-1}$ とおくとき，　$X(AB) = B^{-1}\left(A^{-1}A\right)B = B^{-1}EB = B^{-1}B = E$,　$\therefore X(AB) = E$, 同様に $(AB)X = E$ よって行列 $B^{-1}A^{-1}$ は AB の逆行列の条件をみたす．　　（証明終）

定義（1.3.3） 行列 $A = \begin{pmatrix} a_{11} & \cdots & a_{1n} \\ \vdots & & \vdots \\ \boldsymbol{a}_{m1} & \cdots & \boldsymbol{a}_{mn} \end{pmatrix} = \begin{pmatrix} a_1{}' \\ \vdots \\ a_m{}' \end{pmatrix}$ に対する次の三つの操作を行に関する**基本変形**という．

（i） A の第 i 行と第 j 行とを入れかえる $(i \neq j)$

$$A = \begin{pmatrix} \boldsymbol{a}_1{}' \\ \vdots \\ \boldsymbol{a}_i{}' \\ \vdots \\ \boldsymbol{a}_j{}' \\ \vdots \\ \boldsymbol{a}_m{}' \end{pmatrix} \begin{matrix} \\ \\ \leftarrow \text{第}\, i\, \text{行} \\ \\ \leftarrow \text{第}\, j\, \text{行} \\ \\ \\ \end{matrix} \longrightarrow \begin{pmatrix} \boldsymbol{a}_1{}' \\ \vdots \\ \boldsymbol{a}_j{}' \\ \vdots \\ \boldsymbol{a}_i{}' \\ \vdots \\ \boldsymbol{a}_m{}' \end{pmatrix} \begin{matrix} \\ \\ \leftarrow \text{第}\, i\, \text{行} \\ \\ \leftarrow \text{第}\, j\, \text{行} \\ \\ \\ \end{matrix}$$

（ii） $\boldsymbol{R} \ni c \neq 0$ のとき，A の第 i 行 $\boldsymbol{a}_i{}'$ を $c\boldsymbol{a}_i{}'$ でおきかえる．

$$A = \begin{pmatrix} \boldsymbol{a}_1{}' \\ \vdots \\ \boldsymbol{a}_i{}' \\ \vdots \\ \boldsymbol{a}_m{}' \end{pmatrix} \longrightarrow \begin{pmatrix} \boldsymbol{a}_1{}' \\ \vdots \\ c\boldsymbol{a}_i{}' \\ \vdots \\ \boldsymbol{a}_m{}' \end{pmatrix}$$

（iii） $\boldsymbol{R} \ni c$ のとき，A の第 j 行 $\boldsymbol{a}_j{}'$ を $\boldsymbol{a}_j{}' + c\boldsymbol{a}_i{}'$ でおきかえる

$(i \neq j)$.

$$A = \begin{pmatrix} \boldsymbol{a}_1{}' \\ \vdots \\ \boldsymbol{a}_j{}' \\ \vdots \\ \boldsymbol{a}m' \end{pmatrix} \longrightarrow \begin{pmatrix} \boldsymbol{a}_1{}' \\ \vdots \\ \boldsymbol{a}_j{}' + c\boldsymbol{a}_i{}' \\ \vdots \\ \boldsymbol{a}_m{}' \end{pmatrix} \leftarrow \text{第}\,j\,\text{行}$$

列に関する基本変形も同様である.

単位行列 E_m に以上三つの基本変形を行なったものをそれぞれ $T_m(i,j), M_m(i;c), A_m(i,j:c)$ で表し，**基本行列**という.

$$T_m(i,j) = \begin{pmatrix} 1 & & & & & & \\ & \ddots & & & & & \\ & & 1 & \vdots & & \vdots & \\ \cdots & \cdots & \cdots & 0 & \cdots & 1 & \cdots \\ & & & \vdots & & \vdots & \\ \cdots & \cdots & \cdots & 1 & \cdots & 0 & \cdots \\ & & & \vdots & & \vdots & 1 \\ & & & & & & \ddots \\ & & & & & & & 1 \end{pmatrix} \begin{matrix} \\ \\ \\ \leftarrow \text{第}\,i\,\text{行} \\ \\ \leftarrow \text{第}\,j\,\text{行} \\ \\ \\ \\ \end{matrix}$$

（第 i 列，第 j 列）

$$M_m(i;c) = \begin{pmatrix} 1 & & & & \\ & \ddots & & & \\ & & 1 & \vdots & \\ \cdots & \cdots & \cdots & c & \cdots \\ & & & \vdots & \ddots \\ & & & & & 1 \end{pmatrix} \begin{matrix} \\ \\ \\ \leftarrow \text{第}\,i\,\text{行} \\ \\ \\ \end{matrix}$$

（第 i 列）

$$A_m(i,j;c) = \begin{pmatrix} 1 & & & & \\ & \ddots & \vdots & & \\ & & 1 & & \\ & & \vdots & \ddots & \\ & & c & \cdots & 1 & \cdots \\ & & & & & \ddots \\ & & & & & & 1 \end{pmatrix} \begin{matrix} \\ \\ \leftarrow \text{第}\,i\,\text{行} \\ \\ \leftarrow \text{第}\,j\,\text{行} \\ \\ \\ \end{matrix}$$

（第 i 列）

行列 A に行に関する基本変形を行うには，基本行列を A の左から掛けてやればよい．実際，(m,n) 行列 A に対し，左から

（i）行列 $T_m(i,j)$ を掛けると A の i 行と j 行が入れかわる．

（ii）行列 $M_m(i;c)$ を掛けると A の i 行が c 倍される．

（iii）行列 $A_m(i,j;c)$ を掛けると A の j 行に i 行の c 倍が加わる．

たとえば，$m=3$ のとき，

$$T_m(2,3)\begin{pmatrix} a_1 & b_1 & c_1 \\ a_2 & b_2 & c_2 \\ a_3 & b_3 & c_3 \end{pmatrix} = \begin{pmatrix} 1 & & \\ & 0 & 1 \\ & 1 & 0 \end{pmatrix}\begin{pmatrix} a_1 & b_1 & c_1 \\ a_2 & b_2 & c_2 \\ a_3 & b_3 & c_3 \end{pmatrix} = \begin{pmatrix} a_1 & b_1 & c_1 \\ a_3 & b_3 & c_3 \\ a_2 & b_2 & c_2 \end{pmatrix}$$

$$M_m(2;k)\begin{pmatrix} a_1 & b_1 & c_1 \\ a_2 & b_2 & c_2 \\ a_3 & b_3 & c_3 \end{pmatrix} = \begin{pmatrix} 1 & & \\ & k & \\ & & 1 \end{pmatrix}\begin{pmatrix} a_1 & b_1 & c_1 \\ a_2 & b_2 & c_2 \\ a_3 & b_3 & c_3 \end{pmatrix} = \begin{pmatrix} a_1 & b_1 & c_1 \\ ka_2 & kb_2 & kc_2 \\ a_3 & b_3 & c_3 \end{pmatrix}$$

$$A_m(2,3;7)\begin{pmatrix} a_1 & b_1 & c_1 \\ a_2 & b_2 & c_2 \\ a_3 & b_3 & c_3 \end{pmatrix} = \begin{pmatrix} 1 & & \\ & 1 & \\ & 7 & 1 \end{pmatrix}\begin{pmatrix} a_1 & b_1 & c_1 \\ a_2 & b_2 & c_2 \\ a_3 & b_3 & c_3 \end{pmatrix} = \begin{pmatrix} a_1 & b_1 & c_1 \\ a_2 & b_2 & c_2 \\ a_3+7a_2, & b_3+7b_2, & c_3+7c_2 \end{pmatrix}$$

基本行列 $T_n(i,j)$ を**互換行列**という．有限個の互換行列の積を**置換行列**という．置換行列とは各行各列に1が一回ずつ現れ，残りの成分が0の正方行列にほかならない．

(m,n) 行列 A に右から（n 次の）置換行列を掛けると，A の列の間の入れかえ（置換）が起こる．たとえば,

$$P = \begin{pmatrix} 0 & 0 & 1 \\ 1 & 0 & 0 \\ 0 & 1 & 0 \end{pmatrix}$$

は 3 次の置換行列であって

$$\begin{pmatrix} a_1 & a_2 & a_3 \\ b_1 & b_2 & b_3 \\ c_1 & c_2 & c_3 \\ d_1 & d_2 & d_3 \end{pmatrix} \begin{pmatrix} 0 & 0 & 1 \\ 1 & 0 & 0 \\ 0 & 1 & 0 \end{pmatrix} = \begin{pmatrix} a_2 & a_3 & a_1 \\ b_2 & b_3 & b_1 \\ c_2 & c_3 & c_1 \\ d_2 & d_3 & d_1 \end{pmatrix}$$

基本行列はすべて正則である．それらの逆行列は

$$T_m(i,j)^{-1} = T_m(i,j), M_m(i:c)^{-1} = M_m\left(i;\frac{1}{c}\right),$$
$$A_m(i,j;c)^{-1} = A_m(i,j;-c)$$

である．したがって，有限個の基本行列の積もまた正則である．置換行列もまた正則である．

命題（1.3.4） (m,n) 行列 $A \neq O$ に対して，行に関する基本変形と列の間の入れかえを行なって

$$\begin{pmatrix} E_r & C \\ O & O \end{pmatrix} = \begin{array}{r} r\left\{\begin{array}{l} \\ \\ \\ \\ \end{array}\right. \\ m-r\left\{\begin{array}{l} \\ \\ \\ \end{array}\right. \end{array} \left(\begin{array}{cccc} \overbrace{\begin{array}{ccc} 1 & 0 \cdots & 0 \\ 0 & 1 \cdots & 0 \\ \vdots & \vdots \ddots & \vdots \\ 0 & 0 \cdots & 1 \end{array}}^{r} & \overbrace{\begin{array}{ccc} c_{11} & \cdots & c_{1,n-r} \\ c_{21} & \cdots & c_{2,n-r} \\ \vdots & & \vdots \\ c_{r1} & \cdots & c_{r,n-r} \end{array}}^{n-r} \\ \begin{array}{ccc} 0 & 0 \cdots & 0 \\ \vdots & \vdots & \vdots \\ 0 & 0 \cdots & 0 \end{array} & \begin{array}{ccc} 0 & \cdots & 0 \\ \vdots & & \vdots \\ 0 & \cdots & 0 \end{array} \end{array} \right)$$

の形にすることができる $(1 \leqq r \leqq m, n)$．したがって正則行列 P（有限個の基本行列の積）と置換行列 Q とがあって

$$PAQ = \begin{pmatrix} E_r & C \\ O & O \end{pmatrix}$$

となる．

証明　第一の変形　$A \neq O$ であるから，適当に行の入れかえと列の入れかえを行えば，$(1,1)$ 成分が $\neq 0$ となる．そこで第一行に適当な数を掛ければ，$(1,1)$ 成分が 1 となる．

$$A \longrightarrow \begin{pmatrix} 1 & a_{12} \cdots a_{1n} \\ a_{21} & \\ \vdots & * \\ a_{m1} & \end{pmatrix}$$

そこで，各 $2 \leqq i \leqq m$ に対して，第一行の $-a_{i1}$ 倍を第 i 行に加える基本変形を行えば

$$\begin{pmatrix} 1 & a_{12} \cdots a_{1n} \\ a_{21} & \\ \vdots & * \\ a_{m1} & \end{pmatrix} \longrightarrow A_1 = \left(\begin{array}{c|c} 1 & * \\ \hline 0 & \\ \vdots & B_1 \\ 0 & \end{array}\right)$$

の形となる．$B_1 = 0$ ならば証明終り．

第二の変形　$B_1 \neq O$ とする．このとき，適当に A_1 の行の入れかえと列の入れかえとを行えば，A_1 の $(2,2)$ 成分が $\neq 0$ となる．そこで第 2 行に適当な数を掛けると $(2,2)$ 成分が 1 となる．以上の

変形で A_1 の第一列は影響を受けない．

$$A_1 = \left(\begin{array}{c:c} 1 & * \\ \hdashline 0 & \\ 0 & \\ \vdots & B_1 \\ 0 & \end{array}\right) \longrightarrow \left(\begin{array}{c:cc} 1 & a_{12} & * \\ \hdashline 0 & 1 & \\ 0 & a_{32} & * \\ \vdots & \vdots & \\ 0 & a_{m2} & \end{array}\right)$$

そこで，各 $1 \leqq i \leqq m$（ただし $i \neq 2$）に対して，第二行の $-a_{i2}$ 倍を加えると

$$\begin{pmatrix} 1 & a_{12} \\ 0 & 1 \\ 0 & a_{32} \\ \vdots & \vdots \\ 0 & a_{m2} \end{pmatrix} \longrightarrow A_2 = \left(\begin{array}{cc:c} 1 & 0 & \\ 0 & 1 & * \\ \hdashline \multicolumn{2}{c:}{O} & B_2 \end{array}\right)$$

の形となる．

以下，このような変形を続けて行えばよい．正確には帰納法による．以上の変形で，列に関しては入れかえのみを行なった．

（証明終）

定理（1.3.5） n 次行列 A に対して，次の五条件は同値である．

（i）A は正則行列である．

（ii）$XA = E_n$ となる X がある．

^{t}（ii）$AY = E_n$ となる Y がある．

（iii）行に関する基本変形と列の入れかえによって，$A \longrightarrow E_n$ と変形される．

（iv）A は有限個の基本行列の積である．

証明 （i）$\overset{\Rightarrow}{\Rightarrow}$ （ii）, ^{t}（ii）$\overset{\Rightarrow}{\Rightarrow}$（iii）$\Longrightarrow$（iv）$\Longrightarrow$（i）の順に証明

する．　（ｉ）$\Longrightarrow$（ii），（ｉ）$\Longrightarrow {}^t$（ii）は明白．

（ii）$\Longrightarrow$（iii）まず基本行列の積 P，置換行列 Q があって $PAQ = \begin{pmatrix} \overbrace{E_r}^{r} & \overbrace{C}^{n-r} \\ O & O \end{pmatrix} \begin{matrix} \}\, r \\ \}\, n-r \end{matrix}, 0 \leqq r \leqq n$，となることに注意する (1.3.4)．　仮に $r < n$ であったとしょう．$Q^{-1}XP^{-1}$ を PAQ と同じ型の小行列に区分けして

$$Q^{-1}XP^{-1} = \begin{pmatrix} X_{11} & X_{12} \\ X_{21} & X_{22} \end{pmatrix}$$

とすれば

$$\begin{pmatrix} E_r & O \\ O & E_{n-r} \end{pmatrix} = E_n = (Q^{-1}XP^{-1})(PAQ)$$

$$= \begin{pmatrix} X_{11} & X_{12} \\ X_{21} & X_{22} \end{pmatrix} \begin{pmatrix} E_r & C \\ O & O \end{pmatrix} = \begin{pmatrix} X_{11} & X_{11}C \\ X_{21} & X_{21}C \end{pmatrix}$$

$$\therefore O = X_{21}, \quad \therefore E_{n-r} = X_{21}C = O$$

これは不合理である．ゆえに $r = n$．

^{t}（ii）$\Longrightarrow$（iii）も（ii）$\Longrightarrow$（iii）と同様にして証明される．

（iii）$\Longrightarrow$（iv）基本行列 $P_1, \cdots, P_k, Q_1, \cdots, Q_l$ があって

$$P_k \cdots P_2 P_1 A Q_1 Q_2 \cdots Q_l = E_n$$

とする．このとき

$$A = P_1^{-1} {P_2}^{-1} \cdots {P_k}^{-1} {Q_l}^{-1} \cdots {Q_2}^{-1} {Q_1}^{-1}$$

であるが，基本行列の逆行列 $P_1^{-1}, \cdots, P_k^{-1}, {Q_k}^{-1}, \cdots, {Q_1}^{-1}$ もまた基本行列である．ゆえに A は基本行列の積である．

（iv）$\Longrightarrow$（ｉ）基本行列は正則であること，有限個の正則行列の積もまた正則であること（1.3.2)，からわかる．　（証明終）

上の命題は重要な情報を三つ含んでいる．

第一に，たとえば（ii）$\Longrightarrow$（i）によって，行列 X が A の逆行列であることをみるには，$XA = E_n$ だけを確かめれば $AX = E_n$ の方は自動的に成り立つ というのである．

第二に，n 次の正則行列の全体は普通 $GL(n, \boldsymbol{R})$ と書かれ，行列の乗法によって群をなすが，（iv）によれば，群 $GL(n, \boldsymbol{R})$ は基本行列により生成されるわけである．

第三に，（iv）は正則行列の逆行列の具体的な計算法を与える．すなわち

命題（1.3.6） A が正則行列のとき

（i）行に関する基本変形だけによって，$A \longrightarrow E_n$ と変形できる．すなわち，基本行列 $P_1, \cdots, P_k$ があって

$$P_k \cdots P_2 P_1 A = E_n$$

（ii）A を E_n に変形する行に関する基本変形

$$A \longrightarrow P_1 A \longrightarrow P_2 P_1 A \longrightarrow \cdots\cdots P_k \cdots P_2 P_1 A = E_n$$

とまったく同じ基本変形を E_n に適用すると，A^{-1} が生ずる．

$$E_n \longrightarrow P_1 E \longrightarrow P_2 P_1 E_n \longrightarrow \cdots\cdots \longrightarrow P_k \cdots P_2 P_1 E = A^{-1}$$

証明 （i）A^{-1} も正則行列たから基本行列 $P_1, \cdots, P_k$ の積

$$A^{-1} = P_k \cdots P_2 P_1$$

である．両辺に A を右から掛けると $E_n = A^{-1}A = P_k \cdots P_2 P_1 A$.

（ii）二つの等式

$$P_k \cdots P_2 P_1 A = E_n, \quad P_k \cdots P_2 P_1 E_n = A^{-1}$$

から明白．（証明終）

これを実際に行う場合には，$(n, 2n)$ 行列の変形

$$(A|E_n) \longrightarrow (E_n|A^{-1})$$

として計算するのが便利である．

注意　もしこの変形操作が途中で行詰まれば，A は逆行列をもたない．すなわち，この方法は**正則性の判定法**でもある．

例題（1.3.7）　次の行列 A, B, C は正則か，正則ならばその逆行列を求めよ．

$$A = \begin{pmatrix} 5 & -6 \\ 4 & -5 \end{pmatrix}, \quad B = \begin{pmatrix} 2 & 2 & -1 \\ -1 & 2 & -3 \\ 3 & 1 & 1 \end{pmatrix}, \quad C = \begin{pmatrix} 2 & -1 & 5 \\ 1 & 1 & 4 \\ 3 & -3 & 6 \end{pmatrix}$$

解　$(A|E_2) = \left(\begin{array}{cc|cc} 5 & -6 & 1 & 0 \\ 4 & -5 & 0 & 1 \end{array}\right) \xrightarrow{(1\text{行})-(2\text{行})} \left(\begin{array}{cc|cc} 1 & -1 & 1 & -1 \\ 4 & -5 & 0 & 1 \end{array}\right)$

$$\xrightarrow{(2\text{行})-(1\text{行})\times 4} \left(\begin{array}{cc|cc} 1 & -1 & 1 & -1 \\ 0 & -1 & -4 & 5 \end{array}\right) \xrightarrow{(2\text{行})\times(-1)} \left(\begin{array}{cc|cc} 1 & -1 & 1 & -1 \\ 0 & 1 & 4 & -5 \end{array}\right)$$

$$\xrightarrow{(1\text{行})+(2\text{行})} \left(\begin{array}{cc|cc} 1 & 0 & 5 & -6 \\ 0 & 1 & 4 & -5 \end{array}\right)$$

$$\therefore A \text{ は正則であって}, A^{-1} = \begin{pmatrix} 5 & -6 \\ 4 & -5 \end{pmatrix} = A$$

$$(B|E_3) = \left(\begin{array}{ccc|ccc} 2 & 2 & -1 & 1 & & \\ -1 & 2 & -3 & & 1 & \\ 3 & 1 & 1 & & & 1 \end{array}\right) \xrightarrow[(3\text{行})+(2\text{行})\times 3]{(1\text{行})+(2\text{行})\times 2}$$

$$\left(\begin{array}{ccc|ccc} 0 & 6 & -7 & 1 & 2 & 0 \\ -1 & 2 & -3 & 0 & 1 & 0 \\ 0 & 7 & -8 & 0 & 3 & 1 \end{array}\right) \xrightarrow[\text{入れかえ}]{(1\text{行と}2\text{行})} \left(\begin{array}{ccc|ccc} -1 & 2 & -3 & 0 & 1 & 0 \\ 0 & 6 & -7 & 1 & 2 & 0 \\ 0 & 7 & -8 & 0 & 3 & 1 \end{array}\right)$$

$$\xrightarrow{(2行)-(3行)} \left(\begin{array}{ccc|ccc} -1 & 2 & -3 & 0 & 1 & 0 \\ 0 & -1 & 1 & 1 & -1 & -1 \\ 0 & 7 & -8 & 0 & 3 & -1 \end{array}\right) \xrightarrow[(3行)+(2行)\times 7]{(1行)+(2行)\times 2}$$

$$\left(\begin{array}{ccc|ccc} -1 & 0 & -1 & 2 & -1 & -2 \\ 0 & -1 & 1 & 1 & -1 & -1 \\ 0 & 0 & -1 & 7 & -4 & -6 \end{array}\right) \xrightarrow[(2行)+(3行)]{(1行)-(3行)}$$

$$\left(\begin{array}{ccc|ccc} -1 & 0 & 0 & -5 & 3 & 4 \\ 0 & -1 & 0 & 8 & -5 & -7 \\ 0 & 0 & -1 & 7 & -4 & -6 \end{array}\right) \xrightarrow{(各行)\times(-1)}$$

$$\left(\begin{array}{ccc|ccc} 1 & 0 & 0 & 5 & -3 & 4 \\ 0 & 1 & 0 & -8 & 5 & 7 \\ 0 & 0 & 1 & -7 & 4 & 6 \end{array}\right)$$

$$\therefore B \text{ は正則で} B^{-1} = \begin{pmatrix} 5 & -3 & -4 \\ -8 & 5 & 7 \\ -7 & 4 & 6 \end{pmatrix}$$

$$(C|E_3) = \left(\begin{array}{ccc|ccc} 2 & -1 & 5 & 1 & & \\ 1 & 1 & 4 & & 1 & \\ 3 & -3 & 6 & & & 1 \end{array}\right) \xrightarrow[(3行)-(2行)\times 3]{(1行)-(2行)\times 2}$$

$$\left(\begin{array}{ccc|ccc} 0 & -3 & -3 & 1 & -2 & 0 \\ 1 & 1 & 4 & 0 & 1 & 0 \\ 0 & -6 & -6 & 0 & -3 & 1 \end{array}\right) \xrightarrow{(3行)-(1行)\times 2}$$

$$\left(\begin{array}{ccc|ccc} 0 & -3 & -3 & 1 & -2 & 0 \\ 1 & 1 & 4 & 0 & 1 & 0 \\ 0 & 0 & 0 & -2 & 1 & 1 \end{array}\right) \xrightarrow[\text{入れかえ}]{1行と2行}$$

$$\left(\begin{array}{ccc|ccc} 1 & 1 & 4 & 0 & 1 & 0 \\ 0 & -3 & -3 & 1 & -2 & 0 \\ 0 & 0 & 0 & -2 & 1 & 1 \end{array}\right) \xrightarrow{(2行)\times\left(-\frac{1}{3}\right)} \left(\begin{array}{ccc|ccc} 1 & 1 & 4 & 0 & 1 & 0 \\ 0 & 1 & 1 & * & * & * \\ 0 & 0 & 0 & * & * & * \end{array}\right)$$

$$\therefore C \longrightarrow \begin{pmatrix} 1 & 1 & 4 \\ 0 & 1 & 1 \\ 0 & 0 & 0 \end{pmatrix} \xrightarrow{(1行)-(2行)} \begin{pmatrix} 1 & 0 & 3 \\ 0 & 1 & 1 \\ \hdashline 0 & 0 & 0 \end{pmatrix}$$

と変形される．ゆえに C は正則でない．((1.3.5)（ｉ）⇒（iii）の対偶)

定義と命題（1.3.8） (m,n) 行列 A に対して

$$P,Q \text{ は正則行列，} \quad PAQ = \begin{pmatrix} E_r & * \\ O_{m-r,r} & O_{m-r,n-r} \end{pmatrix}$$

の形にしたとき，r を A の**階数**といい，$\mathrm{rank}(A)$ で表す．

（ｉ）階数 r は，P,Q のとり方によらず，A のみによって定まる．

（ii）$\mathrm{rank}(A)=r$ のとき，正則行列 R を適当にとって

$$PAR = \begin{pmatrix} E_r & O_{r,n-r} \\ O_{m-r,r} & O_{m-r,n-r} \end{pmatrix}$$

の形とできる．

証明　（ii）$\mathrm{rank}(A)=r$ の定義より，

$$P,Q \text{ は正則行列，} \quad PAQ = \left(\begin{array}{ccc:ccc} 1 & & & c_{1,r+1} & \cdots & c_{1n} \\ & \ddots & & & \vdots & \\ & & 1 & c_{r,r+1} & \cdots & c_{rn} \\ \hdashline & O_{m-r,r} & & & O_{m-r,n-r} & \end{array}\right) \quad (r \text{ 個})$$

の形となる．各 $1 \leqq i \leqq r, r+1 \leqq j \leqq n$ に対して，第 i 列の $-c_{ij}$ を第 j 列に加える基本変形を加える基本変形を行えば，

$$PAQ \longrightarrow \begin{pmatrix} E_r & O_{r,n-r} \\ O_{m-r,r} & O_{m-r,n-r} \end{pmatrix}$$

となる．以上の操作は PAQ の右から適当な正則行列を掛けることにより得られる．

（i）階数rがAのみによって定まることを示すには，P, Q, P', Q'が正則行列

$$PAQ = \begin{pmatrix} E_r & * \\ O_{m-r,r} & O_{m-r,n-r} \end{pmatrix}, \quad P'AQ' = \begin{pmatrix} E_s & * \\ O_{m-s,s} & O_{m-s,n-s} \end{pmatrix}$$

となるとき，$r = s$なことを示せばよい．（ii）より，正則行列R, R'があって

$$PAR = \begin{pmatrix} E_r & O_{r,n-r} \\ O_{m-r,r} & O_{m-r,n-r} \end{pmatrix}, \quad P'AR' = \begin{pmatrix} E_s & O_{s,m-s} \\ O_{m-s,s} & O_{m-s,n-s} \end{pmatrix}$$

となる．

$$P'P^{-1} = \begin{pmatrix} P_{11} & P_{12} \\ P_{21} & P_{22} \end{pmatrix}, \quad R^{-1}R' = \begin{pmatrix} R_{11} & R_{12} \\ R_{21} & R_{22} \end{pmatrix},$$

P_{11} と R_{11} は (r,r) 型と区分けすると

$$\begin{aligned} \begin{pmatrix} E_s & O \\ O & O \end{pmatrix} &= P'P^{-1} \begin{pmatrix} E_r & O \\ O & O \end{pmatrix} R^{-1}R' \\ &= \begin{pmatrix} P_{11} & P_{12} \\ P_{21} & P_{22} \end{pmatrix} \begin{pmatrix} E_r & O \\ O & O \end{pmatrix} \begin{pmatrix} R_{11} & R_{12} \\ R_{21} & R_{22} \end{pmatrix} \\ &= \begin{pmatrix} P_{11}R_{11} & P_{11}R_{12} \\ P_{21}R_{11} & P_{21}R_{12} \end{pmatrix}. \end{aligned}$$

仮りに$r < s$をすれば，$P_{11}R_{11} = E_r, P_{11}R_{12} = O$．第1式から$P_{11}$は正則行列．そこで第2式の左から$P_{11}^{-1}$を掛けると，$R_{12} = 0$．ゆえに$P_{21}R_{12} = O$となるが，$r < s$から$P_{21}R_{12}$の$(1,1)$成分は1であるから不合理．ゆえに$r \geqq s$.

同様にして，$s \leqq r$が証明される．　$\therefore r = s$　　（証明終）

系（1.3.9） n次行列Aが正則$\iff \mathrm{rank}(A) = n$

定義（1.3.10） (m,n) 行列 A の行と列を入れかえたものを A の**転置行列**といい，${}^tA$ で表す．すなわち

$$A=\begin{pmatrix} a_{11} & \cdots & a_{1n} \\ \vdots & & \vdots \\ a_{m1} & \cdots & a_{mn} \end{pmatrix} \text{ のとき } {}^tA=\begin{pmatrix} a_{11} & \cdots & a_{m1} \\ \vdots & \vdots & \vdots \\ a_{1n} & \cdots & a_{mn} \end{pmatrix}$$

命題（1.3.11）（i）${}^t(AB)={}^tB{}^tA$

（ii）正方行列 A が正則のとき，${}^tA$ も正則で $({}^tA)^{-1}={}^t(A^{-1})$．

証明（i）A を (l,m) 型,B を (m,n) 型とし，行列 X の (i,j) 要素を X_{ij} で表すことにすれば，

$$\begin{aligned}({}^tB{}^tA)_{ij} &= \sum_{k=1}^{m}({}^tB)_{ik}({}^tA)_{kj} = \sum_{k}(B)_{ki}(A)_{jk} = (AB)_{ji} \\ &= ({}^t(AB))_{ij} \\ &\qquad \therefore {}^tB{}^tA = {}^t(AB).\end{aligned}$$

（ii）　$B=A^{-1}$ とする．$AB=BA=E_n$ の各辺の転置行列をとれば，${}^tB{}^tA={}^tA{}^tB={}^tE_n=E_n$．　$\therefore ({}^tA)^{-1}={}^tB={}^t(A^{-1})$

（証明終）

命題（1.3.12） (m,n) 行列 A に対して $\operatorname{rank}({}^tA)=\operatorname{rank}A$

証明　$r=\operatorname{rank}A$ ならば，

$$P,Q \text{ は正則行列，} \quad PAQ=\begin{pmatrix} E_r & O_{r,n-r} \\ O_{m-r,r} & O_{m-r,n-r} \end{pmatrix}$$

となる（1.3.8）．転置行列をとると

$${}^tQ,{}^tP \text{ は正則行列，} \quad {}^tQ{}^tA{}^tP=\begin{pmatrix} E_r & O_{r,m-r} \\ O_{n-r,r} & O_{n-r,m-r} \end{pmatrix}$$

$$\therefore \operatorname{rank}({}^tA) = r = \operatorname{rank}(A)$$ （証明終）

§1.3 の練習問題

1. 次の行列が正則ならばその逆行列を求めよ．

$$A = \begin{pmatrix} 6 & 5 \\ 7 & 6 \end{pmatrix}, B = \begin{pmatrix} 3 & 5 & 2 \\ 2 & 3 & 3 \\ 1 & 1 & 3 \end{pmatrix}, C = \begin{pmatrix} 3 & -1 & -1 \\ -1 & 5 & 7 \\ 1 & 2 & 3 \end{pmatrix},$$

$$D = \begin{pmatrix} 11 & 10 & 0 & -10 \\ 2 & 0 & 3 & 4 \\ 2 & 3 & -1 & 0 \\ 3 & 0 & 4 & 3 \end{pmatrix}$$

2. A_{11} が m 次正方行列，A_{22} が n 次正方行列，$A = \begin{pmatrix} A_{11} & A_{12} \\ O & A_{22} \end{pmatrix}$ とする．このとき次を示せ．

（i）$\operatorname{rank}(A) = \operatorname{rank}(A_{11}) + \operatorname{rank}(A_{22})$.

（ii）A が正則 $\Longleftrightarrow$ A_{11} と A_{22} がともに正則.

（iii）A が正則のとき，$A^{-1} = \begin{pmatrix} {A_{11}}^{-1} & -A_{11^{-1}}A_{12}{A_{22}}^{-1} \\ O & {A_{22}}^{-1} \end{pmatrix}$

3. 行列 $A = \begin{pmatrix} a & -b \\ b & a \end{pmatrix}$ の階数を求めよ $(a, b \in \boldsymbol{R})$.

§1.3 の答

1. $A^{-1} = \begin{pmatrix} 6 & -5 \\ -7 & 6 \end{pmatrix}$，$B^{-1} = \begin{pmatrix} 6 & -13 & 9 \\ -3 & 7 & -5 \\ -1 & 2 & -1 \end{pmatrix}$, C は正

則でない，

$$D^{-1}=\begin{pmatrix} 21 & 150 & -70 & -130 \\ -20 & -143 & 67 & 124 \\ -18 & -129 & 60 & 112 \\ 3 & 22 & -10 & -19 \end{pmatrix}$$

2. （ i ）正則行列 P_1, Q_1, P_2, Q_2 があって

$$P_1A_{11}Q_1=\begin{pmatrix} E_r & O_{r,m-r} \\ O_{m-r,r} & O_{m-r,m-r} \end{pmatrix}, P_2A_{22}Q_2=\begin{pmatrix} E_s & O_{s,n-s} \\ O_{n-s,s} & O_{n-s,n-s} \end{pmatrix}.$$

$$\therefore \begin{pmatrix} P_1 & \\ & P_2 \end{pmatrix}\begin{pmatrix} A_{11} & A_{12} \\ & A_{22} \end{pmatrix}\begin{pmatrix} Q_1 & \\ & Q_2 \end{pmatrix}=\begin{pmatrix} P_1A_{11}Q_1 & * \\ & P_2A_{22}Q_2 \end{pmatrix}$$

$$=\begin{pmatrix} E_r & O & \multicolumn{2}{c}{*} \\ O & O & & \\ & & E_s & O \\ & & O & O \end{pmatrix}$$

さらに，基本変形を行なって最後の行列を $\begin{pmatrix} E_r & & * \\ & E_s & * \\ & & O \end{pmatrix}$ の形

にできる，結局，基本変形によって

$$A=\begin{pmatrix} A_{11} & A_{12} \\ & A_{22} \end{pmatrix} \longrightarrow \begin{pmatrix} E_{r+s} & * \\ & O \end{pmatrix}$$

となる．$\therefore \mathrm{rank}(A) \geqq r+s=\mathrm{rank}\,(A_{11})+\mathrm{rank}\,(A_{22})$

（ii）A が正則 $\Longleftrightarrow \mathrm{rank}(A)=m+n$

$\Longleftrightarrow \mathrm{rank}\,(A_{11})=m, \mathrm{rank}\,(A_{22})=n$

$\Longleftrightarrow A_{11}$ と A_{22} がともに正則

（iii）直接計算せよ．

3. $a^2+b^2 \neq 0$ のとき $\mathrm{rank}(A)=2, a=b=0$ のとき $\mathrm{rank}(A)=0$.

§1.4 連立一次方程式の解法

連立一次方程式

$$\begin{cases} a_{11}x_1 + a_{12}x_2 + \cdots + a_{1n}x_n = b_1 \\ \cdots\cdots \\ a_{m1}x_1 + a_{m2}x_2 + \cdots + a_{mn}x_n = b_m \end{cases}$$

の具体的な解き方を考えよう．この方程式は

$$A = \begin{pmatrix} a_{11} & a_{12} & \cdots & a_{1n} \\ \vdots & \vdots & & \vdots \\ a_{m1} & a_{m2} & \cdots & a_{mn} \end{pmatrix}, \quad \boldsymbol{b} = \begin{pmatrix} b_1 \\ \vdots \\ b_m \end{pmatrix}, \quad \boldsymbol{x} = \begin{pmatrix} x_1 \\ \vdots \\ x_n \end{pmatrix}$$

とおけば,

$$A\boldsymbol{x} = \boldsymbol{b}$$

と表される．$\boldsymbol{b} = (b_j)_{1 \leqq j \leqq m}$ は $b_1 = \cdots = b_m = 0$ であっても，$b_i \neq 0$ となるものがあっても，どちらでもよい．

係数行列 A に対し，行に関する基本変形と列の入れかをを行なって $\begin{pmatrix} E_r & C \\ O & O \end{pmatrix}$ の形にする（1.3.4)．このとき，正則行列 P と置換行列 Q とがあって

$$PAQ = \begin{pmatrix} E_r & C \\ O & O \end{pmatrix}, \quad r = \operatorname{rank}(A)$$

となって，方程式

$$A\boldsymbol{x} = \boldsymbol{b} \text{と} PAQ\left(Q^{-1}\boldsymbol{x}\right) = P\boldsymbol{b}$$

とは同値である．Q は置換行列であるから，ベクトル $Q^{-1}\boldsymbol{x}$ は未知

数ベクトル $\boldsymbol{x} = (x_j)_{1 \leqq j \leqq n}$ の成分を入れかえたものである．

$$\begin{pmatrix} x_{i_1} \\ x_{i_2} \\ \vdots \\ x_{i_n} \end{pmatrix} = Q^{-1} \begin{pmatrix} x_1 \\ x_2 \\ \vdots \\ x_n \end{pmatrix}, \quad C = \begin{pmatrix} c_{11} & c_{12} & \cdots & c_{1,n-r} \\ c_{21} & c_{22} & \cdots & c_{2,n-r} \\ \vdots & \vdots & & \vdots \\ c_{r1} & c_{r2} & \cdots & c_{r,n-r} \end{pmatrix},$$

$$P\boldsymbol{b} = \begin{pmatrix} d_1 \\ \vdots \\ d_r \\ d_{r+1} \\ \vdots \\ d_m \end{pmatrix}$$

とすると，上の方程式は

$$\begin{pmatrix} E_r & C \\ O & O \end{pmatrix} \begin{pmatrix} x_{i_1} \\ x_{i_2} \\ \vdots \\ x_{i_n} \end{pmatrix} = \begin{pmatrix} d_1 \\ d_2 \\ \vdots \\ d_m \end{pmatrix} \text{すなわち}$$

$$\begin{cases} x_{i_1} \quad +c_{11}x_{i_{r+1}} + \cdots + c_{1,n-r}x_{i_n} = d_1 \\ \quad x_{i_2} \quad +c_{21}x_{i_{r+1}} + \cdots + c_{2,n-r}x_{i_n} = d_2 \\ \qquad \ddots \qquad \cdots\cdots \\ \qquad\quad x_{i_r} \quad +c_{r1}x_{i_{r+1}} + \cdots + c_{r,n-r}x_{in} = d_r \\ \hfill 0 = d_{r+1} \\ \hfill \vdots \\ \hfill 0 = d_m \end{cases}$$

と同値である．したがって

（i）$d_{r+1}, \cdots, d_m$ の中に一つでも $\neq 0$ があれば，$A\boldsymbol{x} = \boldsymbol{b}$ は解をもたない

（ii）$d_{r+1} = \cdots = d_m = 0$ ならば，$n-r$ 個の $x_{i_{r+1}}, \cdots, x_{i_n}$ の値 $t_1, \cdots, t_{n-r}$ を任意に定め

$$\begin{aligned} x_{i_1} &= d_1 - \left(c_{11}t_1 + \cdots + c_{1,n-r}t_{n-r}\right) \\ &\vdots\vdots \\ x_{i_r} &= d_r - \left(c_{r1}t_1 + \cdots + c_{r,n-r}t_{n-r}\right) \\ x_{i_{r+1}} &= t_1 \\ &\vdots\vdots \\ x_{i_n} &= t_{n-r} \end{aligned}$$

とおくと，$A\boldsymbol{x} = \boldsymbol{b}$ の解

$$\begin{pmatrix} x_1 \\ x_2 \\ \vdots \\ x_n \end{pmatrix} = Q\left(Q^{-1}x\right) = Q \begin{pmatrix} d_1 - c_{11}t_1 - \cdots - c_{1,n-r}t_{n-r} \\ \vdots \\ d_r - c_{r1}t_1 - \cdots - c_{r,n-r}t_{n-r} \\ t_1 \\ \vdots \\ t_{n-r} \end{pmatrix}, \quad t_1, \cdots, t_{n-r} \in \boldsymbol{R} \text{ は任意}$$

が得られる．

任意定数の個数は $n-r=$（未知数の個数）$-\operatorname{rank}(A)$ に等しい．

例題（1.4.1） 次の方程式を解け．

（i）$\begin{cases} 3x + 5y + 4z = 3 \\ x + 3y + 2z = 3, \\ 2x + 4y + 3z = 3 \end{cases}$ （ii）$\begin{cases} 3x - y + z + u - 2v = -4 \\ x - 5y + 7z - 5u - 6v = -6 \\ x + 2y - 3z + 3u + 2v = 1 \end{cases}$,

（iii）$\begin{cases} 2x + 5y - z = 1 \\ 4x + y + 3z = 2 \\ x - 2y + 2z = 3 \end{cases}$

解

（i） $(A|b) = \left(\begin{array}{ccc|c} 3 & 5 & 4 & 3 \\ 1 & 3 & 2 & 3 \\ 2 & 4 & 3 & 3 \end{array}\right) \xrightarrow[\text{入れかえ}]{\text{1行と2行}} \left(\begin{array}{ccc|c} 1 & 3 & 2 & 3 \\ 3 & 5 & 4 & 3 \\ 2 & 4 & 3 & 3 \end{array}\right)$

$$\xrightarrow[\substack{\text{(2行)}-\text{(1行)}\times 3 \\ \text{(3行)}-\text{(1行)}\times 2}]{} \left(\begin{array}{ccc|c} 1 & 3 & 2 & 3 \\ 0 & -4 & -2 & -6 \\ 0 & -2 & -1 & -3 \end{array}\right) \xrightarrow[\substack{\text{(2行)}-\text{(3行)}\times 2 \\ \text{(3行)}\times(-1)}]{} \left(\begin{array}{ccc|c} 1 & 3 & 2 & 3 \\ 0 & 0 & 0 & 0 \\ 0 & 2 & 1 & 3 \end{array}\right)$$

$$\xrightarrow[\substack{\text{(1行)}-\text{(3行)}\times 2 \\ \text{2行と3行入れかえ}}]{} \left(\begin{array}{ccc|c} 1 & -1 & 0 & -3 \\ 0 & 2 & 1 & 3 \\ 0 & 0 & 0 & 0 \end{array}\right) \xrightarrow[\substack{\text{2 列と 3 列} \\ \text{入れかえ}}]{} \left(\begin{array}{ccc|c} 1 & 0 & -1 & -3 \\ 0 & 1 & 2 & 3 \\ 0 & 0 & 0 & 0 \end{array}\right)$$

$= (PAQ|Pb) \quad (n - r = 3 - 2 = 1)$

列の交換は第 2 列と第 3 列の交換を行なったから

$$Q^{-1}x = Q^{-1}\begin{pmatrix} x \\ y \\ z \end{pmatrix} = \begin{pmatrix} x \\ z \\ y \end{pmatrix}$$

$$A\boldsymbol{x} = \boldsymbol{b} \Longleftrightarrow \begin{pmatrix} 1 & & -1 \\ & 1 & 2 \\ & & 0 \end{pmatrix} = \begin{pmatrix} x \\ z \\ y \end{pmatrix} = (PAQ)Q^{-}1 \begin{pmatrix} x \\ y \\ z \end{pmatrix} = PA\boldsymbol{x} = P\boldsymbol{b}$$

$$= \begin{pmatrix} -3 \\ 3 \\ 0 \end{pmatrix} \Longleftrightarrow \begin{pmatrix} x - y \\ z + 2y \\ 0 \end{pmatrix} = \begin{pmatrix} -3 \\ 3 \\ 0 \end{pmatrix} \Longleftrightarrow \begin{pmatrix} x \\ z \end{pmatrix} = \begin{pmatrix} -3 + y \\ 3 - 2y \end{pmatrix}$$

$$\Longleftrightarrow \begin{pmatrix} x \\ y \\ z \end{pmatrix} = \begin{pmatrix} -3 + t \\ t \\ 3 - 2t \end{pmatrix} = \begin{pmatrix} -3 \\ 0 \\ 3 \end{pmatrix} + t \begin{pmatrix} 1 \\ 1 \\ -2 \end{pmatrix}, t\text{は任意} \cdots \text{答}$$

（ii） $\left(\begin{array}{ccccc|c} 3 & -1 & 1 & 1 & -2 & -4 \\ 1 & -5 & 7 & -5 & -6 & -6 \\ 1 & 2 & -3 & 3 & 2 & 1 \end{array}\right) \xrightarrow[\substack{\text{(3行)}-\text{(2行)}\times 3 \\ \text{(3行)}-\text{(2行)}}]{}$

$$\left(\begin{array}{ccccc|c} 0 & 14 & -20 & 16 & 16 & 14 \\ 1 & -5 & 7 & -5 & -6 & -6 \\ 0 & 7 & -10 & 8 & 8 & 7 \end{array}\right) \xrightarrow[(1行)-(3行)\times 2]{}$$

$$\begin{pmatrix} 0 & 0 & 0 & 0 & 0 & 0 \\ 1 & -5 & 7 & -5 & -6 & -6 \\ 0 & 7 & -10 & 8 & 8 & 7 \end{pmatrix} \longrightarrow \left(\begin{array}{ccccc|c} 1 & -5 & 7 & -5 & -6 & -6 \\ 0 & 7 & -10 & 8 & 8 & 7 \end{array}\right)$$

分数を避けるために第 1 行を 7 倍して

$$\longrightarrow \left(\begin{array}{ccccc|c} 7 & -35 & 49 & -35 & -42 & -42 \\ 0 & 7 & -10 & 8 & 8 & 7 \\ 0 & 0 & 0 & 0 & 0 & 0 \end{array}\right) \xrightarrow{(1行)+(2行)\times 5}$$

$$\left(\begin{array}{ccccc|c} 7 & 0 & -1 & 5 & -2 & -7 \\ 0 & 7 & -10 & 8 & 8 & 7 \\ 0 & 0 & 0 & 0 & 0 & 0 \end{array}\right)$$

列の交換は行わなかった．ゆえに，はじめの方程式は

$$\begin{cases} 7x - z + 5u - 2v = -7 \\ 7y - 10z + 8u + 8v = 7, \end{cases}$$

と同値．任意定数は $n-r = 5-2 = 3$ 個．$z/7 = t_1, u/7 = t_2, v/7 = t_3$

とおくと

$$\begin{cases} 7x = -7 + 7t_1 - 35t_2 + 14t_3 \\ 7y = 7 + 70t_1 - 56t_2 - 56t_3 \end{cases}$$

$$\therefore \begin{pmatrix} x \\ y \\ z \\ u \\ v \end{pmatrix} = \begin{pmatrix} -1 + t_1 - 5t_2 + 2t_3 \\ 1 + 10t_1 - 8t_2 - 8t_3 \\ 7t_1 \\ 7t_2 \\ 7t_3 \end{pmatrix}$$

$$= \begin{pmatrix} -1 \\ 1 \\ 0 \\ 0 \\ 0 \end{pmatrix} + t_1 \begin{pmatrix} 1 \\ 10 \\ 7 \\ 0 \\ 0 \end{pmatrix} + t_2 \begin{pmatrix} -5 \\ -8 \\ 0 \\ 7 \\ 0 \end{pmatrix} + t_3 \begin{pmatrix} 2 \\ -8 \\ 0 \\ 0 \\ 7 \end{pmatrix} \text{...答}$$

（iii）　$$(A|\boldsymbol{b}) = \left(\begin{array}{ccc|c} 2 & 5 & -1 & 1 \\ 4 & 1 & 3 & 2 \\ 1 & -2 & 2 & 3 \end{array}\right) \xrightarrow[(2行)-(3行)\times 4]{(1行)-(3行)\times 2}$$

$$\left(\begin{array}{ccc|c} 0 & 9 & -5 & -5 \\ 0 & 9 & -5 & -10 \\ 1 & -2 & 2 & 3 \end{array}\right) \xrightarrow{(1行)-(2行)} \left(\begin{array}{ccc|c} 0 & 0 & 0 & 5 \\ 0 & 9 & -5 & -10 \\ 1 & -2 & 2 & 3 \end{array}\right) \longrightarrow$$

$$\left(\begin{array}{ccc|c} 1 & -2 & 2 & 3 \\ 0 & 9 & -5 & -10 \\ 0 & 0 & 0 & 5 \end{array}\right)$$

∴ この方程式は解をもたない．　　（終）

系（1.4.2）　連立一次方程式 $\begin{cases} a_{11}x_1 + \cdots + a_{1n}x_n = b_1 \\ a_{m1}x_1 + \cdots + a_{mn}x_n = b_m \end{cases}$ において，

（i）係数行列 $(a_{ij})_{1 \leqq i \leqq m, 1 \leqq j \leqq n}$ の階数が変数の個数 n に等しけ

れば，方程式の解は（存在するとすれば）ただ一つである．

（ii）$b_1 = \cdots = b_m = 0$ であって（このとき上の方程式は**同次**であるという），（方程式の個数）$<$（変数の個数）であれば，上の方程式は必ず無限個の解をもつ．

証明　$r = \mathrm{rank}\,(a_{ij})$ とする．

（i）$n = r$ のとき，解は任意定数を $n - r = 0$ 個含む．

（ii）$x_1 = \cdots = x_n = 0$ は一つの解である．$r \leqq m < n$ のとき，解は任意定数を $n - r > 0$ 個含む．　　　　（証明終）

§1.4 の練習問題

1. 次の連立一次方程式を解け．

（i）$\begin{cases} 3x + 4y - 3z + u = 0 \\ 5x + 7y - 3z + 3u = 0, \end{cases}$　（ii）$\begin{cases} 4x + 4y - 3z + u = 0 \\ 5x + 7y - 3z + 3u = 0 \\ x + 6y + z - 2u = 0 \end{cases}$

（iii）$\begin{cases} x + 3y + z = 0 \\ -2x + 5y - z = 0 \\ 4x - y + 3z = 0 \end{cases}$

2. 次の連立方程式を解け．

（i）$\begin{cases} 3x + 4y - 3z + u = -1 \\ 5x + 7y - 3z + 3u = 6 \end{cases}$　（ii）$\begin{cases} 4x + 4y - 3z + u = 7 \\ 5x + 7y - 3z + 3u = 8 \\ x + 6y + z - 2u = 0 \end{cases}$

（iii）$\begin{cases} x + 3y + z = 10 \\ -2x + 5y - z = 5 \\ 4x - y + 3z = 11 \end{cases}$　（iv）$\begin{cases} x + 3y - 3z + u = 1 \\ x - 5y - 3z + 2u = 1 \\ 3x - 7y - 9z + 5u = 0 \end{cases}$

3. (m, n) 行列 A に対して，次を証明せよ．

（i）${}^tAA = 0 \Longleftrightarrow A = 0$

（ii）$\mathrm{rank}\,({}^tAA) = \mathrm{rank}(A)$

§1.4 の答

1.

（i）$$\begin{pmatrix} x \\ y \\ z \\ u \end{pmatrix} = \begin{pmatrix} 9 \\ -6 \\ 1 \\ 0 \end{pmatrix} t_1 + \begin{pmatrix} 5 \\ -4 \\ 0 \\ 1 \end{pmatrix} t_2$$

（ii）$$\begin{pmatrix} x \\ y \\ z \\ u \end{pmatrix} = \begin{pmatrix} -59 \\ 19 \\ -53 \\ 1 \end{pmatrix} t_1$$　（iii）$$\begin{pmatrix} x \\ y \\ z \end{pmatrix} = \begin{pmatrix} 0 \\ 0 \\ 0 \end{pmatrix}$$

2.

（i）$$\begin{pmatrix} x \\ y \\ z \\ u \end{pmatrix} = \begin{pmatrix} 1 \\ 1 \\ 3 \\ 1 \end{pmatrix} + \begin{pmatrix} 9 \\ -6 \\ 1 \\ 0 \end{pmatrix} t_1 + \begin{pmatrix} 5 \\ -4 \\ 0 \\ 1 \end{pmatrix} t_2,$$

（ii）$$\begin{pmatrix} x \\ y \\ z \\ u \end{pmatrix} = \begin{pmatrix} 1 \\ 0 \\ -1 \\ 0 \end{pmatrix} + \begin{pmatrix} -59 \\ 19 \\ -53 \\ 1 \end{pmatrix} t_1,$$

（iii）$$\begin{pmatrix} x \\ y \\ z \end{pmatrix} = \begin{pmatrix} 1 \\ 2 \\ 3 \end{pmatrix},$$　（iv）解なし

3.（i）略，（ii）の $\mathrm{rank}(A) = 0$ の場合とも考えられる．

（ii）連立方程式 $A\boldsymbol{x} = \boldsymbol{o}$ の解の任意定数は $n - \mathrm{rank}(A)$ 個，方程式 ${}^t\!AA\boldsymbol{x} = \boldsymbol{o}$ の解の任意定数は $n - \mathrm{rank}\,({}^t\!AA)$ 個．$A\boldsymbol{x} = \boldsymbol{o}$ ならば ${}^t\!AA\boldsymbol{x} = \boldsymbol{o}$．逆に ${}^t\!AA\boldsymbol{x} = \boldsymbol{o}$ ならば，$\boldsymbol{y} = (y_i)_{1 \leqq i \leqq m} = A\boldsymbol{x}$ とおくとき，${y_1}^2 + \cdots + {y_m}^2 = {}^t\boldsymbol{y}\boldsymbol{y} = {}^t\boldsymbol{x}{}^t\!AA\boldsymbol{x} = 0$ だから，$\boldsymbol{y} = A\boldsymbol{x} = \boldsymbol{o}$．ゆえに，方程式 $A\boldsymbol{x} = \boldsymbol{o}$ と ${}^t\!AA\boldsymbol{x} = \boldsymbol{o}$ の解は一致する．

$\therefore n - \mathrm{rank}(A) = n - \mathrm{rank}\,({}^t\!AA)$,　$\mathrm{rank}\,({}^t\!AA) = \mathrm{rank}(A)$.

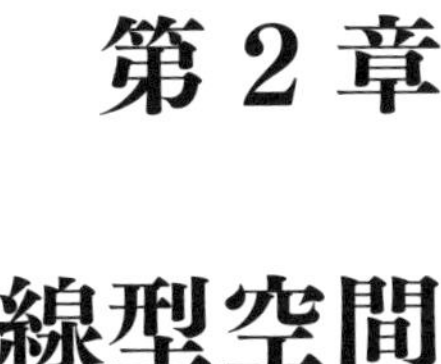

第2章 線型空間

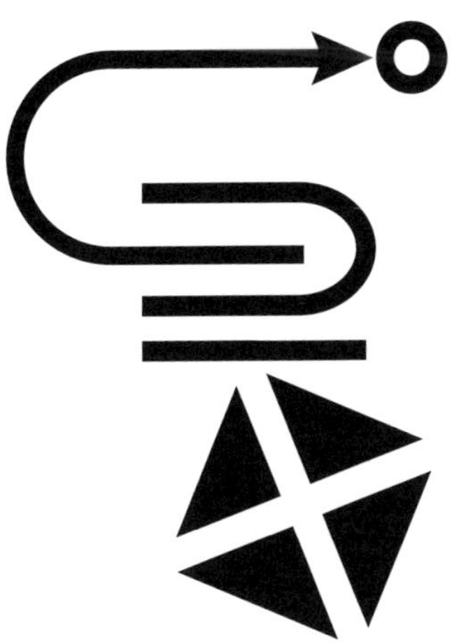

線型空間とは，要するに，和 $\boldsymbol{x}+\boldsymbol{y}$ と実数倍 $c\boldsymbol{x}(c \in \boldsymbol{R})$ が定義され普通の演算法則をみたす集合である．

§ 2.1 線型空間

高校数学の復習から始めよう．

例（2.1.1） 普通の空間を $\boldsymbol{E}^3$ で表す．$\boldsymbol{E}^3$ の有向線分を，平行移動によって重なり得るものを同一視したとき，（空間）ベクトルと言った．ベクトル $\boldsymbol{a}$ が始点 P 終点 Q の有向線分 $\overrightarrow{PQ}$ によって代表されるとき $\boldsymbol{a}=(\overrightarrow{PQ})$ と書く．すなわち

$$(\overrightarrow{PQ})=\left(\overrightarrow{P'Q'}\right) \Longleftrightarrow \overrightarrow{PQ} \text{ と } \overrightarrow{P'Q'}$$

は向きと長さが等しい．

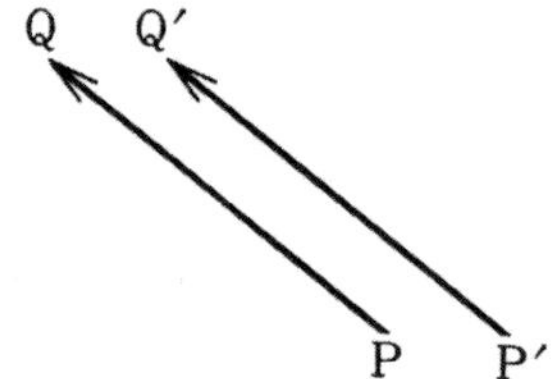

また，始点と終点とが一致する有向線分 $\overrightarrow{PP}$ というのは意味がないが，これも有向線分とみなして，これが定めるベクトルを $\boldsymbol{o}$ で表し，零ベクトルという．$\boldsymbol{o}=(\overrightarrow{PP})$．空間ベクトルの全体を $V(\boldsymbol{E}^3)$ で表す．

ベクトル $\boldsymbol{a},\boldsymbol{b}$ が与えられたとき，一点 $Q \in \boldsymbol{E}^3$ をとり，$\boldsymbol{a}$ を終点 Q の有向線分 $\overrightarrow{PQ}$ で，$\boldsymbol{b}$ を始点 Q の有向線分 $\overrightarrow{QR}$ で代表し，$\boldsymbol{a}+\boldsymbol{b}=(\overrightarrow{PR})$ と定義する．すなわち

$$\boldsymbol{a}=(\overrightarrow{PQ}), \boldsymbol{b}=(\overrightarrow{QR}) \text{ のとき } \boldsymbol{a}+\boldsymbol{b}=(\overrightarrow{PR})$$

また，$c \in \boldsymbol{R}$ に対し，$\boldsymbol{a}$ の c 倍 $c\boldsymbol{a}$ を，$c > 0$ ならば $\boldsymbol{a}$ と向きが同じで長さが c 倍のベクトルとして，$c < 0$ ならば $\boldsymbol{a}$ と方向は同じであるが向きが逆で長さが $|c|$ 倍のベクトルとして，また $c = 0$ ならば $c\boldsymbol{a} = \boldsymbol{o}$，として定義する．

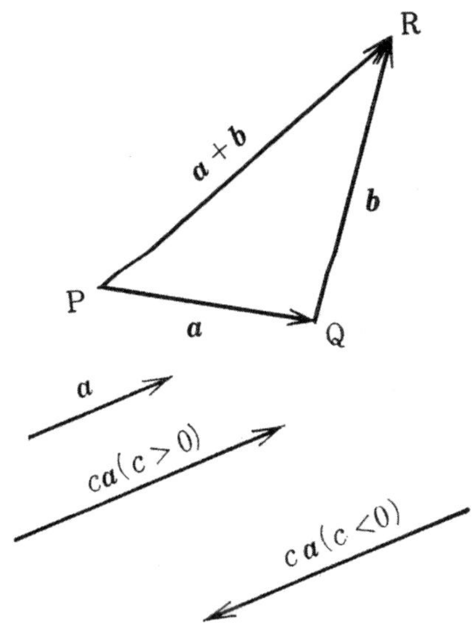

また，ベクトル $\boldsymbol{a} = (\overrightarrow{PQ})$ に対し，$\overrightarrow{PQ}$ と長さと方向が等しく向きが反対の有向線分 $\overrightarrow{QP}$ が代表するベクトル，すなわち $(-1)\boldsymbol{a} = (\overrightarrow{QP})$ を $-\boldsymbol{a}$ と書く．

このように定めた演算 $\boldsymbol{a} + \boldsymbol{b}, c\boldsymbol{a}$ が次の八つの法則をみたすことは，貴方の記憶にあることと思う．

I（加法の性質）

(1) $(\boldsymbol{a} + \boldsymbol{b}) + \boldsymbol{c} = \boldsymbol{a} + (\boldsymbol{b} + \boldsymbol{c})$

(2) $\boldsymbol{a} + \boldsymbol{b} = \boldsymbol{b} + \boldsymbol{a}$

(3) 任意の $\boldsymbol{a}$ に対し，$\boldsymbol{a} + \boldsymbol{o} = \boldsymbol{o} + \boldsymbol{a} = \boldsymbol{a}$

(4) 任意の $\boldsymbol{a}$ に対し，$(-\boldsymbol{a}) + \boldsymbol{a} = \boldsymbol{a} + (-\boldsymbol{a}) = \boldsymbol{o}$

II（実数倍の性質）$a, b \in \boldsymbol{R}$

(5) $a(\boldsymbol{a}+\boldsymbol{b}) = \alpha\boldsymbol{a} + a\boldsymbol{b}$

(6) $(a+b)\boldsymbol{a} = a\boldsymbol{a} + b\boldsymbol{a}$

(7) $(ab)\boldsymbol{a} = a(b\boldsymbol{a})$

(8) $1\boldsymbol{a} = \boldsymbol{a}$

新しいことをやる前にもう少し頑張って復習を続けよう.

次に述べる例は,ここに述べる程ハッキリとではないが,高校で既に使って来た性質である.

例 (2.1.2) $a \leqq x \leqq b$ をみたす実数 x の全体を $[a,b]$ で表し,閉区間といった.閉区間 $[0,2\pi]$ から $\boldsymbol{R}$ への写像($[0,2\pi]$ を定義域とする関数)全体を $\mathscr{F}([0,2\pi],\boldsymbol{R})$ と書く.たとえば,関数 $t^2+t+1, \sin t, \cos t$ などは $\mathscr{F}([0,2\pi],\boldsymbol{R})$ の元である.集合 $\mathscr{F}([0,2\pi],\boldsymbol{R})$ の元は和を作ったり,実数倍したりすることができる.たとえば,和 $\sin t+\cos t$ もまた $\mathscr{F}([0,2\pi],\boldsymbol{R})$ の元であるし,実数倍 $5\sin t$ もまた $\mathscr{F}([0,2\pi],\boldsymbol{R})$ の元である.$\mathscr{F}([0,2\pi],\boldsymbol{R})$ における和と実数倍は次の性質をみたす.

I(加法の性質)

(1) $(f(t)+g(t))+h(t) = f(t)+(g(t)+h(t))$
たとえば,$(t^2+\sin t)+\cos t = t^2+(\sin t+\cos t)$

(2) $f(t)+g(t) = g(t)+f(t)$
たとえば,$\sin t+\cos t = \cos t+\sin t$

(3) 定数関数 $[0,2\pi] \to \boldsymbol{R}, x \longmapsto 0$(すべての実数 x に対してつねに実数 0 を対応させる写像)を 0 で表すと

$$f(t)+0 = 0+f(t) = f(t)$$

(4) $(-f(t))+f(t) = f(t)+(-f(t)) = 0$
たとえば,$(-\cos t)+\cos t = \cos t+(-\cos t) = 0$

II(実数倍の性質)$a, b \in \boldsymbol{R}$

(5) $a(f(t)+g(t)) = af(t)+ag(t)$

たとえば，$3(\cos t + \sin t) = 3\cos t + 3\sin t$

(6) $(a+b)f(t) = af(t) + bf(t)$

たとえば，$(3+11)\cos t = 3\cos t + 11\cos t$

(7) $(ab)f(t) = a(bf(t))$

たとえば，$(3 \cdot 11)\cos t = 3(11\cos t)$

(8) $1f(t) = f(t)$

たとえば，$1\cos t = \cos t$

次に (m,n) 行列の全体を

$$\boldsymbol{M}_{m,n}(\boldsymbol{R})$$

で表す，第 1 章で見たように

命題 (2.1.3)　任意の $A, B \in M_{m,n}(\boldsymbol{R})$ と $c \in R$ に対して，和 $A+B \in M_{m,n}(\boldsymbol{R})$ と c 倍 $cA \in M_{m,n}(\boldsymbol{R})$ が定義され，次の八つの法則をみたす．

I (加法の性質)

(1) $(A+B)+C = A+(B+C)$

(2) $A+B = B+A$

(3) $A+O = O+A = A$

(4) $(-A)+A = A+(-A) = O$

II (実数倍の性質) $b, c \in \boldsymbol{R}$

(5) $c(A+B) = cA + cB$

(6) $(b+c)A = bA + cA$

(7) $(bc)A = b(cA)$

(8) $1A = A$

以上 3 つの例 $V(\boldsymbol{E}^3), \mathscr{F}([0,2\pi], \boldsymbol{R}), M_{m,n}(\boldsymbol{R})$ を挙げたが，数学や物理学で現れる集合には，このほかにも，和 $\boldsymbol{x}+\boldsymbol{y}$ や実数倍 $c\boldsymbol{x}$ が定義されの性質 (1) ～ (8) をみたすものが，数えられない程沢山ある．そしてこれらの集合の性質の多くのものが，性質 (1) ～

(8) だけを使って導かれる．そこで，これらの集合の性質を各集合毎に個別に調べるのではなく，一括して性質 (1) ～ (8) から導いておこう，というのが線型代数学の目的である．集合 V が性質 (1) ～ (8) をみたすことを，V は線型空間をなすという．重要なことだから，面倒がらずにもう一回まとめておこう．

> **定義 (2.1.4)**　集合 V の任意の二元 $\boldsymbol{x}, \boldsymbol{y}$ に対しその和 $\boldsymbol{x}+\boldsymbol{y} \in V$ が定義され，任意の $\boldsymbol{x} \in V$ と任意の $a \in \boldsymbol{R}$ に対し $\boldsymbol{x}$ の a 倍 $a\boldsymbol{x} \in V$ が定義されているとする．このとき，V が次の公理 I, II をみたすことを，簡単のために，V は**実線型空間**であるという．**実ベクトル空間**ということもある．

公理 I（加法の公理）

(1) $(\boldsymbol{x}+\boldsymbol{y})+\boldsymbol{z} = \boldsymbol{x}+(\boldsymbol{y}+\boldsymbol{z})$　　（結合律）

(2) $\boldsymbol{x}+\boldsymbol{y} = \boldsymbol{y}+\boldsymbol{x}$　　（可換律）

(3) **零元**または**零**と呼ばれる特別な元（これを $\boldsymbol{o}$ で表す）．がただ一つ存在し，すべての $\boldsymbol{x} \in V$ に対して

$$\boldsymbol{o}+\boldsymbol{x} = \boldsymbol{x}+\boldsymbol{o} = \boldsymbol{x} \qquad \text{（零元の存在）}$$

(4) どの $\boldsymbol{x} \in V$ に対しても，$\boldsymbol{x}$ に依存するただ一つの元 $\boldsymbol{x}' \in V$ が定まり，

$$\boldsymbol{x}'+\boldsymbol{x} = \boldsymbol{x}+\boldsymbol{x}' = \boldsymbol{o} \qquad \text{（反対元の存在）}$$

が成り立つ．これを $\boldsymbol{x}$ の**反対元**といい $-\boldsymbol{x}$ で表す．

公理 II（スカラー倍の公理）

(5) $a(\boldsymbol{x}+\boldsymbol{y}) = a\boldsymbol{x}+a\boldsymbol{y}$　　（ベクトルの分配律）

(6) $(a+b)\boldsymbol{x} = a\boldsymbol{x}+b\boldsymbol{x}$　　（スカラーの分配律）

(7) $(ab)\boldsymbol{x} = a(b\boldsymbol{x})$　　（スカラーの結合律）

(8) $1\boldsymbol{x} = \boldsymbol{x}$　　（イチの働き）（公理終）

V の元を**ベクトル**，それと対照的に $\boldsymbol{R}$ の元すなわち実数を**スカラー**，スカラーの全体 $\boldsymbol{R}$ を**基礎体**ということがある．公理より直ちに

$$-(a\boldsymbol{x}) = (-a)\boldsymbol{x}, 0\boldsymbol{x} = \boldsymbol{o}, \quad a\boldsymbol{o} = \boldsymbol{o}$$

などが生ずるが，興味がある読者は自ら証明して欲しい．

たとえば，これまで空間ベクトルの全体 $V(\boldsymbol{E}^3)$，実数値関数の全体 $\mathscr{F}([0, 2\pi], \boldsymbol{R}), (m, n)$ 行列の全体 $M_{m,n}(\boldsymbol{R})$ が性質（1）〜（8）をみたすことを長々と述べたが，このことは

“これらの集合は実ベクトル空間をなす”

といえばすむわけである．線型空間 $M_{m,n}(\boldsymbol{R})$ **行列空間**と呼ばれる．

実線型空間の公理（2.1.4）において，実数体 $\boldsymbol{R}$ を数体 K で置きかえると，$\boldsymbol{K}$ 上の**線型空間**を得る．このときは，**スカラー**とは K の元で，基礎体とは K のことである．特に複素数体 $\boldsymbol{C}$ 上の線型空間は**複素線型空間**または複素ベクトル空間と呼ばれる．以下の話は，極限演算と内積が現れる所を除いて，任意の数体 K 上の線型空間について成り立つのであるが，わかり易さを考えて $K = \boldsymbol{R}$ としてある．実行列や実線型空間だけを考える場合にも複素線型空間の知識が必要となるから，このような処置は却って不親切であるという読者もあろう．

ここで，線型空間の例で最も重要なものを挙げよう．この線型空間は数を用いて表されるので初心者にわかり易く，しかもすべての（有限次元の）線型空間の性質はこの線型型間の性質に帰着するので，大変重要である．

n 行 1 列の行列

$$\begin{pmatrix} a_1 \\ \vdots \\ a_n \end{pmatrix}, a_i \in \boldsymbol{R}$$

を **$\boldsymbol{n}$ 項列ベクトル**と言う．これを $(a_i)_{1\leq i\leq n}$, (a_i) などとも略記する．n 項列ベクトルの全体 $M_{n,1}(\boldsymbol{R})$ を

$$\boldsymbol{R}^n$$

と書く．実線型空間 $\boldsymbol{R}^n = M_{n,1}(\boldsymbol{R})$ における和と実数倍の定義 (1.2.1) をもう一度書くと，

$$\boldsymbol{a}=\begin{pmatrix} a_1 \\ \vdots \\ a_n \end{pmatrix}, \quad \boldsymbol{b}=\begin{pmatrix} b_1 \\ \vdots \\ b_n \end{pmatrix} \text{のとき} \quad \boldsymbol{a}+\boldsymbol{b}=\begin{pmatrix} a_1+b_1 \\ \vdots \\ a_n+b_n \end{pmatrix}, \quad c\boldsymbol{a}=\begin{pmatrix} ca_1 \\ \vdots \\ ca_n \end{pmatrix}$$

であって，

$$\boldsymbol{R}^n \text{の零元は} \boldsymbol{o} = \begin{pmatrix} 0 \\ \vdots \\ 0 \end{pmatrix}, \quad \boldsymbol{a} = \begin{pmatrix} a_1 \\ \vdots \\ a_n \end{pmatrix} \text{の反対元は} -a = \begin{pmatrix} -a_1 \\ \vdots \\ -a_n \end{pmatrix}$$

である．$\boldsymbol{R}^n$ を**列ベクトル空間**という．

$n=3$ のときは，

$$\boldsymbol{R}^3 = \left\{ \begin{pmatrix} x \\ y \\ z \end{pmatrix} \middle| x, y, z \in \boldsymbol{R} \right\}$$

であって，たとえば

$$\boldsymbol{a} = \begin{pmatrix} 45 \\ 3 \\ 11 \end{pmatrix}, \quad \boldsymbol{b} = \begin{pmatrix} -9 \\ 3 \\ 2 \end{pmatrix} \text{ならば} \quad \boldsymbol{a}+\boldsymbol{b} = \begin{pmatrix} 36 \\ 6 \\ 13 \end{pmatrix}, \quad 2\boldsymbol{a} = \begin{pmatrix} 90 \\ 6 \\ 22 \end{pmatrix}$$

といった具合である．

$n=1$ のときは，$\boldsymbol{R}^n$ は $\boldsymbol{R}$ 自身を実線型空間と見なしたものである．

列ベクトルと対照的に，1行 n 列の行列

$$(a_1, \cdots, a_n)$$

を $\boldsymbol{n}$ **項行ベクトル**という．その全体 $M_{1,n}(\boldsymbol{R})$ も勿論実線型空間であるが，これには（列ベクトル空間の $\boldsymbol{R}^n$ のような）特別な記号は使わない．こちらの方を $\boldsymbol{R}^n$ と書く人もある．

3項行ベクトル

$$(a_1, a_2, a_3)$$

は，高校数学では，空間ベクトルの線型空間 $V(\boldsymbol{E}^3)$ を表すのに用いられた．大学の線型代数学では，行列の演算との関係で，空間ベクトルを数で表すには，列ベクトル $\begin{pmatrix} a_1 \\ a_2 \\ a_3 \end{pmatrix}$ を用いる方が多いようである (2.2.6).

閉区間 $[0, 2\pi]$ 上の関数全体 $\mathscr{F}([0, 2\pi], \boldsymbol{R})$ は実線型空間をなした．このことは，定義域として $[0, 2\pi]$ の代りにどんな集合をとっても変わらない．

S を一つの集合とする．S は数の集合とは限らない（ただし $S \neq \phi$）．S から $\boldsymbol{R}$ への写像（S を定義域とする実数値関数）の全体を

$$\mathscr{F}(S, \boldsymbol{R}) \text{ または } \boldsymbol{R}^S$$

で表す．任意の数 $c \in \boldsymbol{R}$ をとったとき，すべての $x \in S$ に対して $f(x) = c$ であるような関数を**定数関数** c と呼び，しばしば数 c と同一視する．したがって $\boldsymbol{R} \cong \mathscr{F}(S, \boldsymbol{R})$ とみなすことができる．

命題（2.1.5） 集合 S を定義域とする実数値関数の全体 $\mathscr{F}(S, \boldsymbol{R})$ において，$f, g \in F(S, \boldsymbol{R}), a \in \boldsymbol{R}$ に対して，元 $x \in S$ における値が $f(x) + g(x)$ である関数を $f + g$, x における値が $af(x)$ である関数を

af と定める．すなわち

$$(f+g)(x) = f(x) + g(x), \quad (af)(x) = af(x).$$

このとき，集合 $\mathscr{F}(S, \boldsymbol{R})$ は実線型空間となる．その零元は定数関数 0 である．

（この線型空間は初学者にはとりつきにくい．そもそも S 上の関数全体 $\mathscr{F}(S, \boldsymbol{R})$ というのがピンと来ない．関数はそのグラフで定まり，この場合関数 $f: S \longrightarrow \boldsymbol{R}$ のグラフは直積集合 $S \times \boldsymbol{R}$ の部分集合

$$\{(x, f(x)) | x \in S\}$$

であるから，$\mathscr{F}(S, \boldsymbol{R})$ は $S \times \boldsymbol{R}$ の（グラフという特別な形の）部分集合からなる集合である，といえば少しはわかり易かろうか．

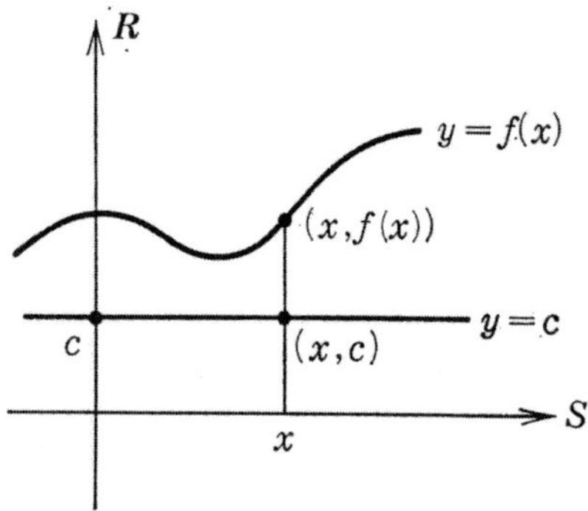

また，和 $f+g$ の定義も，$\cos t$ と $\sin t$ の和 $\cos t + \sin t$ はわかっても，

$$(f+g)(x) = f(x) + g(x)$$

によって $f+g$ を定めるといわれると，わからない．下図のように，$y = f(x) + g(x)$ のグラフを画いてみたらわかった気になるだろうか．）

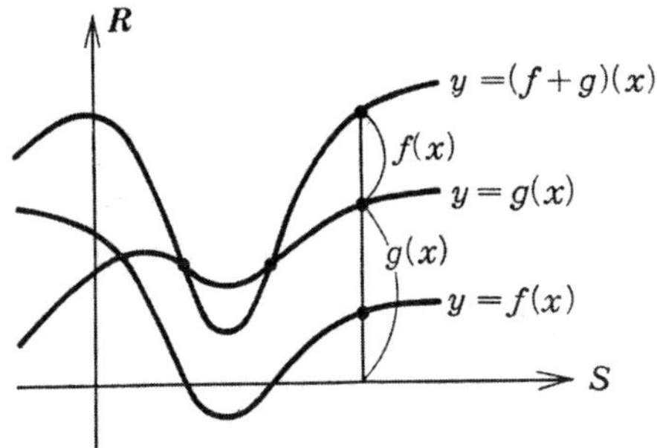

証明　形式的で手数と時間はかかるけれどもやさしい．（と，どの教科書でも書くことになっているが，この証明が本当にわかった気になるには相当の慣れが必要であると，私は思っている．）線型空間の公理（1）～（8）を一つ一つ確めていけばよい．たとえば，結合律（1）については，$f, g, h \in \mathscr{F}(S, \boldsymbol{R})$ のとき，任意の $x \in S$ に対して，実数体 $\boldsymbol{R}$ の性質を用いて

$$\begin{aligned}((f+g)+h)(x) &= (f+g)(x)+h(x) = (f(x)+g(x))+h(x)\\ &= f(x)+(g(x)+h(x)) = f(x)+(g+h)(x)\\ &= (f+(g+h))(x)\end{aligned}$$

であるが，これが任意の $x \in S$ について成り立つから，関数として

$$(f+g)+h = f+(g+h)$$

となり，（1）が成り立つ．残りの公理を確めることは読者にゆだねる．読者は，これらの性質が実数体 $\boldsymbol{R}$ における類似の性質だけから生じ，定義域 S に全く関係がないことに，気付くであろう．

（証明終）

一見人工的に見える線型空間 $\mathscr{F}(S, \boldsymbol{R})$ も，S としていろいろな集合をとると読者になじみ深いものであることがわかる．まず，

例（2.1.6） 集合 $[a,b]=\{x\in \boldsymbol{R}|a\leqq x\leqq b\}$ を閉区間，集合 $(a,b)=\{x\in \boldsymbol{R}|a<x<b\},(-\infty,\infty)=\boldsymbol{R}$ などを開区間といった．これらの集合を定義域とする実数値関数の全体 $\mathscr{F}([a,b],\boldsymbol{R}),\mathscr{F}((a,b),\boldsymbol{R}),\mathscr{F}((-\infty,\infty),\boldsymbol{R})$ などは，微積分で最初にお目に掛かる実線型空間である．

微積分で扱う級数の和もまた線型空間 $\mathscr{F}(S,\boldsymbol{R})$ の演算にほかならない．すなわち

例（2.1.7） 整数 $\geqq 0$ の全体を $\boldsymbol{N}$ とする．$\boldsymbol{N}=\{0,1,2,\cdots\}$．集合 $\boldsymbol{N}$ の上の関数

$$f:\boldsymbol{N}\longrightarrow\boldsymbol{R}$$

を**数列**という．数列はその値で表すのが習慣となっていて，$f(n)=a_n$ のとき，f を $\{a_n\}_{n\geqq 0}$ などと表す．数列全体の線型空間

$$\mathscr{F}(\boldsymbol{N},\boldsymbol{R})$$

における和と実数倍は，$f=\{a_n\}_{n\geqq 0},g=\{b_n\}_{n\geqq 0},c\in\boldsymbol{R}$ のとき，$(f+g)(n)=a_n+b_n,(cf)(n)=ca_n$ であるから，

$$\{a_n\}+\{b_n\}=\{a_n+b_n\},c\{a_n\}=\{ca_n\}$$

となって，微積分での定義と一致する．

ここで，線型空間の意外な例を挙げておこう．

例（2.1.8） ただ一つの元 $\boldsymbol{o}$ からなる集合 $\{\boldsymbol{o}\}$ に $\boldsymbol{o}+\boldsymbol{o}=\boldsymbol{o},c\boldsymbol{o}=\boldsymbol{o}(c\in\boldsymbol{R})$ によって演算を定義すれば集合 $\{\boldsymbol{o}\}$ は実線型空間となる．これはいかにも人工的でこじつけたような線型空間であるが，線型空間の公理（1）～（8）のすべてを確かにみたしているから，$\{\boldsymbol{o}\}$ は線型空間に違いない．

算数で，数 0 などなくてもよさそうなのに，0 がないと小学校の算数でさえもギクシャクするように，つまらない $\{\boldsymbol{o}\}$ にも線型空間

としての市民権を与えておかないと，線型代数学は議論が面倒になってしまうのである．

§2.2 同型な線型空間

定義（2.2.1）（i）S, T を集合，$F: S \longrightarrow T$ を写像とする．

“任意の $t \in T$ に対して，$F(s) = t$ となる

$s \in S$ がただ一つ存在するとき”

F は**上への 1 対 1 の写像，全単写像，双写像**などという．

（ii）S, T を集合とする．二つの写像 $F: S \longrightarrow T, G: T \longrightarrow S$ が

逆写像の条件 $\begin{cases} s \in S \text{に対しては} G(F(s)) = s \\ t \in T \text{に対しては} F(G(t)) = t \end{cases}$

をみたすとき，G を F の**逆写像**といい F^{-1} で表す．このとき，F は G の逆写像となっている．さらにこのとき F は双写像である．

逆に，写像 $F: S \longrightarrow T$ が双写像であるとき，$t \in T = F(S)$ に対し，$F(s) = t$ となる $s \in S$ をとって $G(t) = s$ とおけば，写像 $G: T \longrightarrow S$ が F の逆写像である．

写像 $F: S \longrightarrow T, s \longmapsto t$ が双写像であるとき，これを記号 $\longleftrightarrow$ を使って

$$S \longleftrightarrow T, s \longleftrightarrow t$$

で表そう．ある元がある集合に属するか否かのみに関心をもつ集合論においては，双写像 $S \longrightarrow T$ があれば，S と T は同じようなものだと考えられるから，左右平等に $\longleftrightarrow$ と書こうというわけである．このとき，S と T とは**集合論的に同型**であるという．

線型代数学では，線型空間の間の双写像が和 $\boldsymbol{x} + \boldsymbol{y}$ と実数倍 $c\boldsymbol{x}$ とを保存するとき，二つの線型空間は同じようなものだと考える．すなわち

定義 (2.2.2)　二つの実線型空間 U, V の間に双写像 $\longleftrightarrow$ があり，

$$\boldsymbol{u}_1 \longleftrightarrow \boldsymbol{v}_1, \boldsymbol{u}_2 \longleftrightarrow \boldsymbol{v}_2 \text{ならば} \boldsymbol{u}_1 + \boldsymbol{u}_2 \longleftrightarrow \boldsymbol{v}_1 + \boldsymbol{v}_2$$

$$\boldsymbol{u} \longleftrightarrow \boldsymbol{v}, c \in \boldsymbol{R} \text{ならば} c\boldsymbol{u} \longleftrightarrow c\boldsymbol{v}$$

が成り立つとき $(\boldsymbol{u}_1, \boldsymbol{u}_2, \boldsymbol{u} \in U, \boldsymbol{v}_1, \boldsymbol{v}_2, \boldsymbol{v} \in V)$, U と V は実線型空間として**同型**であるといい

$$U \cong V$$

で表す．同型を与える双写像 $F : U \longrightarrow V$ を**同型写像**という．このとき，その逆写像もまた同型写像である．

例 (2.2.3)　複素数体 $\boldsymbol{C}$ は自然に実線型空間とみることができる．このとき，列ベクトル空間 $\boldsymbol{R}^2$ から $\boldsymbol{C}$ への写像

$$\boldsymbol{R}^2 \longrightarrow \boldsymbol{C}, \quad \begin{pmatrix} a \\ b \end{pmatrix} \longmapsto a + bi$$

は，実線型空間としての同型写像である．$\boldsymbol{R}^2 \cong \boldsymbol{C}$．この同型写像によって座標平面 $\boldsymbol{R}^2$ の幾何学を複素数の代数学に翻訳することができる．

例 (2.2.4)　n 項列ベクトル空間 $\boldsymbol{R}^n$ と n 項行ベクトル空間 $M_{1,n}(\boldsymbol{R})$ は自然に同型である．

$$\boldsymbol{R}^n \cong M_{1,n}(\boldsymbol{R}), \quad \begin{pmatrix} a_1 \\ \vdots \\ a_n \end{pmatrix} \longleftrightarrow (a_1, \cdots, a_n)$$

例 (2.2.5)　(i) 列ベクトル空間 $\boldsymbol{R}^n$ は関数の線型空間 $\mathscr{F}(S, \boldsymbol{R})$ の特別な場合と見ることがでさる．すなわち $S = \{1, 2, \cdots, n\}$ 上の

実数値関数全体の線型空間

$$V = \mathscr{F}(\{1, 2, \cdots, n\}, \boldsymbol{R})$$

を考えよう．S 上の関数 f は，その n 個の値 $f(1) = a_1, \cdots, f(n) = a_n$ によって完全に定まるから，列ベクトル $\begin{pmatrix} a_1 \\ \vdots \\ a_n \end{pmatrix}$ と同一視できる．

$$\mathscr{F}(\{1, 2, \cdots, n\}, \boldsymbol{R}) \longleftrightarrow \boldsymbol{R}^n, f \longleftrightarrow (a_i)_{1 \leqq i \leqq n}, f(i) = a_i$$

そして，$f \longleftrightarrow (a_i), g \longleftrightarrow (b_i)$ のとき，$(f+g)(i) = a_i + b_i, (cf)(i) = ca_i$ であるから，

$$f + g \longleftrightarrow (a_i) + (b_i), cf \longleftrightarrow c(a_i)$$

が成り立つ．よって

$$\mathscr{F}(\{1, 2, \cdots, n\}, \boldsymbol{R}) \cong \boldsymbol{R}^n$$

（ii）上と全く同じ考え方で，m 行 n 列の行列は直積 $S = \{1, 2, \cdots, m\} \times \{1, 2, \cdots n\} = \{(i, j)\}_{1 \leqq i \leqq m, 1 \leqq j \leqq n}$ 上の実数値関数と考えることができる．

$$\mathscr{F}(\{1, 2, \cdots, m\} \times \{1, 2, \cdots, n\}, \boldsymbol{R}) \cong M_{m,n}(\boldsymbol{R}), f \longleftrightarrow (a_{ij}),$$
$$a_{ij} = f((i, j))$$

例（2.2.6） 空間ベクトルの全体を $V(\boldsymbol{E}^3)$ と書いた．

（i）空間 $\boldsymbol{E}^3$ に直交座標系を定めておく．ベクトル $\boldsymbol{a}$ を原点 O を始点とする有向線分で $\boldsymbol{a} = (\overrightarrow{OA})$ と表し，終点 A の座標が a_1, a_2, a_3 であるとき，ベクトル $\boldsymbol{a}$ に対し，列ベクトル $\begin{pmatrix} a_1 \\ a_2 \\ a_3 \end{pmatrix}$ を

対応させることによって，空間ベクトルの線型空間 $V(\boldsymbol{E}^3)$ と列ベクトル空間 $\boldsymbol{R}^3$ とは同型である．

$$V(\boldsymbol{E}^3) \cong \boldsymbol{R}^3, \quad \boldsymbol{a} \longleftrightarrow \begin{pmatrix} a_1 \\ a_2 \\ a_3 \end{pmatrix}$$

これは高校数学 II からの復習である．もっとも，高校では，列ベクトルではなく行ベクトル (a_1, a_2, a_3) を使ったし，同型という言葉も使わなかったが，実は上に述べたことをやっていたわけである．

（ii）**空間の点の実線型空間**　$(\boldsymbol{E}^3, O)$．空間 $\boldsymbol{E}^3$ の一点 O をとり固定する．点 $A, B \in \boldsymbol{E}^3$ と $c \in \boldsymbol{R}$ に対し，和 $A+B$ と c 倍 cA とを次のように定義する．ベクトル $(\overrightarrow{OA}) + (\overrightarrow{OB})$ と $c(\overrightarrow{OA})$ を，O を始点とする有向線分で表し，

$$\text{"}(\overrightarrow{OA}) + (\overrightarrow{OB}) = (\overrightarrow{OX})\text{のとき}A + B = X$$
$$c(\overrightarrow{OA}) = (\overrightarrow{OY})\text{のとき}\quad cA = Y''$$

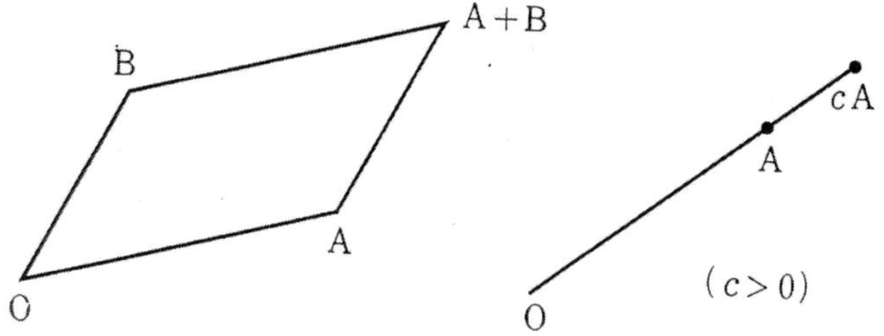

と定める．この演算により集合 $\boldsymbol{E}^3$ は実線型空間となる．点 O が零元である．この実線型空間を $(\boldsymbol{E}^3, 0)$ で表す．演算の定義から

$$(\boldsymbol{E}^3, O) \cong V(\boldsymbol{E}^3), A \longleftrightarrow (\overrightarrow{OA})$$

であることがわかる．

また，点 O として直交座標系の原点をとれば

$$(\boldsymbol{E}^3, \mathrm{O}) \cong \boldsymbol{R}^3, \quad A \longleftrightarrow \begin{pmatrix} a_1 \\ a_2 \\ a_3 \end{pmatrix}, \quad (a_1, a_2, a_3 \text{ は } A \text{ の座標})$$

線型空間 $(\boldsymbol{E}^3, \mathrm{O})$ は日本では使われないが，幾何学的考察に有効である．たとえば，点 P を通り線分 $\overrightarrow{OA}$ に平行な直線は

$$\{P + tA | -\infty < t < \infty\}$$

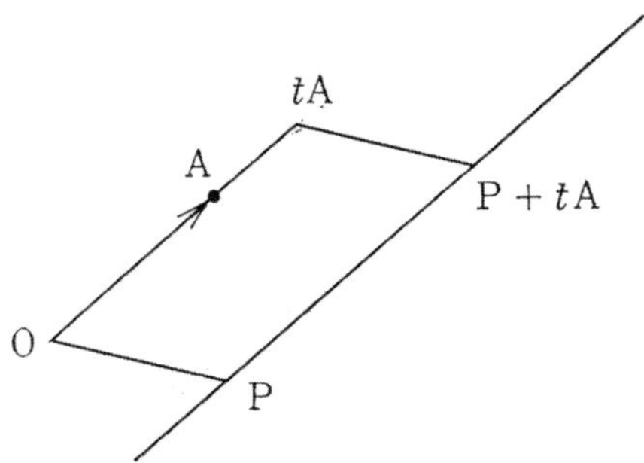

と表示される．また，一点 $P \in \boldsymbol{E}^3$ を通り三角形 OAB が定める平面に平行な平面は

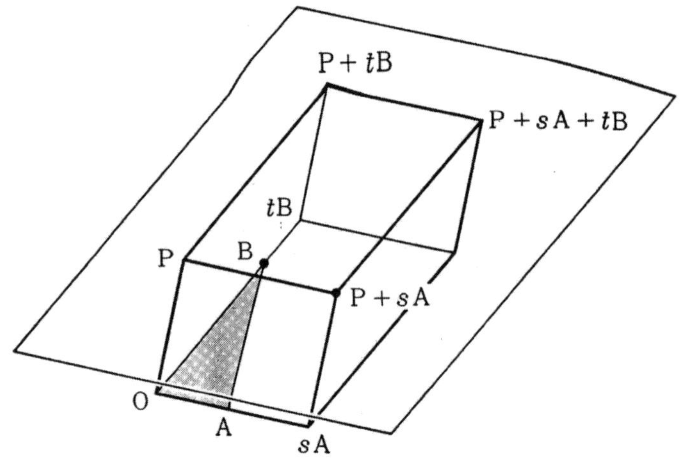

と表示される．

§2.3　部分線型空間

定義（2.3.1） Vを実線型空間，WをVの部分集合とする．Wが，Vと同じ演算によって，実線型空間となるとき，WをVの**部分線型空間**または**部分空間**という．

多くの重要な線型空間が既知の線型空間の部分空間として現れる．部分集合 $W \subseteqq V$が部分空間であることを見るには，公理（1）～（8）のすべてを確かめる必要はなく，次の二つの条件（i），（ii）を確かめれば十分である．

命題（2.3.2） Vを実線型空間，WをVの部分集合とする．このとき，Wが空集合でなく，

$$\textbf{部分空間の条件}\begin{cases}\text{(i)} & \boldsymbol{x}, \boldsymbol{y} \in W \text{ならば} \boldsymbol{x}+\boldsymbol{y} \in W \\ \text{(ii)} & \boldsymbol{x} \in W, a \in \boldsymbol{R} \text{ならば} a\boldsymbol{x} \in W\end{cases}$$

をみたすならば，Wは部分空間である．（逆も正しい．）

実際，W が和と実数倍で閉じていれば，V の元に対する（線型空間の加法と実数倍の）公理（1）〜（8）は W の元の間でも当然成り立って，W は線型空間となるのである．

$\{\boldsymbol{o}\}$ および V 自身は勿論 V の部分空間である．

例（2.3.3） 開区間 J，たとえば $(0,2\pi),(0,\infty),,(-\infty,\infty)$ などの上の実数値関数の線型空間 $V=\mathscr{F}(J,\boldsymbol{R})$ において

（i）V の元で J において連続なもの全体を $\boldsymbol{C}^0(\boldsymbol{J})$ または $\boldsymbol{C}^0(\boldsymbol{J},\boldsymbol{R})$ で表す．$C^0(J)$ は V の部分空間である．連続関数の性質

$$\text{“}f \text{ と } g \text{ が連続ならば，} f+g \text{ と } cf \text{ も連続”}(c\in\boldsymbol{R})$$

は，部分集合 $C^0(J)$ に対する部分空間の条件にほかならない．

（ii）V の元で J において微分可能なもの全体 $D^1(J)$ もまた V の部分空間である．微分演算の性質

$$\text{“}f \text{ と } g \text{ が微分可能ならば，} f+g \text{ と } cf \text{ も微分可能”}(c\in\boldsymbol{R})$$

は，部分集合 $D^1(J)$ に対する部分空間の条件にほかならない．

（iii）V の元で J において n 回微分可能なもの全体 $D^n(J)$ もまた V の部分空間をなす．微分演算の性質

$$\text{"}f \text{ を } g \text{ が } n \text{ 回微分可能で } c\in\boldsymbol{R} \text{ ならば}$$
$$f+g \text{ と } cf \text{ もまた } n \text{ 回微分可能”}$$

は，部分集合 $D^n(J)$ に対する部分空間の条件である．

（iv）関数 $f: J\longrightarrow\boldsymbol{R}$ が J において n 回微分可能でその n 階導関数 $f^{(n)}$ が連続であるとき，f は J で $\boldsymbol{C}^n$ **級**であるという．J で C^n 級の関数全体を $\boldsymbol{C}^n(\boldsymbol{J}),\boldsymbol{C}^n(\boldsymbol{J},\boldsymbol{R})$ などと書く．$C^n(J)$ は，やはり V の部分空間であって，微積分で最も多くお目に掛る線型空間である．読者は C^1 級，C^2 級という言葉に微積でいやという程出会った筈である．

（v）関数 $f: J \longrightarrow \boldsymbol{R}$ が J において何回でも微分可能であるとき，f は J で $\boldsymbol{C}^\infty$ **級**であるという．J で C^∞ 級の関数全体を $\boldsymbol{C}^\infty(\boldsymbol{J}), \boldsymbol{C}^\infty(\boldsymbol{J}, \boldsymbol{R})$ などと書く．$C^\infty(J)$ もまた V の部分空間である．$C^\infty(J) = \bigcap_{n=0}^{\infty} C^n(J)$ である．

例（2.3.4） 入学後間もなく5月頃多変数関数の微分の話が出て来る大学が最近は多いようである．2変数の関数 $f(x, y)$ は座標平面上の関数とみることができる．U を座標平面上の集合とする（境界点での面倒な議論を避けるため普通開集合とする）．
U 上の連続関数を $\boldsymbol{C}^0$ **級**，U 上の関数 f で偏導関数 $\dfrac{\partial f}{\partial x}, \dfrac{\partial f}{\partial y}$ が存在して連続なものを $\boldsymbol{C}^1$ **級**という．U 上の関数で n 階の偏導関数 $\dfrac{\partial^n f}{\partial x^n}, \dfrac{\partial^n f}{\partial y \partial x^{n-1}}, \cdots, \dfrac{\partial^n f}{\partial y^n}$ がすべて存在して連続なものを $\boldsymbol{C}^n$ **級**という．U 上の C^0 級の関数全体を $\boldsymbol{C}^0(\boldsymbol{U}), \boldsymbol{C}^0(\boldsymbol{U}, \boldsymbol{R})$ などと書く．C^n 級の関数全体を $\boldsymbol{C}^n(\boldsymbol{U}), \boldsymbol{C}^n(\boldsymbol{U}, \boldsymbol{R})$ などと書く．$C^0(U), C^n(U)$ は $\mathscr{F}(U, \boldsymbol{R})$ の部分空間である．

$$\mathscr{F}(U, \boldsymbol{R}) \supseteqq C^0(U) \supseteqq C^1(U) \supseteqq \cdots \supseteqq C^n(U) \supseteqq \cdots$$

例（2.3.5） $(-\infty, \infty) = \boldsymbol{R}$ から $\boldsymbol{R}$ への関数全体の実線型空間 $\mathscr{F}((-\infty, \infty), \boldsymbol{R})$ において，多項式関数

$$a_0 + a_1 t + a_2 t^2 + \cdots + a_n t^n, \quad a_i \in \boldsymbol{R}$$

の全体を

$$\boldsymbol{R}[\boldsymbol{t}]$$

と書く．

"f と g が多項式で $a \in \boldsymbol{R}$ ならば

$f + g$ と af も多項式である"

よって $\boldsymbol{R}[t]$ は実線型空間となる.

例（2.3.6） 数列全体の実線型空間 $\mathscr{F}(\boldsymbol{N},\boldsymbol{R})$ において

（i）W_1 を有界数列の全体とする．$\{a_n\},\{b_n\}\in W_1$ ならば，定数 A,B があって，$|a_n|\leqq A,|b_n|\leqq B$

$$\therefore |a_n+b_n|\leqq |a_n|+|b_n|\leqq A+B,\quad |ca_n|\leqq |c|A$$

すなわち

$$\{a_n\},\{b_n\}\in W_1 \text{ならば}, \{a_n\}+\{b_n\}\in W_1, c\{a_n\}\in W_1$$

ゆえに，W_1 は $\mathscr{F}(\boldsymbol{N},\boldsymbol{R})$ の部分空間である.

（ii）W_2 を収束数列の全体とする．$\lim a_n$ と $\lim b_n$ が存在すれば，$\lim(a_n+b_n)$ と $\lim(ca_n)$ も存在するから，W_2 は部分空間である．なお，微積分において周知の“収束数列は有界である”によって，$W_2 \subseteqq W_1$ である.

（iii）$\sum_{n=0}^{\infty} a_n^2$ が収束するような数列 $\{a_n\}$ の全体を

$$l_2$$

と書く．l_2 もまた $\mathscr{F}(\boldsymbol{N},\boldsymbol{R})$ の部分空間である．l_2 に対する部分空間の条件は，不等式

$$(a_n+b_n)^2\leqq (a_n+b_n)^2+(a_n-b_n)^2=2{a_n}^2+2{b_n}^2$$

より生ずる.

例（2.3.7） 一つの平面 $\boldsymbol{E}^2$ を空間内に定める．$\boldsymbol{E}^2\subseteqq \boldsymbol{E}^3$.

（i）空間ベクトルの実線型空間 $V(\boldsymbol{E}^3)$ において，$\boldsymbol{E}^2$ 上にある有向線分で代表されるベクトルの全体を $\boldsymbol{V}(\boldsymbol{E}^2)$ とする.

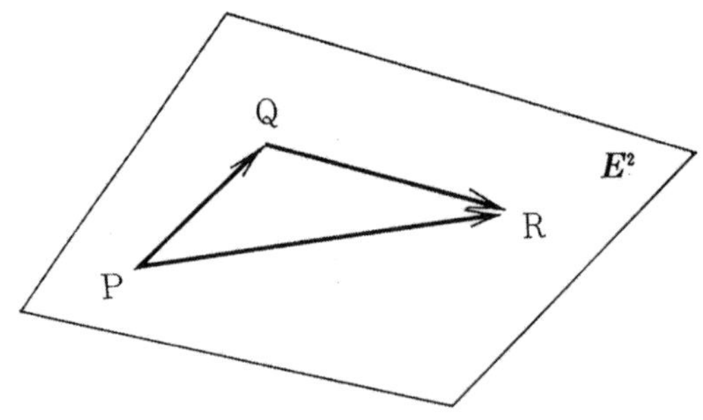

$$V(\boldsymbol{E}^2) = \left\{(\overrightarrow{PQ}) | P, Q \in \boldsymbol{E}^2\right\}$$

このとき，

“有向線分 $\overrightarrow{PQ}$ と $\overrightarrow{QR}$ が $\boldsymbol{E}^2$ 上にあれば

$$(\overrightarrow{PQ}) + (\overrightarrow{QR}) = (\overrightarrow{PR}) \in V(\boldsymbol{E}^2), \quad c(\overrightarrow{PQ}) \in V(\boldsymbol{E}^2)''$$

である．よって，$V(\boldsymbol{E}^2)$ は $V(\boldsymbol{E}^3)$ の部分空間である．$V(\boldsymbol{E}^2)$ は高校数学 I で学んだ平面ベクトルの線型空間である．

（ii）$\boldsymbol{E}^2$ 上の一点 O をとる．空間の点の間に演算を定め $\boldsymbol{E}^3$ を線型空間と見たものを $(\boldsymbol{E}^3, \mathrm{O})$ と書いた．このとき，部分集合 $\boldsymbol{E}^2 \subseteqq \boldsymbol{E}^3 = (\boldsymbol{E}^3, \mathrm{O})$ は部分空間である．これを

$$(\boldsymbol{E}^2, \mathrm{O})$$

で表す．

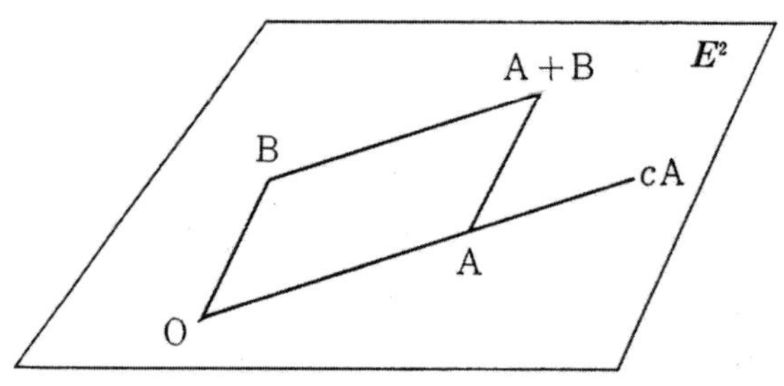

同型 $(\boldsymbol{E}^3, O) \cong V(\boldsymbol{E}^3)$ を $\boldsymbol{E}^2$ に制限して考えれば

$$(\boldsymbol{E}^2, O) \cong V(\boldsymbol{E}^2), \quad A \longleftrightarrow (\overrightarrow{OA})$$

定義（2.3.8） 実線型空間 V において，$\boldsymbol{a}_1, \cdots, \boldsymbol{a}_k$ が V の元であるとき $(k \geqq 1)$

$$c_1\boldsymbol{a}_1 + \cdots + c_k\boldsymbol{a}_k \quad (c_j \in \boldsymbol{R})$$

の形の元を，$\boldsymbol{a}_1, \cdots, \boldsymbol{a}_k$ の**線型結合**，**一次結合**などという．一つの元 $\boldsymbol{a}_1 \in V$ の線型結合とは $\boldsymbol{a}_1$ の実数倍 $c\boldsymbol{a}_1$ にほかならない．$\boldsymbol{a}_1, \cdots, \boldsymbol{a}_k$ の線型結合の全体を

$$\boldsymbol{R}\boldsymbol{a}_1 + \cdots + \boldsymbol{R}\boldsymbol{a}_k$$

で表すが，これは V の部分線型空間をなす．この部分空間を $\boldsymbol{a}_1, \cdots, \boldsymbol{a}_k$ が**張る**または**生成する**部分空間という．

例（2.3.9）（i）実数体 $\boldsymbol{R}$ を実線型空間とみるとき，$\boldsymbol{R}$ の 0 でない元は，$\boldsymbol{R}$ を生成する．すなわち $a \neq 0$ のとき

$$\boldsymbol{R}a = \{x\alpha | x \in \boldsymbol{R}\} = \boldsymbol{R}$$

（ii）ベクトル $\begin{pmatrix} 1 \\ 0 \end{pmatrix}, \begin{pmatrix} 0 \\ 1 \end{pmatrix}$ は全空間 $\boldsymbol{R}^2$ を生成する．

$$\because \boldsymbol{R}^2 \ni \boldsymbol{x} = \begin{pmatrix} x \\ y \end{pmatrix} = x\begin{pmatrix} 1 \\ 0 \end{pmatrix} + y\begin{pmatrix} 0 \\ 1 \end{pmatrix}$$

例（2.3.10） 空間の点の線型空間 $(\boldsymbol{E}^3, O)$ において

（i）$\boldsymbol{E}^3 \ni A, A \neq O$ のとき，A が生成する部分空間

$$\boldsymbol{R}A = \{tA | -\infty < t < \infty\}$$

は直線 OA である．

（ii）$\boldsymbol{E}^3 \ni \mathrm{A}, \mathrm{B}$，三点 OAB が三角形をつくるとき，A, B が生成する部分空間

$$\boldsymbol{R}\mathrm{A} + \boldsymbol{R}\mathrm{B} = \{s\mathrm{A} + t\mathrm{B} \mid -\infty < s, t < \infty\}$$

は平面 OAB である．

（iii）$\boldsymbol{E}^3 \ni \mathrm{A}, \mathrm{B}, \mathrm{C}$，四点 OABC が四面体をつくるとき，A, B, C は全空間 $(\boldsymbol{E}^3, \mathrm{O})$ を生成する．

$$\boldsymbol{R}\mathrm{A} + \boldsymbol{R}\mathrm{B} + \boldsymbol{R}\mathrm{C} = \{x\mathrm{A} + y\mathrm{B} + z\mathrm{C} \mid -\infty < x, y, z < \infty\}$$

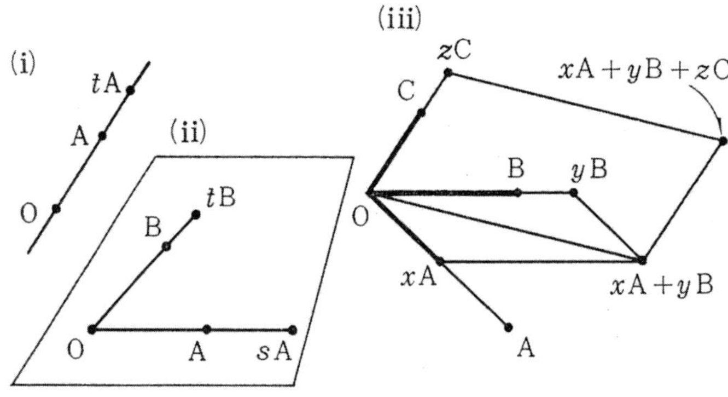

命題（2.3.11） 二つの部分空間 W_1 と W_2 の共通部分 $W_1 \cap W_2$ もまた部分空間である．

証明 $\boldsymbol{o} \in W_1 \cap W_2$ であるから $W_1 \cap W_2$ は空ではない．W_1 と W_2 が加法と実数倍に対して閉じているから，$W_1 \cap W_2$ に対しても

部分空間の条件 $\begin{cases} \boldsymbol{x}, \boldsymbol{y} \in W_1 \cap W_2 \text{ならば} \boldsymbol{x} + \boldsymbol{y} \in W_1 \cap W_2 \\ \boldsymbol{x} \in W_1 \cap W_2, c \in R \text{ならば} c\boldsymbol{x} \in W_1 \cap W_2 \end{cases}$ が

成り立つ．よって $W_1 \cap W_2$ は部分空間である．（証明終）

上の事実は 3 個以上（無限個でもよい）の部分空間に対しても成り立つ．すなわち

$\{W_\alpha\}$ が V の部分空間を要素とする集合であれば，共通部分

$$\bigcap_{\alpha} W_\alpha$$

もまた部分空間である．このことから，

命題と定義（2.3.12） V を実線型空間，S を V の任意の部分集合とする．S を含む部分空間すべての共通部分を W とすると，W は部分空間であって

（i）W 活 S を含む最小の部分空間である．すなわち，S を含む部分空間はすべて W を含む．

（ii）S に属する元のあらゆる線型結合の全体が W である．W を集合 S が**張る**または**生成する**部分空間という．（S が空集合のときは $W=\{\boldsymbol{o}\}$ である．S が有限集合 $\{\boldsymbol{a}_1,\cdots,\boldsymbol{a}_k\}$ のときは W は既に述べたもの（2.3.8）と一致する.）

証明 $S=\phi$ のとき省略．$S\neq\phi$ とする．（i）明白，（ii）S の元のあらゆる線型結合の全体を U とする．

$U=\{c_1\boldsymbol{a}_1+\cdots+c_k\boldsymbol{a}_k | \boldsymbol{a}_i\in S,\quad c_i\in\boldsymbol{R},\quad k=1,2,3,\cdots\}$

$U=W$ を示せばよい．$U\subseteqq W$ は明らかである．

U が線型空間なること:$U\supseteqq S\neq\phi$ だから $U\neq\phi.\boldsymbol{x},\boldsymbol{y}\in U$ ならば

$$\boldsymbol{x}=c_1\boldsymbol{a}_1+\cdots+c_m\boldsymbol{a}_m,\quad \boldsymbol{a}_i\in S,\quad c_i\in\boldsymbol{R}$$
$$\boldsymbol{y}=d_1\boldsymbol{b}_1+\cdots+d_n\boldsymbol{b}_n,\quad \boldsymbol{b}_j\in S,\quad d_j\in\boldsymbol{R}$$

の形であるから，

$$\boldsymbol{x}+\boldsymbol{y}=c_1\boldsymbol{a}_1+\cdots+c_m\boldsymbol{a}_m+d_1\boldsymbol{b}_1+\cdots+d_n\boldsymbol{b}_n\in U$$
$$c\boldsymbol{x}=cc_1\boldsymbol{a}_1+\cdots+cc_m\boldsymbol{a}_m\in U$$

ゆえに，U は部分空間である．

U は部分空間であって S を含むから，W の最小性によって，$U \supseteqq W$

$$\therefore U = W \qquad \text{（証明終）}$$

例（2.3.13） 関数の実線型空間 $\mathscr{F}((-\infty,\infty),\boldsymbol{R})$ において，

（i）n 次までの単項式 $1, t, t^2, \cdots, t^n$ が生成する部分空間は，高々 n 次の多項式の全体

$$\{a_0 + a_1 t + a_2 t^2 + \cdots + a_n t^n | a_0, a_1, a_2, \cdots, a_n \in \boldsymbol{R}\}$$

である．

（ii）すべての単項式の全体 $S = \{1, t, t^2, \cdots\}$ が生成する部分空間は，多項式全体 $\boldsymbol{R}[t]$ である．

§ 2.3 の練習問題

1. 実数列の線型空間 $\mathscr{F}(\boldsymbol{N},\boldsymbol{R})$ において，次の部分集合は部分空間か．

$$W_1 = \{a_n\}_{n \geqq 0} \,|\, \{a_n\}\text{に依存する}A > 0\text{があって}$$
$$\text{ある番号以上 } a_n \neq 0, \left|\frac{a_{n+1}}{a_n}\right| \leqq A \Big\}$$
$$W_2 = \Big\{\{a_n\}_{n \geq 0} \,|\, \{a_n\}\text{に依存する}A > 0\text{ があって}$$
$$\text{ある番号以上 } \sqrt[n]{|a_n|} \leqq A \Big\}$$

§2.3 の答

1. W_1 は部分空間でない．$\because W_1 \not\ni 0$（零列）．W_2 は部分空間．

§ 2.4　実多元環（この節はとばしてもよい）

実は，沢山の定義が現れては読者の負担になると考えて，これま

で控えていたことがある．しかしそれではどうにも不便であるから，やっぱりそれをここで導入しようと思う．

想い出して欲しい．連続関数の全体は線型空間をなした．すなわち

"f と g が連続ならば, $f+g$ と cf もまた連続"

であった (2.3.3)．しかしながら，この文脈で言えば，読者も気ついたであろうが，連続関数にはもう一つの性質

“f と g が連続ならば，積 fg も連続”

がある．すなわち連続関数がつくる線型空間は積についても閉じている．微分可能な関数の線型空間についても同様である．このように，線型空間であって積が定義されているものを多元環という．詳しくいえば,

定義（2.4.1） 実線型空間 $\mathscr{A}$ において，和 $\boldsymbol{x}+\boldsymbol{y}$，実数倍 $c\boldsymbol{x}(c \in \boldsymbol{R})$ のほかに，任意の二元 $\boldsymbol{x}, \boldsymbol{y} \in \mathscr{A}$ に対しその積 $\boldsymbol{xy} \in \mathscr{A}$ が定義されていて，次の公理 III をみたすことを，$\mathscr{A}$ は**実多元環**, 実代数または略して**多元環**という．

公理 III　(1) $(\boldsymbol{xy})\boldsymbol{z} = \boldsymbol{x}(\boldsymbol{yz})$

(2) **単位元**と呼ばれる特別な元がただ一つ存在し，（これを 1 で表すと）すべての $\boldsymbol{x} \in \mathscr{A}$ に対して

$$\mathbf{1}\boldsymbol{x} = \boldsymbol{x}\mathbf{1} = \boldsymbol{x}$$

(3) $\boldsymbol{x}(\boldsymbol{y}+\boldsymbol{z}) = \boldsymbol{xy}+\boldsymbol{xz}, \quad (\boldsymbol{x}+\boldsymbol{y})\boldsymbol{z} = \boldsymbol{xz}+\boldsymbol{yz}$

(4) スカラー $c \in \boldsymbol{R}$ に対して

$$c(\boldsymbol{xy}) = (c\boldsymbol{x})\boldsymbol{y} = \boldsymbol{x}(c\boldsymbol{y}) \qquad \text{（公理終）}$$

上の定義で基礎体 $\boldsymbol{R}$ を複素数体 $\boldsymbol{C}$ で置きかえれば**複素多元環,** 数体 K で置きかえれば $\boldsymbol{K}-$ **多元環**を得る．公理から直ちに次が生ずる．

$$\boldsymbol{ox}=\boldsymbol{xo}=\boldsymbol{o}, \boldsymbol{x}(\boldsymbol{y}-\boldsymbol{z})=\boldsymbol{xy}-\boldsymbol{xz}, (\boldsymbol{x}-\boldsymbol{y})\boldsymbol{z}=\boldsymbol{xz}-\boldsymbol{yz}$$

多元環 $\mathscr{A}$ において，

(5) すべての $\boldsymbol{x}, \boldsymbol{y}y \in \mathscr{A}$ に対し $\boldsymbol{xy}=\boldsymbol{yx}$ が成り立つとき，$\mathscr{A}$ は**可換**であるという．

例（2.4.2）（ｉ）n 次の正方行列全体の線型空間 $M_{n,n}(\boldsymbol{R})$ は，行列の積を積とする多元環である．単位行列 E_n が単位元である．$n \geqq 2$ のとき，この多元環は可換でない．多元環 $M_{n,n}(\boldsymbol{R})$ を**全行列環**という．

（ii）$n=1$ のとき，$M_{n,n}(\boldsymbol{R})$ は実数体 $\boldsymbol{R}$ 自身であって，可換な多元環である．

（iii）複素数体 $\boldsymbol{C}$ もまた可換な実多元環である．

例（2.4.3）（ｉ）閉区間 $[0, 2\pi]$ 上の実数値関数の全体 $\mathscr{F}([0,2\pi], \boldsymbol{R})$ は実線型空間をなした（2.1.2）．$f, g \in \mathscr{F}([0, 2\pi], \boldsymbol{R})$ の積 fg を

$$(fg)(x)=f(x)g(x) \quad (x \in [0, 2\pi]).$$

によって定義すると，$\mathscr{F}([0, 2\pi], \boldsymbol{R})$ は実多元環となる．単位元は定数関数 1 である．たとえば，結合律

$$(fg)h=f(gh)$$

が成り立つことは，任意の $x \in [0, 2\pi]$ に対して

$$\begin{aligned}((fg)h)(x) &= ((fg)(x))h(x)=(f(x)g(x))h(x) \\ &= f(x)(g(x)h(x))=f(x)((gh)(x)) \\ &= (f(gh))(x)\end{aligned}$$

が成り立つことから生ずる．残りの公理（2），（3），（4）の検証は貴方にゆだねる．また任意の $x \in [0, 2\pi]$ に対して

$$(fg)(x) = f(x)g(x) = g(x)f(x) = (gf)(x)$$
$$\therefore fg = gf.$$

よって，$\mathscr{F}([0, 2\pi], \boldsymbol{R})$ は可換多元環である．このことは定義域として $[0, 2\pi]$ の代りにどんな集合をとっても変らない．すなわち

（ii）S を任意の集合とする $(S \neq \phi)$．S の元は数でなくてもよい．S を定義域とする実数値関数全体の線型空間 $F(S, \boldsymbol{R})$ において (2.1.5)，$f, g \in \mathscr{F}(S, \boldsymbol{R})$ の積 fg を

$$(fg)(x) = f(x)g(x)$$

によって定義すると，$\mathscr{F}(S, \boldsymbol{R})$ は可換多元環となる．たとえば，S として整数 $\geqq 0$ の全体 $\boldsymbol{N}$ をとったとき

（iii）$\mathscr{F}(N\boldsymbol{N}, \boldsymbol{R})$ は実数列全体の線型空間であったが，$f = \{a_n\}_{n \geqq 0}, g = \{b_n\}_{n \geqq 0}$ の積 $(fg)(n) = f(n)g(n) = a_n b_n$ すなわち

$$fg = \{a_n b_n\}_{n \geqq 0}$$

によって，$\mathscr{F}(\boldsymbol{N}, \boldsymbol{R})$ は可換な多元環となるわけである．

部分線型空間の定義と類似に部分多元環を次のように定義する．部分多元環の判定条件も部分空間のそれと似ている．

定義と命題（2.4.4） $\mathscr{A}$ を実多元環，$\mathscr{B}$ を $\mathscr{A}$ の部分集合とする．$\mathscr{B}$ が，$\mathscr{A}$ と同じ演算によって，実多元環となるとき，$\mathscr{B}$ を $\mathscr{A}$ の**部分多元環**という．$\mathbf{1}$ を単位元と含む部分集合 $\mathscr{B}$ に対して

$$\begin{cases} \text{（i）} \mathscr{B} \text{ は線型空間 } \mathscr{A} \text{ の部分線型空間である} \\ \text{（ii）} \boldsymbol{x}, \boldsymbol{y} \in \mathscr{B} \text{ ならば } \boldsymbol{xy} \in \mathscr{B} \end{cases}$$

が成り立つならば，$\mathscr{B}$ は部分多元環である（逆も正しい）この条件は次のように言ってもよい．$\mathscr{B}$ が $\mathbf{1}$ を含むとき

$$\begin{cases} \text{(i)} & \boldsymbol{x}, \boldsymbol{y} \in \mathscr{B} \text{ ならば } \boldsymbol{x} + \boldsymbol{y} \in \mathscr{B} \\ \text{(ii)} & \boldsymbol{x} \in \mathscr{B}, c \in \boldsymbol{R} \text{ ならば } c\boldsymbol{x} \in \mathscr{B} \\ \text{(iii)} & \boldsymbol{x}, \boldsymbol{y} \in \mathscr{B} \text{ ならば } \boldsymbol{x}\boldsymbol{y} \in \mathscr{B} \end{cases}$$

実多元環には実数体 $\boldsymbol{R}$ を含むものも多い．このときには実数の 1 がその単位元である．$1 = 1 \cdot \mathbf{1} = \mathbf{1}$．そして，$\boldsymbol{R} \cong \mathscr{B}$ なる部分集合 $\mathscr{B}$ に対しては，$\mathscr{B}$ が部分多元環であるための条件は

$$"\boldsymbol{x}, \boldsymbol{y} \in \mathscr{B} \text{ならば} \boldsymbol{x} + \boldsymbol{y} \in \mathscr{B}, \boldsymbol{x}\boldsymbol{y} \in \mathscr{B}''$$

でよい．

例（2.4.5）（i）対角成分より下の成分が 0 である正方行列

$$\begin{pmatrix} a_{11} & a_{12} & \cdots & a_{1n} \\ & a_{22} & \cdots & a_{2n} \\ & & \ddots & \vdots \\ & & & a_{nn} \end{pmatrix}$$

を**上三角行列**という．下三角行列も同様に定義される．上三角行列と上三角行列の和と積はまた上三角行列，上三角行列の実数倍もまた上三角形行列である．すなわち，n 次行列全体の実多元環 $M_{n,n}(\boldsymbol{R})$ において，上三角行列の全体は部分多元環をなす．

（ii）対角成分以外が 0 である正方行列

$$\begin{pmatrix} a_1 & & & \\ & a_2 & & \\ & & \ddots & \\ & & & a_n \end{pmatrix}$$

を**対角行列**という．上の対角行列を

$$\mathrm{diag}\,(a_1, \cdots, a_n) \text{ または } \mathrm{diag}\,(\alpha_i)_{1 \leqq i \leqq n}$$

などと略記する．

$$\begin{cases} \mathrm{diag}\,(a_i) + \mathrm{diag}\,(b_i) = \mathrm{diag}\,(a_i + b_i), \quad c\,\mathrm{diag}\,(a_i) = \mathrm{diag}\,(ca_i) \\ \qquad\qquad \mathrm{diag}\,(a_i) \cdot \mathrm{diag}\,(b_i) = \mathrm{diag}\,(a_i b_i) \end{cases}$$

であって，対角行列の全体は実多元環 $M_{n,n}(\boldsymbol{R})$ の部分多元環である．

（iii）対角成分がすべて等しい対角行列，すなわち，

$$aE_n = \mathrm{diag}(a, \cdots, a) = \begin{pmatrix} a & & \\ & \ddots & \\ & & a \end{pmatrix}$$

の形の行列を**スカラー行列**という．n 次スカラー行列の全体もまた実多元環 $M_{n,n}(\boldsymbol{R})$ の部分多元環をなす．

例 (2.4.6)　開区間 J の上の実数値関数全体の多元環 $\mathscr{F}(\mathrm{J}, \boldsymbol{R})$ は実数体 $\boldsymbol{R}$ を含む

$$\boldsymbol{R} = (\text{定数関数全体}) \subseteq \mathscr{F}(J, \boldsymbol{R}).$$

線型空間としての $\mathscr{F}(J, \boldsymbol{R})$ のいくつかの部分空間を（2.3.3）で挙げたが，実はこれらの部分空間は積についても閉じていて部分多元環をなす．たとえば

（i）開区間 J 上の連続関数の全体 $C^0(J, \boldsymbol{R})$ は，$\boldsymbol{R}$ を含み

“f と g が連続ならば $f + g$ も fg 連続”

であるから，部分多元環をなす．

（ii）J 上の微分可能な関数の全体 $D^1(J,\boldsymbol{R})$ もまた多元環である．微分法における命題

“f と g が微分可能ならば，$f+g$ と fg も微分可能”

は $D^1(J,\boldsymbol{R})$ に対する部分多元環の条件にほかならない．同様に

（iii）n 回微分可能な関数の全体 $D^n(J,R)$, J で C^n 級の関数全体 $C^n(J,\boldsymbol{R})$, J で C^∞ 級の関数全体 $C^\infty(J,\boldsymbol{R})$ などもまた多元環である．

実多元環とは要するに和と実数倍と積に関して閉じていて普通の演算法則をみたすものであるが，これまでに挙げた例のほかにもう一つ読者に馴染みの可換多元環がある．それは多項式の全体 $\boldsymbol{R}[t]$ である．$\boldsymbol{R}[t]$ が実線型空間をなすことは既に見た（2.3.5）．さらに二つの多項式関数

$$f(t)=\sum_{i=0}^{m}a_it^i \quad と \quad g(t)=\sum_{j=0}^{n}b_jt^j$$

の積はまた多項式関数

$$\left(\sum_{i=0}^{m}a_it^i\right)\left(\sum_{j=0}^{n}b_jt^j\right)=\sum_{k=0}^{m+n}\left(\sum_{i+j=k}a_ib_j\right)t^k$$

であって，$\boldsymbol{R}[t]$ は積に関しても閉じている．この積は多元環の公理（1）～（5）をみたすから（2.4.1），$\boldsymbol{R}[t]$ は可換多元環である，といってもよいし，次のように考えれば（1）～（5）を検証する必要はない．

例（2.4.7） $(-\infty,\infty)=\boldsymbol{R}$ から $\boldsymbol{R}$ への関数全体の実多元環 $\mathscr{F}((-\infty,\infty),\boldsymbol{R})$ において，多項式関数の全体 $\boldsymbol{R}[t]$ は部分多元環をなす．なぜなら，$\boldsymbol{R}[t]$ は可換多元環 $\mathscr{F}((-\infty,\infty),\boldsymbol{R})$ の部分線型空間であって，$\boldsymbol{R}$ を含み，積に関して閉じているからである．多元環 $\boldsymbol{R}[t]$ を**多項式環**という．

例（2.4.8） U を座標平面上の開集合とする．U 上の実数値関数の全体 $\mathscr{F}(U,\boldsymbol{R})$, U 上の連続関数全体 $C^0(U,\boldsymbol{R})$, U で C^n 級の関数全体 $C^n(U,\boldsymbol{R})$ はいずれも実多元環である．

例（2.4.9）（難シイ，トバシテヨイ）　（i）**（群多元環）** $G=\{g_1,\cdots,g_n\}$ を n 個の元よりなる群とする．集合 G 上の実数値関数の全体 $\mathscr{F}(G,\boldsymbol{R})$ は列ベクトル空間 $\boldsymbol{R}^n$ と同型な実線型空間をなすだけではなく，積 $(\varphi\psi)(g)=\varphi(g)\psi(g)$ によって可換多元環となった (2.4.3)．ところでこの場合には，G の群演算を利用した次のような積を定義することができる．すなわち，これを値による積と区別するために $\varphi*\psi$ と書いて

$$\begin{aligned}(\varphi*\psi)(g)&=\sum_{h=g,h,k\in G}\varphi(h)\psi(k)\\&=\sum_{k\in G}\varphi\left(gk^{-1}\right)\psi(k)=\sum_{h\in G}\varphi(h)\psi\left(h^{-1}g\right)\end{aligned}$$

と定義する．この積が多元環の公理 (2.4.1) をみたすことを確かめよう．$\varphi,\psi,\chi\in\mathscr{F}(G,\boldsymbol{R})$ に対して

(1)
$$\begin{aligned}((\varphi*\psi)*\chi)(g)&=\sum_k(\varphi*\psi)\left(gk^{-1}\right)\chi(k)\\&=\sum_k\left(\sum_h\varphi(h)\psi\left(h^{-1}gk^{-1}\right)\right)\chi(k)\\(\varphi*(\psi*\chi))(g)&=\sum_h\varphi(h)(\psi*\chi)\left(h^{-1}g\right)\\&=\sum_h\varphi(h)\left(\sum_k\psi\left(h^{-1}gk^{-1}\right)\chi(k)\right)\end{aligned}$$

$\therefore((\varphi*\psi)*\chi)(g)=(\varphi*(\psi*\chi))(g)$

(2) G の単位元を g_1 とするとき，$\delta(g_1)=1, g_i\neq g_1$ に対して $\delta(g_i)=0$ となる関数 δ が $\mathscr{F}(G,\boldsymbol{R})$ の単位元である．

実際

$$(\varphi*\delta)(g)=\sum_{k\in G}\varphi\left(gk^{-1}\right)\delta(k)=\varphi(g)$$

$\therefore\varphi*\delta=\varphi$．同様に $\delta*\varphi=\varphi$．

$$
\begin{aligned}
(3)\ \varphi*(\psi+\chi)(g) &= \sum_k \varphi\left(gk^{-1}\right)(\psi+\chi)(k) \\
&= \sum_k \varphi\left(gk^{-1}\right)(\psi(k)+\chi(k)) \\
&= \sum_k \varphi\left(gk^{-1}\right)\psi(k) + \sum_k \varphi\left(gk^{-1}\right)\chi(k) \\
&= (\varphi*\psi)(g) + (\varphi*\chi)(g)
\end{aligned}
$$

$\therefore \varphi*(\psi+\chi) = \varphi*\psi+\varphi*\chi.$

同様に $(\varphi+\psi)*\chi = \varphi*\chi+\psi*\chi$

(4) $c(\varphi*\psi) = (c\varphi)*\psi = \varphi*(c\psi) \quad (c \in \boldsymbol{R})$　明白.

よって，積 $\varphi*\psi$ は多元環の公理をみたす．積 $\varphi*\psi$ を**合成積**という．値の積 $\varphi\psi$ による多元環と区別するために，合成積による多元環 $\mathscr{F}(G,\boldsymbol{R})$ を $\boldsymbol{R}[G]$ などで表し，有限群 G 上の**群多元環**と呼ぶ．$\boldsymbol{R}[G]$ が可換多元環となるのは，G が可換群であるときに限る．群多元環は有限群の表現論において重要である．

（ii）絶対値が 1 の複素数の全体を G とする．G は乗法に関して可換群をなす．（一般に G がコンパクト群であればよい．）

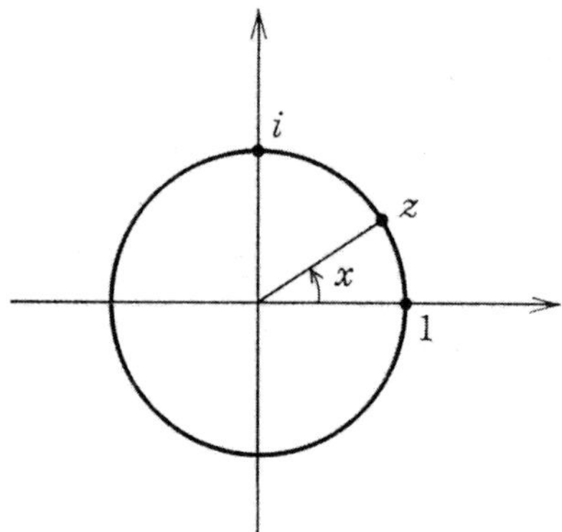

G の元 $z = \cos x + i \sin x$ はその偏角 x で表すことができる $(0 \leqq x < 2\pi)$．このとき G の演算は偏角の加法演算で表される．G

上の連続実数値関数の線型空間 $C^0(G, \boldsymbol{R})$ において，**合成積** $f*g$ を

$$(f*g)(x) = \int_0^{2\pi} f(x-y)g(y)dy = \int_0^{2\pi} f(z)g(x-z)dz$$

によって定義する．（G 上の関数は実数全体で定義された周期 2π の関数と同一視できることに注意）

(1) $(f*g)*h = f*(g*h)$

(3) $f*(g+h) = f*g + f*h, (f+g)*h = f*h + g*h$

(4) $c(f*g) = (cf)*g = f*(cg), \quad c \in \boldsymbol{R}$

が成り立つ．残念ながら

(2) すべての $f \in C^0(G, \boldsymbol{R})$ に対して

$$f*\delta = \delta*f = f$$

をみたす関数 $\delta \in C^0(G, \boldsymbol{R})$ は存在しないが，合成積を考えた $C^0(G, \boldsymbol{R})$（厳密には $C^0(G, \boldsymbol{R})$ と $\mathbf{1}$ を含むある多元環）をコンパクト群 G 上の**群多元環**という．すべての f に対して

$$(f*\delta)(x) = \int_0^{2\pi} f(x-y)\delta(y)dy = \int_0^{2\pi} \delta(x-y)f(y)dy = f(x)$$

が成り立つ関数 $\delta(x)$ を想像して Dirac の delta 関数ということがある．

§2.4 の練習問題

1. 実数列全体の実多元環 $\mathscr{F}(\boldsymbol{N}, \boldsymbol{R})$ において，部分集合

$$W_1 = (\text{収束数列の全体}), \quad W_2 = (\text{等差数列の全体})$$

$$l_2 = \left(\sum_{n=0}^{\infty} |a_n|^2 \text{ が収束する } \{a_n\}_{n \geq 0} \text{ の全体} \right)$$

は，それぞれ部分多元環をなすか．

2. 有限群 G 上の群多元環 $\boldsymbol{R}[G]$ において，定数関数 $1 \in \boldsymbol{R}[G]$ について

（i）任意の関数 $\varphi \in \boldsymbol{R}[G]$ に対して，合成積 $\varphi * 1$ は定数関数であることを示せ．

（ii）1 と 1 の合成積 $1 * 1$ はどんな関数か．

§2.4 の答

1. W_1 と l_2 は部分多元環をなす．W_2 は積について閉じていない．

2. （i）任意の $g \in G$ に対して，$(\varphi * 1)(g) = \sum_{k \in G} \varphi(k)$（定数関数）．

（ii）G の元の個数を n とするとき，$(1 * 1)(g) = n$

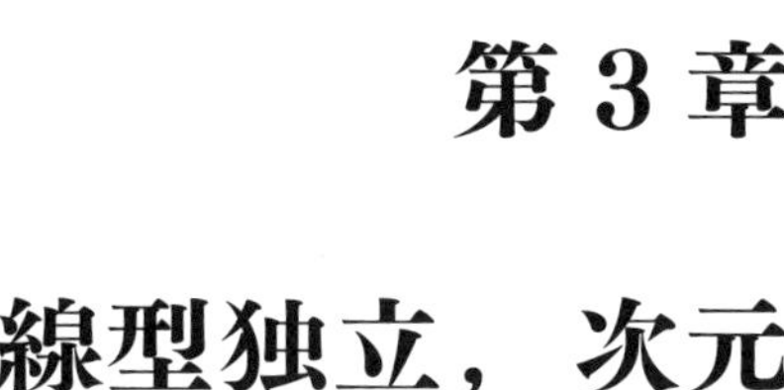

第 3 章

線型独立，次元

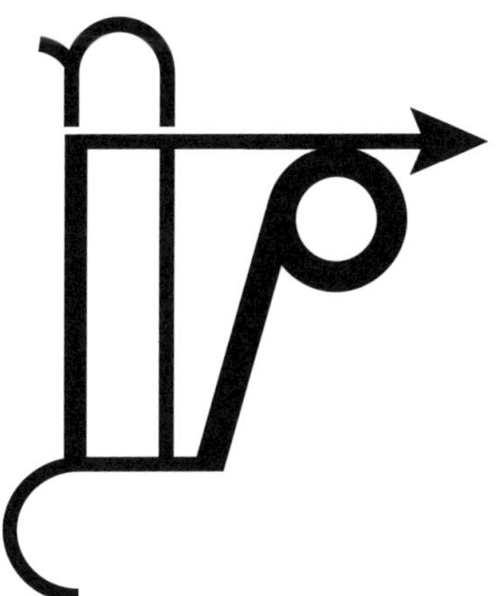

実線型空間は $\{\boldsymbol{o}\}$ でない限り無限集合であるが，等しく無限集合と言ってもいろいろの大きさの線型空間がある．その大きさを表すのが，これから述べる次元である．それによれば，たとえば，直線，平面，空間はそれぞれ 1 次元，2 次元，3 次元ということになる (3.2.6).

§ 3.1 線型独立

たとえば，空間ベクトルの線型空間 $V(\boldsymbol{E}^3)$ では，同一平面上にない三つのベクトル $\boldsymbol{b}_1, \boldsymbol{b}_2, \boldsymbol{b}_3$ を定めておけば，任意の $\boldsymbol{x} \in V(\boldsymbol{E}^3)$ は，

$$\boldsymbol{x} = x_1\boldsymbol{b}_1 + x_2\boldsymbol{b}_2 + x_3\boldsymbol{b}_3, \quad x_i \in \boldsymbol{R}$$

と一意的に表すことができる．

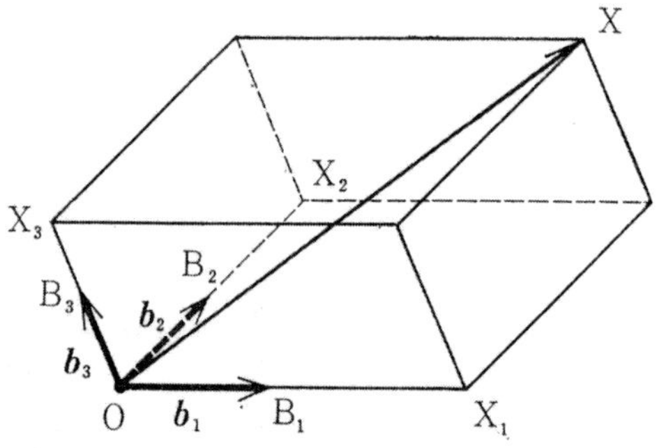

それには，$\boldsymbol{b}_1 = \left(\overrightarrow{OB_1}\right), \boldsymbol{b}_2 = \left(\overrightarrow{OB_2}\right), \boldsymbol{b}_3 = \left(\overrightarrow{OB_3}\right), \boldsymbol{x} = (\overrightarrow{OX})$ のとき，点 O および点 X を通って，それぞれ $\triangle OB_2B_3, \triangle OB_3B_1, \triangle OB_1B_2$ に平行な平面を作ると，図のような平行六面体ができるから，ベクトル $\boldsymbol{x}$ は

$$\boldsymbol{x} = (\overrightarrow{OX}) = \left(\overrightarrow{OX_1}\right) + \left(\overrightarrow{OX_2}\right) + \left(\overrightarrow{OX_3}\right)$$

と表される．ところで $\overrightarrow{OX_1}, \overrightarrow{OX_2}, \overrightarrow{OX_3}$ はそれぞれ $\overrightarrow{OB_1}, \overrightarrow{OB_2}, \overrightarrow{OB_3}$ に平行であるから，

$$\left(\overrightarrow{OX_1}\right) = x_1\boldsymbol{b}_1, \quad \left(\overrightarrow{OX_2}\right) = x_2\boldsymbol{b}_2, \quad \left(\overrightarrow{OX_3}\right) = x_3\boldsymbol{b}_3$$

$$\therefore \qquad \boldsymbol{x} = x_1\boldsymbol{b}_1 + x_2\boldsymbol{b}_2 + x_3\boldsymbol{b}_3$$

と表すことができる．

また平面ベクトルの線型空間 $V(\boldsymbol{E}^2)$ においては，同一直線上にない二つのベクトル $\boldsymbol{b}_1, \boldsymbol{b}_2$ を定めておけば，任意の $\boldsymbol{x} \in V(\boldsymbol{E}^2)$ は

$$\boldsymbol{x} = x_1\boldsymbol{b}_1 + x_2\boldsymbol{b}_2$$

と表すことができる．

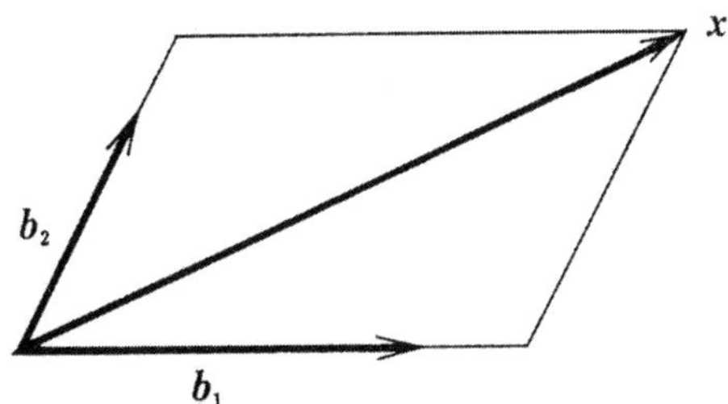

一般に V を任意の線型空間とするとき，上のように，V の元を表すのに最小限何個の元が必要であるかを考えると，自然に V の次元の概念に達する．そのために，たとえば空間ベクトルについての同一平面上にないといった条件を一般の線型空間で考えることが必要である．それがこれから述べる線型独立性である．

定義（3.1.1） V を実線型空間とする．V の元 $\boldsymbol{a}_1, \boldsymbol{a}_2, \cdots, \boldsymbol{a}_k$ に対して，

$$c_1\boldsymbol{a}_1 + c_2\boldsymbol{a}_2 + \cdots + c_k\boldsymbol{a}_k = \boldsymbol{o}, \quad (c_1, c_2, \cdots, c_k) \neq (0, 0, \cdots, 0)$$

となる $c_1, c_2, \cdots, c_k \in \boldsymbol{R}$ が少くとも一組存在するとき，

$\boldsymbol{a}_1, \boldsymbol{a}_2, \cdots, \boldsymbol{a}_k$ は**線型従属**または**一次従属**であるという．線型従属の否定を**線型独立**または**一次独立**という．すなわち，$\boldsymbol{a}_1, \boldsymbol{a}_2, \cdots, \boldsymbol{a}_k$ が線型独立とは

"$c_1\boldsymbol{a}_1 + c_2\boldsymbol{a}_2 + \cdots + c_k\boldsymbol{a}_k = \boldsymbol{o}$ ならば必ず $c_1 = c_2 = \cdots = c_k = 0$"

が成り立つことである．

線型独立の概念は線型代数学において初心者を最も悩ます．そして，教師にとってこれ程厄介なものはない．上の定義を黒板に書いたら後はもういうことがなく，学生がわかってくれるのを待つほかないからである．線型独立の概念は定義どおりに形式的機能的に理解して，多くの例にぶつかるのが一番よいと，私は思っている．

命題（3.1.2） （i）$\boldsymbol{a}_1, \cdots, \boldsymbol{a}_m, \cdots, \boldsymbol{a}_n$ が線型独立ならば，その一部分，たとえば $\boldsymbol{a}_1, \cdots, \boldsymbol{a}_m (1 \leqq m < n)$，もまたすべて線型独立である．対偶をとれば

（i）′ $\boldsymbol{a}_1, \cdots, \boldsymbol{a}_n$ のある一部分，たとえば $\boldsymbol{a}_1, \cdots, \boldsymbol{a}_m (1 \leqq m < n)$，が線型従属ならば，$\boldsymbol{a}_1, \cdots, \boldsymbol{a}_n$ は線型従属である．（自動車の数が多くなると信号などの交通規制が増えて自由に独立に動けなくなるように，ベクトルも数が多くなると独立になり難い．）

（ii）ただ一つの元に対しては

$$\boldsymbol{a}_1 \text{ が線型独立} \iff \boldsymbol{a}_1 \neq \boldsymbol{o}$$

（iii）$\boldsymbol{a}_1, \cdots, \boldsymbol{a}_n (n \geqq 2)$ が線型独立 $\iff \begin{cases} \boldsymbol{a}_1, \cdots, \boldsymbol{a}_{n-1} \text{ が線型独立で} \\ \boldsymbol{a}_n \notin \boldsymbol{R}\boldsymbol{a}_1 + \cdots + \boldsymbol{R}\boldsymbol{a}_{n-1} \end{cases}$

証明 （i）′ $\boldsymbol{a}_1, \cdots, \boldsymbol{a}_m$ が線型従属ならば，$c_1, \cdots, c_m \in \boldsymbol{R}$ があって

$$c_1\boldsymbol{a}_1 + \cdots + c_m\boldsymbol{a}_m = \boldsymbol{o}, \quad (c_1, \cdots, c_m) \neq (0, \cdots, 0)$$

$$\therefore\quad c_1\boldsymbol{a}_1+\cdots+c_m\boldsymbol{a}_m+0\boldsymbol{a}_{m+1}+\cdots+0\boldsymbol{a}_n=\boldsymbol{o},$$
$$(c_1,\cdots,c_m,0,\cdots,0)\neq(0,\cdots,0,0,\cdots,0)$$

これは，$\boldsymbol{a}_1,\cdots,\boldsymbol{a}_m,\cdots,\boldsymbol{a}_n$ が線型従属なことを意味する．

（ii）やさしい．略

（iii）($\Longrightarrow$) $\boldsymbol{a}_1,\cdots,\boldsymbol{a}_n$ が線型独立とする．このとき（i）により，その一部分 $\boldsymbol{a}_1,\cdots,\boldsymbol{a}_{n-1}$ は線型独立である．いま，仮りに $\boldsymbol{a}_n\in\boldsymbol{R}\boldsymbol{a}_1+\cdots+\boldsymbol{R}\boldsymbol{a}_{n-1}$ であったとすると，$\boldsymbol{a}_n$ は線型結合 $\boldsymbol{a}_n=c_1\boldsymbol{a}_1+\cdots+c_{n-1}\boldsymbol{a}_{n-1}$ と書ける．書き直して

$$c_1\boldsymbol{a}_1+\cdots+c_{n-1}\boldsymbol{a}_{n-1}+(-1)\boldsymbol{a}_n=\boldsymbol{o},(c_1,\cdots,c_{n-1},-1)\neq(0,\cdots,0).$$

これは $\boldsymbol{a}_1,\cdots,\boldsymbol{a}_{n-1},\boldsymbol{a}_n$ が線型従属を意味し，仮定の $\boldsymbol{a}_1,\cdots,\boldsymbol{a}_n$ が線型独立なことに矛盾する．

($\Longleftarrow$) $\boldsymbol{a}_1,\cdots,\boldsymbol{a}_{n-1}$ が線型独立，$\boldsymbol{a}_n\notin\boldsymbol{R}\boldsymbol{a}_1+\cdots+\boldsymbol{R}\boldsymbol{a}_{n-1}$ とする．

"$c_1\boldsymbol{a}_1+\cdots+c_n\boldsymbol{a}_n=\boldsymbol{o}$ ならば $c_1=\cdots=c_n=0$"

を示したい．まず，$c_n=0$ である．なぜなら，仮に $c_n\neq0$ とすると

$$\boldsymbol{a}_n=\left(-\frac{c_1}{c_n}\right)\boldsymbol{a}_1+\cdots+\left(-\frac{c_{n-1}}{c_n}\right)\boldsymbol{a}_{n-1}\in\boldsymbol{R}\boldsymbol{a}_1+\cdots+\boldsymbol{R}\boldsymbol{a}_{n-1}$$

となり，はじめの仮定に反するからである．$c_n=0$ だから，上の線型関係は

$$c_1\boldsymbol{a}_1+\cdots+c_{n-1}\boldsymbol{a}_{n-1}=\boldsymbol{o}$$

となるが，$\boldsymbol{a}_1,\cdots,\boldsymbol{a}_{n-1}$ が線型独立であるから，$c_1=\cdots=c_{n-1}=0$，結局 $c_1=\cdots=c_{n-1}=c_n=0$ が示された．（証明終）

上の命題を幾何学的に翻訳すると

命題（3.1.3） 三つの空間ベクトル $\boldsymbol{a}=(\overrightarrow{OA}),\boldsymbol{b}=(\overrightarrow{OB}),\boldsymbol{c}=(\overrightarrow{OC})$ に対して

（i）$\boldsymbol{a}$ が線型独立 $\Longleftrightarrow \boldsymbol{a} \neq \boldsymbol{o} \Longleftrightarrow A \neq O$

（ii）$\boldsymbol{a}, \boldsymbol{b}$ が線型独立 $\Longleftrightarrow \boldsymbol{a} \neq \boldsymbol{o}$ かつ $\boldsymbol{b} \notin \boldsymbol{Ra}$

$\Longleftrightarrow$ 有向線分 $\overrightarrow{OA}$ と $\overrightarrow{OB}$ が同一直線上にない

$\Longleftrightarrow OAB$ が三角形をつくる

（iii）$\boldsymbol{a}, \boldsymbol{b}, \boldsymbol{c}$ が線型独立 $\Longleftrightarrow \boldsymbol{a}, \boldsymbol{b}$ が線型独立で $\boldsymbol{c} \notin \boldsymbol{Ra} + \boldsymbol{Rb}$

$\Longleftrightarrow$ 有向線分 $\overrightarrow{OA}, \overrightarrow{OB}, \overrightarrow{OC}$ が同一平面上にない

$\Longleftrightarrow OABC$ が四面体をつくる

ベクトル $\boldsymbol{a}, \boldsymbol{b}, \boldsymbol{c}$ が線型独立とは，要するに，それらが生成する部分空間 $\boldsymbol{Ra} + \boldsymbol{Rb} + \boldsymbol{Rc}$ がつぶれぬこと，というわけである．

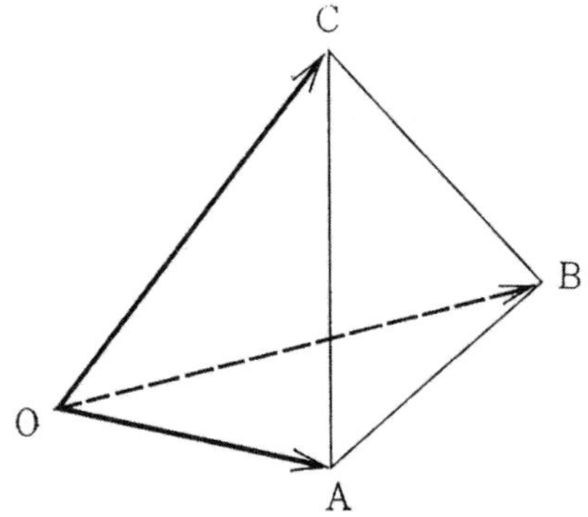

例（3.1.4） 列ベクトル空間 $\boldsymbol{R}^2$ を原点 O の座標平面と見て，三点

$$A_1 = \begin{pmatrix} 1 \\ 1 \end{pmatrix}, \quad A_2 = \begin{pmatrix} -1 \\ 2 \end{pmatrix}, \quad A_3 = \begin{pmatrix} 2 \\ -1 \end{pmatrix}$$

を考えよう．このとき

（i）ベクトル $\boldsymbol{a} = \left(\overrightarrow{OA_1}\right)$，$\boldsymbol{a}_2 = \left(\overrightarrow{OA_2}\right)$ は線型独立である．な

ぜなら，

$$c_1\boldsymbol{a}_1 + c_2\boldsymbol{a}_2 = 0 \Longrightarrow \begin{pmatrix} c_1 - c_2 \\ c_1 + 2c_2 \end{pmatrix} = \begin{pmatrix} 0 \\ 0 \end{pmatrix} \Longrightarrow \begin{cases} c_1 - c_2 = 0 \\ c_1 + 2c_2 = 0 \end{cases}$$

$$\Longrightarrow c_1 = c_2 = 0$$

となるからである．よって，有向線分 $\overrightarrow{OA_{1_1}}$ と $\overrightarrow{OA_{2_2}}$ は同一直線上にない．OA_1A_2 は三角形をつくる．

（ii）ベクトル $\boldsymbol{a}_1 = \left(\overrightarrow{OA_1}\right), \boldsymbol{a}_2 = \left(\overrightarrow{OA_2}\right), \boldsymbol{a}_3 = \left(\overrightarrow{OA_3}\right)$ は線型従属である．なぜなら，たとえば $c_1 = -1, c_2 = 1, c_3 = 1$ とおくとき

$$c_1\boldsymbol{a}_1 + c_2\boldsymbol{a}_2 + c_3\boldsymbol{a}_3 = \begin{pmatrix} c_1 - c_2 + 2c_3 \\ c_1 + 2c_2 - c_3 \end{pmatrix} = \begin{pmatrix} 0 \\ 0 \end{pmatrix} = \boldsymbol{o},$$

$$(c_1, c_2, c_3) \neq (0, 0, 0)$$

となるからである．よって，(3.1.3) と同様にして，四点 $OA_1A_2A_3$ は同一平面上にある．これは証明するまでもなく当り前の話であるが，それが当り前であることの証明は後に述べる (3.2.2).

線型独立の概念はなかなか難しいが，関数の線型独立に至ってはさらに徹底しない．次の例を完全に理解する学生が意外に少ない．これがわかれば貴方は“線型独立の概念”と“関数と関数値の区別”が理解できたことになる．

例 (3.1.5)　関数の実線型空間 $V = \mathscr{F}((-\infty, \infty), \boldsymbol{R})$ を考えよう．関数 f が関数 0 に等しいとは

"すべての $x \in (-\infty, \infty)$ に対して $f(x) = 0$"

が成り立つことである．したがって，$f_1, \cdots, f_n \in V$ に対して，$c_1 f + \cdots + c_n f_n = 0$ とは，すべての $x \in (-\infty, \infty)$ に対して $c_1 f_1(x) + \cdots + c_n f_n(x) = 0$ が成り立つことを意味する．よって，$\boldsymbol{f}_1, \cdots, \boldsymbol{f}_n$ **が線型独立とは**

すべての $\boldsymbol{x} \in (-\infty, \infty)$ に対し $\boldsymbol{c}_1 \boldsymbol{f}_1(\boldsymbol{x}) + \cdots + \boldsymbol{c}_n \boldsymbol{f}_n(\boldsymbol{x}) = \boldsymbol{0}$ ならば

$$\boldsymbol{c}_1 = \cdots = \boldsymbol{c}_n = \boldsymbol{0}$$

が成り立つことである．たとえば

（i）$\cos t, \sin t \in V$ は線型独立である．なぜなら

$$\text{すべての } x \in (-\infty, \infty) \text{ に対し } c_1 \cos x + c_2 \sin x = 0$$

ならば，特に $x = 0$ に対し $c_1 \cos 0 + c_2 \sin 0 = 0$，　$\therefore c_1 = 0$．また $x = \pi/2$ に対し $c_1 \cos(\pi/2) + c_2 \sin(\pi/2) = 0$，　$\therefore c_2 = 0$．結局 $c_1 = c_2 = 0$．ゆえに，$\cos t, \sin t$ は線型独立である．

（ii）$e^{2t}, e^{5t} \in V$ は線型独立である．なぜなら，すべての

$$x \in (-\infty, \infty) \text{ に対し } c_1 e^{2x} + c_2 e^{5x} = 0$$

ならば，両辺を e^{2x} で割って移項して $c_2 e^{3x} = -c_1$．仮りに $c_2 \neq 0$ とするとすべての x に対して $e^{3x} = -\dfrac{c_1}{c_2}$（=定数）となり不合理である．$c_2 = 0$．$\therefore c_1 = 0$．結局 $c_1 = c_2 = 0$．

§ 3.1 の練習問題

1. 次のベクトルは線型独立か．

（i）$\begin{pmatrix} 4 \\ 4 \\ 4 \end{pmatrix}, \begin{pmatrix} 1 \\ 2 \\ 3 \end{pmatrix}, \begin{pmatrix} 1 \\ 0 \\ 1 \end{pmatrix}$,　（ii）$\begin{pmatrix} 4 \\ 4 \\ 4 \end{pmatrix}, \begin{pmatrix} 1 \\ 2 \\ 3 \end{pmatrix}, \begin{pmatrix} 1 \\ 0 \\ -1 \end{pmatrix}$

2. 行列空間 $M_{2,2}(\boldsymbol{R})$ において，次の行列は線型独立か．

（i）$\begin{pmatrix} 1 & 2 \\ 3 & 4 \end{pmatrix}, \begin{pmatrix} 1 & 1 \\ 1 & 1 \end{pmatrix}, \begin{pmatrix} -1 & -2 \\ -3 & -4 \end{pmatrix}$,

（ii）$\begin{pmatrix} 1 & 2 \\ 3 & 4 \end{pmatrix}, \begin{pmatrix} 1 & 1 \\ 1 & 1 \end{pmatrix}, \begin{pmatrix} 4 & 5 \\ 1 & 1 \end{pmatrix}$

3. 関数の空間 $V = \mathscr{F}((-\infty, \infty), \boldsymbol{R})$ において，次の関数が線型独立であることを証明せよ．

（i）$\sin t, t\sin t$　　　　（ii）$\cos t, \cos 2t$

（iii）e^t, e^{2t}

4. 関数 $f(t)$ に対して，“$f(t), f'(t)$ が線型従属” であるという．$f(t)$ を求めよ．

5. $n+1$ 個の関数 $1, \cos t, \cos 2t, \cdots, \cos nt \in \mathscr{F}((-\infty, \infty), \boldsymbol{R})$ は線型独立である．これを証明せよ．

6. ベクトル $\boldsymbol{a}_1, \cdots, \boldsymbol{a}_n$ が線型独立であるためには，$\boldsymbol{a}_1, \cdots, \boldsymbol{a}_n$ の中のどの一つも残りの $n-1$ 個の一次結合とならないことが必要十分である．これを証明せよ．

7. $N = \begin{pmatrix} 0 & 1 & 0 \\ 0 & 0 & 1 \\ 0 & 0 & 0 \end{pmatrix}$，　$P = \begin{pmatrix} 0 & 1 & 0 \\ 0 & 0 & 1 \\ 1 & 0 & 0 \end{pmatrix}$ とする．自然数 k に対して

（i）$N, N^2, \cdots, N^k$ が線型独立であるための条件を求めよ．

（ii）$P, P^2, \cdots, P^k$ が線型独立であるための条件を求めよ．

§3.1 の答

1. （i）線型独立　　　（ii）線型従属

2. （i）線型従属　　　（ii）線型独立

3. 略

4. $y = Ae^{kt} (A, k \in \boldsymbol{R})$

5. 略

6. 略

7. （i）　$N^3 = 0, 1 \leqq k \leqq 2,$　　　（ii）　$P^3 = E_3, 1 \leqq k \leqq 3.$

§3.2　次元

これまでは習慣に従って，ベクトルの実数倍を表すのに実数を左側に $c\boldsymbol{a}$ と書いてきた．しかし実は，写像 F の像を $F(\boldsymbol{a})$ と書く流

儀をとる場合には，実数倍は実数を右側に

$$\boldsymbol{a}c$$

と書く方が合理的である．とこで今後は，そのときの都合により$c\boldsymbol{a}$と書いたり$\boldsymbol{a}c$と書いたりする．

新記法によれば，スカラー倍の公理は

$$(\boldsymbol{x}+\boldsymbol{y})a=\boldsymbol{x}a+\boldsymbol{y}a, \boldsymbol{x}(a+b)=\boldsymbol{x}a+\boldsymbol{x}b, \boldsymbol{x}(ab)=(\boldsymbol{x}a)b,$$

$$\boldsymbol{x}1=\boldsymbol{x}$$

となる．

定義（3.2.1） Vを実線型空間とする．Vの中で線型独立な元の最大個数を，Vの**次元**といい $\dim \boldsymbol{V}$で表す．したがって

（i）$V=\{\boldsymbol{o}\}$ のとき，$\boldsymbol{o}$ は線型従属だから，Vは線型独立な元を 0 個含む．ゆえにVは 0 **次元**．$\dim V=0$.

（ii）Vに n 個の線型独立な元が存在し，$n+1$ 個の線型独立な元は存在しないとき，Vは $\boldsymbol{n}$ **次元**．$\dim V=n$.

$\dim V=0$ または $\dim V=n$ のとき，Vは**有限次元**であるといい，$\dim V<\infty$ とも書く．

（iii）Vが有限次元でないとき，すなわちどんな自然数 n に対しても n 個の線型独立な元がVの中に存在するとき，Vは**無限次元**であるといい，$\dim V=\infty$ と書く．

次の事実は直観的に自明のように思うが，証明は御覧のように簡単でない?

定理（3.2.2） Vが m 個の元 $\boldsymbol{a}_1, \cdots, \boldsymbol{a}_m$ で生成されるとき ($m \geqq 1$,

（i）$\{\boldsymbol{a}_1, \cdots, \boldsymbol{a}_m\}$ の中に含まれる線型独立な元の最大個数を r とすると，$r=\dim V$. 特に

（ii）$\dim V \leqq m$

証明　$r=0$ のとき：すべての $\boldsymbol{a}_i = \boldsymbol{o}, V = \{\boldsymbol{o}\}$.
$\therefore \dim V = 0 = r$

$r \geqq 1$ のとき：適当に番号をつけかえて，$\boldsymbol{a}_1, \boldsymbol{a}_2, \cdots, \boldsymbol{a}_r$ が線型独立としてよい．r は線型独立な $\boldsymbol{a}_i$ の最大個数であるから，$r+1$ 個の $\boldsymbol{a}_1, \boldsymbol{a}_2, \cdots, \boldsymbol{a}_r, \boldsymbol{a}_i$ は線型従属である．ゆえに，

$$\boldsymbol{a}_i \in \boldsymbol{R}\boldsymbol{a}_1 + \boldsymbol{R}\boldsymbol{a}_2 + \cdots + \boldsymbol{R}\boldsymbol{a}_r, \quad 1 \leqq i \leqq m$$

である（(3.1.2) の（iii））.

$$\therefore \boldsymbol{R}\boldsymbol{a}_i \subseteqq \boldsymbol{R}\boldsymbol{a}_1 + \cdots + \boldsymbol{R}\boldsymbol{a}_r$$

$$\therefore V = \boldsymbol{R}\boldsymbol{a}_1 + \cdots + \boldsymbol{R}\boldsymbol{a}_r + \boldsymbol{R}\boldsymbol{a}_{r+1} + \cdots + \boldsymbol{R}\boldsymbol{a}_m \subseteqq \boldsymbol{R}\boldsymbol{a}_1 + \cdots + \boldsymbol{R}\boldsymbol{a}_r$$

$$V = \boldsymbol{R}\boldsymbol{a}_1 + \cdots + \boldsymbol{R}\boldsymbol{a}_r$$

が成り立つ.

r のとり方と $\dim V$ の定義から，$r \leqq \dim V$ である.

$r \geqq \dim V$ を示そう．それには，$\boldsymbol{b}_1, \cdots, \boldsymbol{b}_t \in V (t > r)$ を任意にとったとき，$\boldsymbol{b}_1, \cdots, \boldsymbol{b}_t$ が線型従属なことを示せばよい．すなわち

$$\boldsymbol{b}_1 x_1 + \cdots + \boldsymbol{b}_t x_t = \boldsymbol{o}, (x_1, \cdots, x_t) \neq (0, \cdots, 0)$$

となる $x_1, \cdots, x_t \in \boldsymbol{R}$ が存在することを言えばよい．そこで，$\boldsymbol{b}_j \in V = \boldsymbol{R}\boldsymbol{a}_1 + \cdots + \boldsymbol{R}\boldsymbol{a}_r$ を

$$\boldsymbol{b}_j = \boldsymbol{a}_1 \alpha_{1j} + \cdots + \boldsymbol{a}_r a_{rj}, \quad a_{ij} \in \boldsymbol{R}$$

と表し，上の式に代入すると

$$\boldsymbol{o} = \sum_{j=1}^{t} \boldsymbol{b}_j x_j = \sum_{j=1}^{t} \left(\sum_{i=1}^{r} \boldsymbol{a}_i a_{ij} \right) x_j$$

$$\therefore \boldsymbol{o} = \sum_{i=1}^{r} \boldsymbol{a}_i \left(\sum_{j=1}^{t} a_{ij} x_j \right)$$

これが成り立つためには，各 $\boldsymbol{a}_i$ の係数

$$\sum_{j=1}^{t} a_{ij}x_j = 0 \quad (1 \leqq i \leqq r)$$

が成り立つような，$(x_1, \cdots, x_t) \neq (0, \cdots, 0)$ が存在すればよい．ところが，$t > r$ であるから，このような $x_1, \cdots, x_t$ は存在する（(1.4.2) の（ii））．

以上により $\dim V = r \leqq m$ が証明された．（証明終）

定義（3.2.3） V を実線型空間とする．V の有限個の元 $\boldsymbol{b}_1, \cdots, \boldsymbol{b}_n (n \geqq 1)$ の順序を考えた組

$$\langle \boldsymbol{b}_1, \cdots, \boldsymbol{b}_n \rangle$$

が次の二つの条件をみたすとき，これを V の**基底**または**底**という．

(1) $\boldsymbol{b}_1, \cdots, \boldsymbol{b}_n$ は線型独立

(2) V の任意の元は $\boldsymbol{b}_1, \cdots, \boldsymbol{b}_n$ の線型結合である．すなわち

$$V = \boldsymbol{R}\boldsymbol{b}_1 + \cdots + \boldsymbol{R}\boldsymbol{b}_n$$

命題（3.2.4） 実線型空間 V に対し

（i）V が基底をもつ $\Longleftrightarrow 0 < \dim V < \infty$

（ii）このとき，V の基底を構成する元の個数は，$\dim V$ に等しく，基底のとり方によらない．

証明 （i）($\Rightarrow$) V が基底 $\langle \boldsymbol{b}_1, \cdots, \boldsymbol{b}_n \rangle$ をもつとする ($n \geqq 1$)．このとき，V は $\boldsymbol{b}_1, \cdots, \boldsymbol{b}_n$ で生成され，$\{\boldsymbol{b}_1, \cdots, \boldsymbol{b}_n\}$ の中に含まれる線型独立な元の最大個数は n であるから，(3.2.2) によって，

$$\dim V = n, \quad \therefore 0 < \dim V < \infty$$

（⇐）$0 < n = \dim V < \infty$ とする．このとき，V の n 個の元 $\boldsymbol{b}_1, \cdots, \boldsymbol{b}_n$ があって線型独立である．任意の $\boldsymbol{x} \in V$ に対し，$n+1$ 個の元 $\boldsymbol{x}, \boldsymbol{b}_1, \cdots, \boldsymbol{b}_n$ は線型従属であるから，$\boldsymbol{x} \in \boldsymbol{R}\boldsymbol{b}_1 + \cdots + \boldsymbol{R}\boldsymbol{b}_n$ が成り立つ（(3.1.2) の（iii)）．ゆえに

$$V = \boldsymbol{R}\boldsymbol{b}_1 + \cdots + \boldsymbol{R}\boldsymbol{b}_n$$

したがって $\langle \boldsymbol{b}_1, \cdots, \boldsymbol{b}_n \rangle$ はの一つの基底である．

（ii）$\langle \boldsymbol{b}_1, \cdots, \boldsymbol{b}_n \rangle$ が V の基底であれば，（i）の証明より，$n = \dim V$.　（証明終）

無限次元線型空間の基底はここでは扱わない．いわゆる線型代数学というのは有限次元の線型空間を扱う．無限次元の線型空間を調べるには，ヒルベルト空間やバナッハ空間のように，内積や距離によって位相を導入しないとめぼしいことは言えない．

例（3.2.5）（i）列ベクトル空間 $\boldsymbol{R}^m$ において，一つの成分が1，残りの成分がすべて0の列ベクトル

$$\boldsymbol{e}_1 = \begin{pmatrix} 1 \\ 0 \\ \vdots \\ 0 \end{pmatrix}, \quad \boldsymbol{e}_2 = \begin{pmatrix} 0 \\ 1 \\ \vdots \\ 0 \end{pmatrix}, \cdots, \quad \boldsymbol{e}_m = \begin{pmatrix} 0 \\ \vdots \\ 0 \\ 1 \end{pmatrix}$$

を **m 項単位ベクトル**という．このとき

(1) $c_1\boldsymbol{e}_1 + \cdots + c_m\boldsymbol{e}_m = \boldsymbol{o}$ ならば，この関係を成分で表すと

$$\begin{pmatrix} c_1 \\ \vdots \\ c_m \end{pmatrix} = c_1\boldsymbol{e}_1 + \cdots + c_m\boldsymbol{e}_m = \boldsymbol{o} = \begin{pmatrix} 0 \\ \vdots \\ 0 \end{pmatrix}$$

すなわち $c_1 = \cdots = c_m = 0$ となるから，$\boldsymbol{e}_1, \cdots, \boldsymbol{e}_m$ は線型独立である．また

(2) 任意の列ベクトル $\boldsymbol{x} \in \boldsymbol{R}^m$ は

$$\boldsymbol{x} = \begin{pmatrix} x_1 \\ \vdots \\ x_m \end{pmatrix} = x_1\boldsymbol{e}_1 + \cdots + x_m\boldsymbol{e}_m, \quad x_i \in \boldsymbol{R}$$

と $\boldsymbol{e}_1, \cdots, \boldsymbol{e}_m$ の線型結合で表されるから，$\boldsymbol{e}_1, \cdots, \boldsymbol{e}_m$ は $\boldsymbol{R}^m$ を生成する．

よって，m 項単位ベクトルよりなる $\langle \boldsymbol{e}_1, \cdots, \boldsymbol{e}_m \rangle$ は $\boldsymbol{R}^m$ の一つの基底であって，列ベクトル空間 $\boldsymbol{R}^m$ は m 次元である．$\dim \boldsymbol{R}^m = m$. 基底 $\langle \boldsymbol{e}_1, \cdots, \boldsymbol{e}_m \rangle$ を $\boldsymbol{R}^m$ の**自然基底**という．

(ii) 行列空間 $M_{m,n}(\boldsymbol{R})$ において，(p, q) 成分のみが 1 で他の成分がすべて 0 の行列を**行列単位**といい，E_{pq} で表す．

$$E_{pq} = \begin{pmatrix} & & \swarrow\text{第 } q \text{ 行} & & \\ 0 & \cdots & 0 & \cdots & 0 \\ \vdots & & \vdots & & \vdots \\ 0 & \cdots & 1 & \cdots & 0 \\ \vdots & & \vdots & & \vdots \\ 0 & \cdots & 0 & \cdots & 0 \end{pmatrix} \leftarrow \text{第 } p \text{ 行}$$

(1) mn 個の行列単位 $E_{pq}, 1 \leqq p \leqq m, 1 \leqq q \leqq n$，は線型独立である．また

(2) 任意の行列 $A = \left(a_{pq}\right)_{1 \leqq p \leqq m, 1 \leqq q \leqq n} \in M_{m,n}(\boldsymbol{R})$ は，

$$A = \sum_{\substack{1 \leq p \leq m \\ 1 \leq q \leq n}} a_{pq} E_{pq}, \quad a_{pq} \in \boldsymbol{R}$$

と，行列単位の線型結合として表される．すなわち mn 個の行列単位は空間 $M_{m,n}(\boldsymbol{R})$ を生成する．

よって，mn 個の行列単位よりなる．

$$\left\langle E_{pq} \right\rangle_{1 \leqq p \leqq m, 1 \leqq q \leqq n}$$

は $M_{m,n}(\boldsymbol{R})$ の一つの基底であって，線型空間 $M_{m,n}(\boldsymbol{R})$ は mn 次元である．$\dim M_{m,n}(\boldsymbol{R}) = mn$．基底 $\langle E_{pq} \rangle_{1 \leqq p \leqq m, 1 \leqq q \leqq n}$ を $M_{m,n}(\boldsymbol{R})$ の**自然基底**という．ここで $n=1$ とおけば，（ｉ）の場合が得られる．

（iii）実数列の線型空間 $\mathscr{F}(\boldsymbol{N}, \boldsymbol{R})$ において，第 m 成分が 1，残りの成分がすべて 0 の実数列を e_m とすると，任意の自然数 n に対して，数列 $e_0, e_1, \cdots, e_n$ は線型独立である．ゆえに，線型空間 $\mathscr{F}(\boldsymbol{N}, \boldsymbol{R})$ は無限次元.

例 (3.2.6)　（ｉ）$\boldsymbol{R}^1 = \boldsymbol{R}$ は1次元の実線型空間．任意の $a \in \boldsymbol{R}$, $\alpha \neq 0$ をとるとき，a だけからなる $\langle a \rangle$ は $\boldsymbol{R}$ の一の基底である．

（ii）多項式の全体 $\boldsymbol{R}[t]$ において，任意の $n \geqq 0$ に対して，1，$t, t^2, \cdots, t^n$ は線型独立である．

$$\therefore \dim \boldsymbol{R}[t] = \infty$$

線型空間の性質はすべて同型写像によってそっくりそのまま他の線型空間へ移される．$F : V \longrightarrow V'$ を同型写像としよう．このとき，$\boldsymbol{a}_1, \cdots, \boldsymbol{a}_n \in V$ に対して

$$c_1 \boldsymbol{a}_1 + \cdots + c_n \boldsymbol{a}_n = \boldsymbol{o} \Longleftrightarrow c_1 F(\boldsymbol{a}_1) + \cdots + c_n F(\boldsymbol{a}_n) = \boldsymbol{o}'$$

$$V = \boldsymbol{R}\boldsymbol{a}_1 + \cdots + \boldsymbol{R}\boldsymbol{a}_n \Longleftrightarrow V = F(V) = \boldsymbol{R}\boldsymbol{F}(\boldsymbol{a}_1) + \cdots + \boldsymbol{R}\boldsymbol{F}(\boldsymbol{a}_n)$$

であるから，

$\boldsymbol{a}_1, \cdots, \boldsymbol{a}_n$ が線型独立 $\Longleftrightarrow F(\boldsymbol{a}_1), \cdots, F(\boldsymbol{a}_n)$ が線型独立

$\boldsymbol{a}_1, \cdots, \boldsymbol{a}_n$ が V を生成する $\Longleftrightarrow F(\boldsymbol{a}_1), \cdots, F(\boldsymbol{a}_n)$ が V' を生成する．

特に

$\langle \boldsymbol{a}_1, \cdots, \boldsymbol{a}_n \rangle$ が V の基底 $\Longleftrightarrow \langle F(\boldsymbol{a}_1), \cdots, F(\boldsymbol{a}_n) \rangle$ が V' の基底といった具合である．特に

$$V \cong V' \text{ならば} \dim V = \dim V'$$

例 (3.2.7) 普通の空間 $\boldsymbol{E}^3$ に座標を定め，原点を O としよう．このとき

（i）空間ベクトルの線型空間 $V(\boldsymbol{E}^3)$ は $\boldsymbol{R}^3$ と同型であった

$$V(\boldsymbol{E}^3) \cong \boldsymbol{R}^3, \quad (\overrightarrow{OA}) \longleftrightarrow \begin{pmatrix} a_1 \\ a_2 \\ a_3 \end{pmatrix}, a_1, a_2, a_3 \text{ は } A \text{ の座標.}$$

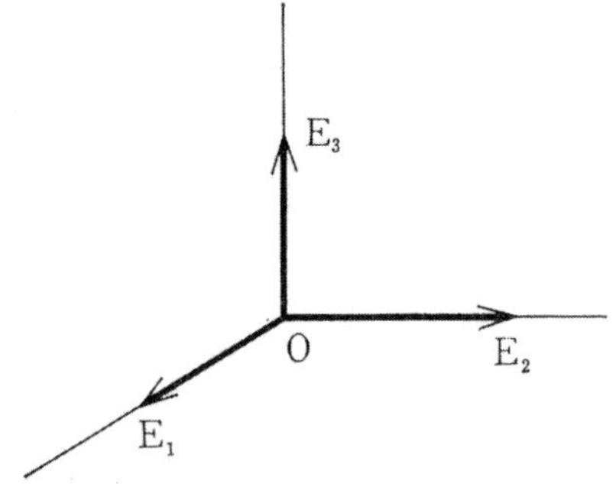

よって，$\dim V(\boldsymbol{E}^3) = \dim \boldsymbol{R}^3 = 3$．この同型によって，$\boldsymbol{R}^3$ の単位ベクトル $\boldsymbol{e}_1, \boldsymbol{e}_2, \boldsymbol{e}_3$，に対応する点を E_1, E_2, E_3 とすると

$$\left\langle \left(\overrightarrow{OE_1}\right), \left(\overrightarrow{OE_2}\right), \left(\overrightarrow{OE_3}\right) \right\rangle$$

は $V(\boldsymbol{E}^3)$ の一つの基底である．

（ii）点 O を零とする線型空間 $(\boldsymbol{E}^3, O)$&$\boldsymbol{R}^3$ に同型

$$(\boldsymbol{E}^3, O) \cong \boldsymbol{R}^3, \quad A \longleftrightarrow \begin{pmatrix} a_1 \\ a_2 \\ a_3 \end{pmatrix}, \quad A \text{ の座標が } a_1, a_2, a_3$$

であるから，$\dim(\boldsymbol{E}^3, O) = 3$．この同型により，$E_1 \longleftrightarrow \boldsymbol{e}_1$,$E_2 \longleftrightarrow \boldsymbol{e}_2$,$E_3 \longleftrightarrow \boldsymbol{e}_3$ であるから，$\langle \boldsymbol{E}_1, \boldsymbol{E}_2, E_3 \rangle$ は $(\boldsymbol{E}^3, O)$ の一つの基底である．

（iii）平面 $\boldsymbol{E}^2$ についても同様に，$(\boldsymbol{E}^2, O) \cong V(\boldsymbol{E}^2) \cong \boldsymbol{R}^2$, $\dim(\boldsymbol{E}^2, O) = \dim V(\boldsymbol{E}^2) = 2$.
結局，平面は 2 次元，普通の空間は 3 次元というわけである．

例 (3.2.8)　複素数体 $\boldsymbol{C}$ を実線型空間とみるとき，$\langle 1, i\rangle$ は $\boldsymbol{C}$ の一つの基底であって，$\dim \boldsymbol{C} = 2$．同型写像 $\boldsymbol{E}^2 \cong \boldsymbol{C}$, $\begin{pmatrix} a \\ b \end{pmatrix} \longrightarrow a + bi$ によって，$\boldsymbol{E}^2$ の自然基底 $\langle \boldsymbol{e}_1, \boldsymbol{e}_2\rangle$ に基底 $\langle 1, i\rangle$ が対応する．

定理（3.2.9）（基底の延長）　V を有限次元の実線型空間とする．$\boldsymbol{a}_1, \cdots, \boldsymbol{a}_r \in V$ が線型独立ならば，適当な $\boldsymbol{a}_{r+1}, \cdots, \boldsymbol{a}_n \in V$ を付け加えると，$\langle \boldsymbol{a}_1, \cdots, \boldsymbol{a}_r, \boldsymbol{a}_{r+1}, \cdots, \boldsymbol{a}_n\rangle$ が V の基底となる．

証明　$\{\boldsymbol{a}_1, \cdots, \boldsymbol{a}_r\}$ に線型独立な元をつぎつぎに付け加えて行けばよい．丁寧に書けば次のようになる．$V = \boldsymbol{R}\boldsymbol{a}_1 + \cdots + \boldsymbol{R}\boldsymbol{a}_r$ ならば結論が始めから成り立っている．$V \supsetneqq \boldsymbol{R}\boldsymbol{a}_1 + \cdots + \boldsymbol{R}\boldsymbol{a}_r$ ならば，$\boldsymbol{a}_{r+1} \notin \boldsymbol{R}\boldsymbol{a}_1 + \cdots + \boldsymbol{R}\boldsymbol{a}_r$ である $\boldsymbol{a}_{r+1} \in V$ が存在する．このとき

$$\boldsymbol{a}_1, \cdots, \boldsymbol{a}_r, \boldsymbol{a}_{r+1} \text{ は線型独立}$$

となる（(3.1.2) の（iii））．$V = \boldsymbol{R}\boldsymbol{a}_1 + \cdots + \boldsymbol{R}\boldsymbol{a}_r + \boldsymbol{R}\boldsymbol{a}_{r+1}$ ならば，$\langle \boldsymbol{a}_1, \cdots, \boldsymbol{a}_r, \boldsymbol{a}_{r+1}\rangle$ が V の基底となって証明が終る．

$V \supsetneqq \boldsymbol{R}\boldsymbol{a}_1 + \cdots + \boldsymbol{R}\boldsymbol{a}_r + \boldsymbol{R}\boldsymbol{a}_{r+1}$　ならば，　$\boldsymbol{a}_{r+2} \notin \boldsymbol{R}\boldsymbol{a}_1 + \cdots + \boldsymbol{R}\boldsymbol{a}_r + \boldsymbol{R}\boldsymbol{a}_{r+1}$ である $\boldsymbol{a}_{r+2} \in V$ が存在する．このとき

$$\boldsymbol{a}_1, \cdots, \boldsymbol{a}_r, \boldsymbol{a}_{r+1}, \boldsymbol{a}_{r+2} \text{ は線型独立}$$

となる（(3.1.2) の（iii））．$V = \boldsymbol{R}\boldsymbol{a}_1 + \cdots + \boldsymbol{R}\boldsymbol{a}_r + \boldsymbol{R}\boldsymbol{a}_{r+1} + \boldsymbol{R}\boldsymbol{a}_{r+2}$ ならば，$\langle \boldsymbol{a}_1, \cdots, \boldsymbol{a}_r, \boldsymbol{a}_{r+1}, \boldsymbol{a}_{r+2}\rangle$ が V の基底となって証明が終る．
$V \supsetneqq \boldsymbol{R}\boldsymbol{a}_1 + \cdots + \boldsymbol{R}\boldsymbol{a}_r + \boldsymbol{R}\boldsymbol{a}_{r+1} + \boldsymbol{R}\boldsymbol{a}_{r+2}$ ならば，…………．この操作を $n - r$ 回続けて行けばよい $(n = \dim V)$．　（証明終）

系（3.2.10） W が V の部分空間，$\dim V < \infty$ のとき

（i）$\dim W \leqq \dim V$，特に $\dim W < \infty$

（ii）$\dim W = \dim V$ ならば $W = V$

証明 W の一つの基底 $\langle \boldsymbol{b}_1, \cdots, \boldsymbol{b}_r \rangle$ を V の基底 $\langle \boldsymbol{b}_1, \cdots, \boldsymbol{b}_r, \cdots, \boldsymbol{b}_n \rangle$ に延長せよ．このとき

（i）$\dim W = r \leqq n = \dim V$

（ii）$\dim W = \dim V$ ならば，$r = n$ だから，$W = \boldsymbol{R}\boldsymbol{b}_1 + \cdots + \boldsymbol{R}\boldsymbol{b}_r = V$

（証明終）

§3.3 部分空間の和と直和

定義 W_1, W_2 が V の部分空間であるとき，$\boldsymbol{x}_1 \in W_1, \boldsymbol{x}_2 \in W_2$ の和 $\boldsymbol{x}1 + \boldsymbol{x}2$ の全体

$$W_1 + W_2 = \{\boldsymbol{x}_1 + \boldsymbol{x}_2 | \boldsymbol{x}_1 \in W_1, \boldsymbol{x}_2 \in W_2\}$$

を W_1, W_2 の**和**という．これは集合 $W_1 \cup W_2$ が張る部分空間にほかならない（2.3.12）．3 個以上の部分空間の和

$$W_1 + W_2 + \cdots + W_k$$

についても同様である．

命題（3.3.1） W_1 と W_2 が V の部分空間であって，W_1 も W_2 も有限次元とする．このとき

$$\dim W_1 + \dim W_2 = \dim(W_1 + W_2) + \dim(W_1 \cap W_2)$$

特に，

$$\dim(W_1 + W_2) \leqq \dim W_1 + \dim W_2$$

$$\dim(W_1 + \cdots + W_k) \leqq \dim W_1 + \cdots + \dim W_k$$

証明　$r = \dim(W_1 \cap W_2), r + s = \dim W_1, r + t = \dim W_2$ とする．$\dim(W_1 + W_2) = r + s + t$ を証明すればよい．

部分空間 $W_1 \cap W_2$ の基底 $\langle \boldsymbol{a}_1, \cdots, \boldsymbol{a}_r \rangle$ を延長して，W_1 の基底 $\langle \boldsymbol{a}_1, \cdots, \boldsymbol{a}_r, \boldsymbol{b}_1, \cdots, \boldsymbol{b}_s \rangle$ および W_2 の基底 $\langle \boldsymbol{a}_1, \cdots, \boldsymbol{a}_r, \boldsymbol{c}_1, \cdots, \boldsymbol{c}_t \rangle$ をつくる．このとき，

$$\langle \boldsymbol{a}_1, \cdots, \boldsymbol{a}_r, \boldsymbol{b}_1, \cdots, \boldsymbol{b}_s, \boldsymbol{c}_1, \cdots, \boldsymbol{c}_t \rangle$$

が $W_1 + W_2$ の基底であることを示せば証明が完了するのであるが，どの教科書にも出ていることだから，省略する．（終）

有限集合 A の要素の個数を $n(A)$ と表す．B がもう一つの有限集合であるとき

(1)　$n(A) + n(B) = n(A \cup B) + n(A \cap B)$

平面図形 S の面積を $m(S)$ と表す T がもう一つの図形であるとき，

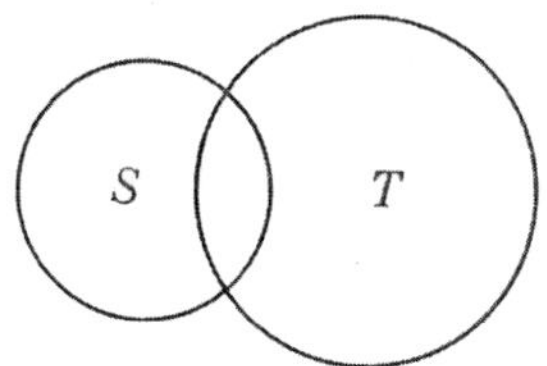

(2)　$m(S) + m(T)$
$$= m(S \cup T) + m(S \cap T)$$

事象 A, B の確率 $P(A), P(B)$ について

(3)　$P(A) + P(B) = P(A \cup B) + P(A \cap B)$ そして最後に，上記の

(4)　$\dim W_1 + \dim W_2 = \dim(W_1 + W_2) + \dim(W_1 \cap W_2)$ がある，このように同じ形式の等式があちこちに出てくるのは面白い．

命題と定義（3.3.2）　V が二つの部分空間 W_1 と W_2 の和，$V = W_1 + W_2$ であるとき，次の二つの条件は同値である．

（i）おのおのの元 $\boldsymbol{x} \in V$ を

$$\boldsymbol{x} = \boldsymbol{x}_1 + \boldsymbol{x}_2, \quad \boldsymbol{x}_1 \in W_1, \quad \boldsymbol{x}_2 \in W_2$$

と表す仕方が一通りである．

（ii）　$W_1 \cap W_2 = \{\boldsymbol{o}\}$

上の条件が成り立つとき，V は W_1 と W_2 の**直和**であるといい，

$$V = W_1 \dot{+} W_2$$

で表す．

証明　（i）$\Longrightarrow$（ii）　条件（i）が成り立つとする．$\boldsymbol{x} \in W_1 \cap W_2$ であれば，$\boldsymbol{x}$ は二通りの表現

$$\boldsymbol{x} = \boldsymbol{x} + \boldsymbol{o} \quad (x \in W_1, \boldsymbol{o} \in W_2), \quad \boldsymbol{x} = \boldsymbol{o} + \boldsymbol{x} \quad (\boldsymbol{o} \in W_1, \boldsymbol{x} \in W_2)$$

をもつ．これから，表現の一意性より，$\boldsymbol{x} = \boldsymbol{o}$ が生ずる．

$$\therefore W_1 \cap W_2 = \{\boldsymbol{o}\}.$$

（ii）$\Longrightarrow$（i）$W_1 \cap W_2 = \{\boldsymbol{o}\}$　とする．$\boldsymbol{x} \in V$ の二つの表現

$\boldsymbol{x} = \boldsymbol{x}_1 + \boldsymbol{x}_2 \quad (\boldsymbol{x}_1 \in W_1, \boldsymbol{x}_2 \in W_2), \quad \boldsymbol{x} = \boldsymbol{y}_1 + \boldsymbol{y}_2 \quad (\boldsymbol{y}_1 \in W_1, \boldsymbol{y}_2 \in W_2)$ があれば，

$$W_1 \ni \boldsymbol{x}_1 - \boldsymbol{y}_1 = \boldsymbol{y}_2 - \boldsymbol{x}_2 \in W_2$$
$$\therefore \boldsymbol{x}_1 - \boldsymbol{y}_1 = \boldsymbol{y}_2 - \boldsymbol{x}_2 \in W_1 \cap W_2 = \{\boldsymbol{o}\}, \boldsymbol{x}_1 = \boldsymbol{y}_1 \text{かつ} \boldsymbol{x}_2 = \boldsymbol{y}_2$$

である．すなわち $\boldsymbol{x}$ の表し方は一通り．　（証明終）

例（3.3.3） 全区間 $(-\infty, \infty) = \boldsymbol{R}$ から $\boldsymbol{R}$ への関数の全体を V，偶関数の全体を W_1，奇関数の全体を W_2 とする．W_1 と W_2 はそれ

ぞれ部分空間であって，$V = W_1 \dot{+} W_2$ である．たとえば,$e^t \in V$は，$e^t = \cosh t + \sinh t$,　$\cosh t = \dfrac{e^t + e^{-t}}{2} \in W_1$,　$\sinh t = \dfrac{e^t - e^{-t}}{2} \in W_2$ と表される．

命題（3.3.4） 線型空間 V が有限次元のときには，$V = W_1 + W_2$ のとき

$$V = W_1 \dot{+} W_2 \Longleftrightarrow \dim V = \dim W_1 + \dim W_2$$

証明　$V = W_1 + W_2$ のとき

$$\dim W_1 + \dim W_2 = \dim V + \dim (W_1 \cap W_2)$$

であるから (3.3.1),

$$V = W_1 \dot{+} W_2 \Longleftrightarrow W_1 \cap W_2 = \{\boldsymbol{o}\} \Longleftrightarrow \dim (W_1 \cap W_2) = 0$$

$$\Longleftrightarrow \dim W_1 + \dim W_2 = \dim V$$

（証明終）

例（3.3.5） 2 次行列の行列空間 $M_{2,2}(\boldsymbol{R})$ において，対称行列の全体を W_1，反対称行列の全体を W_2 とする．すなわち

$$W_1 = \left\{ \begin{pmatrix} a & c \\ c & b \end{pmatrix} | a, b, c \in \boldsymbol{R} \right\}, \quad W_2 = \left\{ \begin{pmatrix} 0 & -u \\ u & 0 \end{pmatrix} | u \in \boldsymbol{R} \right\}$$

任意の $X = \begin{pmatrix} x_{11} & x_{12} \\ x_{21} & x_{22} \end{pmatrix}$ は $X_1 = \begin{pmatrix} x_{11} & \dfrac{x_{12} + x_{21}}{2} \\ \dfrac{x_{21} + x_{12}}{2} & x_{22} \end{pmatrix} \in W_1$ と $X_2 = \begin{pmatrix} 0 & \dfrac{x_{12} - x_{21}}{2} \\ \dfrac{x_{21} - x_{12}}{2} & 0 \end{pmatrix} \in W_2$ とを用いて，$X = X_1 + X_2$ と書ける．

$\therefore M_{2,2}(\boldsymbol{R}) = W_1 + W_2$．また，$W_1 \cap W_2 = \{O\}$ であるから $M_{2,2}(\boldsymbol{R}) = W_1 \dot{+} W_2$ である．$\dim W_1 = 3, \dim W_2 = 1, \dim W_1 + \dim W_2 = 4 = \dim M_{2,2}(\boldsymbol{R})$ となっている．

§3.3 の練習問題

1.（ i ）関数の線型空間 $V = \mathscr{F}((-\infty, \infty), \boldsymbol{R})$ において，

$$W = \{f | f(7) = 0\} \text{ とおくとき}, V = \boldsymbol{R} \dot{+} W$$

であることを示せ．

（ii）集合 S 上の関数の空間 $V = \mathscr{F}(S, \boldsymbol{R})$ において定点 $s \in S$ に対して，$W = \{f | f(s) = 0\}$ とおくとき，　$V = \dot{\boldsymbol{R}} + W$ であることを示せ．

§3.3 の答

1.（ i ）略　（ii）$f \in V$ に対して $c = f(s) \in \boldsymbol{R}, g(t) = f(t) - c$ とおけば，$g \in W, f = c + g$．$\therefore V = \boldsymbol{R} + W$．$\boldsymbol{R} \cap W \ni f$ ならば，$f(t) = f(s) = 0$　$\therefore f = 0$．$\therefore V = \boldsymbol{R} + W$.

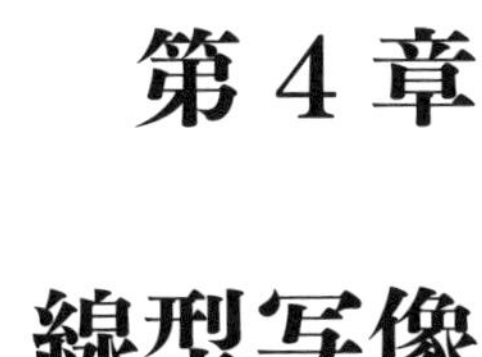

第4章
線型写像

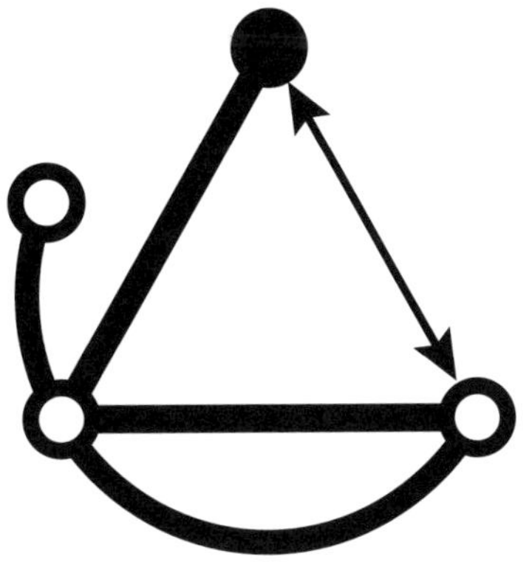

数学ではいろいろの写像を扱うが，その中で最も簡単な写像が線型写像である．線型写像は

$$\text{正比例の関数 } f(x)=ax$$

n 変数の一次式 $f(x_1,x_2,\cdots,x_n)=a_1x_1+a_2x_2+\cdots+a_nx_n$ を一般化したものである．高校数学 II で現れた一次変換 $\begin{pmatrix} x \\ y \end{pmatrix} \longmapsto \begin{pmatrix} ax+by \\ cx+dy \end{pmatrix}$ もまた線型写像である．

§ 4.1 線型写像

線型空間の本質は和 $\boldsymbol{x}+\boldsymbol{y}$ と実数倍 $c\boldsymbol{x}$ にあるのだから，線型空間から線型空間への写像の中で加法と実数倍を保存するものが重要なのは当然であろう．

定義（4.1.1） V,V' を実線型空間とする．V から V' への写像 $F:V\longrightarrow V'$ が二つの条件

$$F(\boldsymbol{x}+\boldsymbol{y})=F(\boldsymbol{x})+F(\boldsymbol{y}),F(a\boldsymbol{x})=\alpha F(\boldsymbol{x})$$

をみたすとき，F を**実線型写像，線型写像，一次写像**などという．

このとき，

$$F(\boldsymbol{o})=\boldsymbol{o}' \quad \left(\boldsymbol{o}'\text{は}V'\text{の零元}\right)$$

$$F(a_1\boldsymbol{x}_1+a_2\boldsymbol{x}_2+\cdots+a_n\boldsymbol{x}_n)=a_1F(\boldsymbol{x}_1)+a_2F(\boldsymbol{x}_2) +\cdots+a_nF(\boldsymbol{x}_n)$$

が成り立つ．

最も重要でかつ大学一年生に最も縁が深い線型写像は次の四つであろう．

（i）$a, b, c, d \in \boldsymbol{R}$ のとき

$$F : \boldsymbol{R}^2 \longrightarrow \boldsymbol{R}^2, \begin{pmatrix} x \\ y \end{pmatrix} \longmapsto \begin{pmatrix} a & b \\ c & d \end{pmatrix} \begin{pmatrix} x \\ y \end{pmatrix} = \begin{pmatrix} ax + by \\ cx + dy \end{pmatrix}$$

この写像が，$\boldsymbol{x}, \boldsymbol{y} \in \boldsymbol{R}^2$ に対し，$F(\boldsymbol{x} + \boldsymbol{y}) = F(\boldsymbol{x}) + F(\boldsymbol{y}), F(c\boldsymbol{x}) = cF(\boldsymbol{x})$ をみたすことは，高校でやった筈．$\boldsymbol{R}^2$ を座標平面と見れば，原点を通る直線 l の像 $F(l)$ は原点をとおる直線または原点だけの集合となることも周知．

一般に，$A = \left(a_{ij}\right)_{1 \leqq i \leqq m, 1 \leqq j \leqq n}$ が (m, n) 行列であるとき

$$G : \boldsymbol{R}^n \longmapsto \boldsymbol{R}^m, \boldsymbol{x} = \begin{pmatrix} x_1 \\ \vdots \\ \boldsymbol{x}_n \end{pmatrix} \longmapsto Ax = \begin{pmatrix} a_{11}x_1 + \cdots + a_{1n}x_n \\ \cdots \\ a_{m1}x_1 + \cdots + a_{mn}x_n \end{pmatrix}$$

は線型写像である．

（ii）$(-\infty, \infty)$ 上の関数 $F((-\infty, \infty), \boldsymbol{R})$ の中で，到る所微分可能なもの全体を $D^1((-\infty, \infty), \boldsymbol{R})$ とする．微分法の公式

$$(f + g)' = f' + g', \quad (af)' = af'$$

は，微分演算子

$$D : D^1((-\infty, \infty), \boldsymbol{R}) \longrightarrow \mathscr{F}((-\infty, \infty), \boldsymbol{R}), f \longmapsto f'$$

が線型写像である，と言っているわけである．

（iii）閉区間 $[a, b]$ において連続な関数の全体 $C^0([a, b], \boldsymbol{R})$ において，定積分の公式

$$\int_a^b (f + g) = \int_a^b f + \int_a^b g, \quad \int_a^b (cf) = c \int_a^b f$$

は，写像

$$C^0([a, b], \boldsymbol{R}) \longrightarrow \boldsymbol{R}, f \longmapsto \int_a^b f$$

が線型写像である，と主張する．

（iv）収束数列全体の線型空間を V とする．微分法における公式

$$\lim_{n\to\infty}(a_n+b_n)=\lim_{n\to\infty}a_n+\lim_{n\to\infty}b_n,\ \lim_{n\to\infty}(ca_n)=c\lim_{n\to\infty}a_n$$

は，写像

$$V\longrightarrow \boldsymbol{R}, \{a_n\}\longmapsto \lim_{n\to\infty}a_n$$

が線型写像であると言っているわけである．

定義（4.1.2） 集合 S から集合 T への写像 $F:S\longrightarrow T$ と，部分集合 $T'\subseteq T$ に対して，S の部分集合

$$F^{-1}(T')=\{s\in S|F(s)\in T'\}$$

を F による T' の**逆像**という．

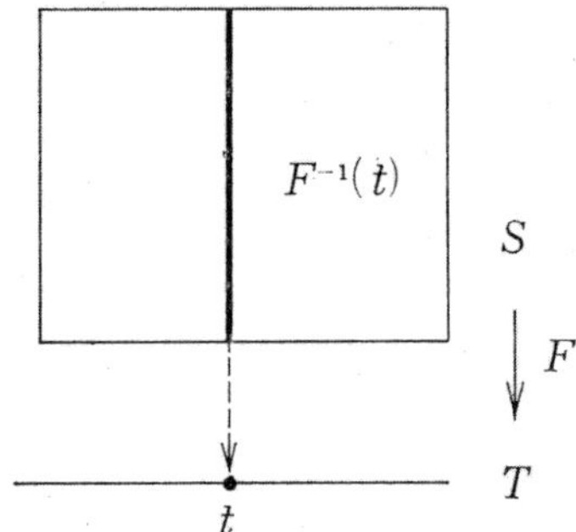

特に T' がただ一つの要素 t よりなるときには，逆像

$$F^{-1}(t)$$

を t の上の F の**ファイバー**ともいう．

命題と定義（4.1.3） $F:V\longrightarrow V'$ が実線型写像のとき

（i）V' の零元 $\boldsymbol{o}'$ の F による逆像

$$F^{-1}(\boldsymbol{o}') = \{\boldsymbol{x} \in V | F(\boldsymbol{x}) = \boldsymbol{o}'\}$$

は V の部分空間である．これを F の**核**という．

（ii）V の F による像

$$F(V) = \{F(\boldsymbol{x}) | \boldsymbol{x} \in V\}$$

は V' の部分空間である．

証明　$\boldsymbol{o} \in F^{-1}(\boldsymbol{o}')$，　$\boldsymbol{o}' = F(\boldsymbol{o}) \in F(V)$ だから，　$F^{-1}(\boldsymbol{o}')$ も $F(V)$ も空ではない．両者が部分空間の条件をみたすことを確かめればよい．

（i）$\boldsymbol{x}, \boldsymbol{y} \in F^{-1}(\boldsymbol{o}), a \in \boldsymbol{R}$ のとき，$F(\boldsymbol{x}) = F(\boldsymbol{y}) = \boldsymbol{o}'$ より

$$\begin{cases} F(\boldsymbol{x}+\boldsymbol{y}) = F(\boldsymbol{x}) + F(\boldsymbol{y}) = \boldsymbol{o}' + \boldsymbol{o}' = \boldsymbol{o}', \quad \boldsymbol{x}+\boldsymbol{y} \in F^{-1}(\boldsymbol{o}') \\ F(a\boldsymbol{x}) = aF(\boldsymbol{x}) = a\boldsymbol{o}' = \boldsymbol{o}', \quad a\boldsymbol{x} \in F^{-1}(\boldsymbol{o}') \end{cases}$$

これは部分集合 $F^{-1}(\boldsymbol{o}')$ に対する部分空間の条件である．

（ii）の証明は貴方にゆだねる．　（証明終）

例（4.1.4）（i）微分演算子

$$D : D^1((-\infty, \infty), \boldsymbol{R}) \longrightarrow \mathscr{F}((-\infty, \infty), \boldsymbol{R}), f \longmapsto f'$$

に対して，零元 $0 \in \mathscr{F}((-\infty, \infty), \boldsymbol{R})$ の逆像 $D^{-1}(0)$ の元とは，導関数が到る所 0 の関数すなわち定数関数にほかならない．ゆえに，定数関数と実数を同一視すれば

$$D^{-1}(0) = \boldsymbol{R}$$

（ii）n 回微分可能な関数の全体 $D^n((-\infty, \infty), \boldsymbol{R})$ において，n 回微分するということは線型写像

$$D^n : D^n((-\infty, \infty), \boldsymbol{R}) \longrightarrow \mathscr{F}((-\infty, \infty), \boldsymbol{R}), f \longmapsto \frac{d^n f}{dt^n}$$

である．関数 f に対して

$$\frac{d^n f}{dt^n} = 0 \Longleftrightarrow f(t) = a_0 + a_1 t + \cdots + a_{n-1} t^{n-1} \quad \text{の形}$$

というのは，微積分の簡単な練習問題である．よって，写像 D^n の核は

$$\left(D^n\right)^{-1}(0) = (\text{高々}\, n-1 \,\text{次の多項式全体})$$

例（4.1.5）（i）$a, b, c, d \in \boldsymbol{R}$ のとき，線型写像

$$T : \boldsymbol{R}^2 \longrightarrow \boldsymbol{R}^2, \quad \begin{pmatrix} x \\ y \end{pmatrix} \longmapsto \begin{pmatrix} ax + by \\ cx + dy \end{pmatrix}$$

の核とは，連立一次方程式の解の集合にほかならない．

$$T^{-1}(\boldsymbol{o}) = \left\{ \begin{pmatrix} x \\ y \end{pmatrix} \,\middle|\, \begin{matrix} ax + by = 0 \\ cx + dy = 0 \end{matrix} \right\}$$

（ii）$a_{ij} \in \boldsymbol{R}, 1 \leqq i \leqq m, 1 \leqq j \leqq n$ のとき，線型写像

$$S : \boldsymbol{R}^n \longrightarrow \boldsymbol{R}^m, \begin{pmatrix} x_1 \\ \vdots \\ x_n \end{pmatrix} \longmapsto \begin{pmatrix} a_{11}x_1 + \cdots + a_{1n}x_n \\ \cdots \\ a_{m1}x_1 + \cdots + a_{mn}x_n \end{pmatrix}$$

の核 $S^{-1}(o)$ とは連立一次方程式

$$\begin{cases} a_{11}x_1 + \cdots + a_{1n}x_n = 0 \\ \qquad \cdots \\ a_{m1}x_1 + \cdots + a_{mn}x_n = 0 \end{cases}$$

の解 $\left(x_i\right)_{1 \leqq i \leqq n}$ の集合にほかならない．

定義（4.1.6） 正方行列 $A = \left(a_{ij}\right)_{1 \leqq i,j \leqq n}$ に対して，対角成分の和

$$\operatorname{tr}(A) = a_{11} + a_{22} + \cdots + a_{nn}$$

を A の**跡**，**固有和**などという．写像

$$\mathrm{tr}: M_{n,n}(\boldsymbol{R}) \longrightarrow \boldsymbol{R}, \quad A \longmapsto \mathrm{tr}(A)$$

は線型写像である．リー群論ではその核を $\mathfrak{gl}(n, \boldsymbol{R})$ で表すことが多い．

実数値関数 f と g 和 $f+g$，実数倍 af を

$$(f+g)(x) = f(x) + g(x), \quad (af)(x) = af(x)$$

によって定義したのと同様に（2.1.5），実線型空間 V, V' の間の二つの写像 $F, G: V \longrightarrow V'$ の**和** $F+G$ と**実数倍** aF とを

$$(F+G)(\boldsymbol{x}) = F(\boldsymbol{x}) + G(\boldsymbol{x}), \quad (aF)(\boldsymbol{x}) = aF(\boldsymbol{x})$$

によって定義する．このとき

命題（4.1.7） F と G とが線型写像，$a \in \boldsymbol{R}$ であれば，和 $F+G$ と**実数倍** aF もまた線型写像である．

証明　$(F+G)(\boldsymbol{x}+\boldsymbol{y}) = (F+G)(\boldsymbol{x}) + (F+G)(\boldsymbol{x})$

$(F+G)(\alpha\boldsymbol{x}) = \alpha(F+G)(\boldsymbol{x})$

を証明すればよい．第 1 式は

$$\begin{aligned}(F+G)(\boldsymbol{x}+\boldsymbol{y}) &\overset{(1)}{=} F(\boldsymbol{x}+\boldsymbol{y}) + G(\boldsymbol{x}+\boldsymbol{y}) \\ &\overset{(2)}{=} F(\boldsymbol{x}) + F(\boldsymbol{y}) + G(\boldsymbol{x}) + G(\boldsymbol{y}) \\ &\overset{(3)}{=} F(\boldsymbol{x}) + G(\boldsymbol{x}) + F(\boldsymbol{y}) + G(\boldsymbol{y}) \\ &\overset{(4)}{=} (F+G)(\boldsymbol{x}) + (F+G)(\boldsymbol{y})\end{aligned}$$

ここで，等号（1）と（4）は $F+G$ の定義，（2）は F と G の線型

性，(3) は V' の加法の可換律によった．同様にして

$$\begin{aligned}(F+G)(a\boldsymbol{x}) &= F(a\boldsymbol{x})+G(a\boldsymbol{x}) = aF(\boldsymbol{x})+aG(\boldsymbol{x})\\ &= a(F(\boldsymbol{x})+G(\boldsymbol{x})) \\ &= a(F+G)(\boldsymbol{x})\end{aligned}$$

（証明終）

三つ以上の線型写像についても同様である．一般に，$F_1, F_2, \cdots, F_n$ が線型写像，$a_1, \alpha_2, \cdots, a_n \in \boldsymbol{R}$ であるとき，写像

$$\boldsymbol{x} \longmapsto \alpha_1 F_1(\boldsymbol{x}) + \alpha_2 F_2(\boldsymbol{x}) + \cdots + a_n F_n(\boldsymbol{x})$$

は線型写像である．これを

$$a_1F_1 + a_2F_2 + \cdots + a_nF_n \text{ または } \sum_{i=1}^{n} a_iF_i$$

で表す．既知のいくつかの線型写像から実数倍と和を繰返すことにより多くの重要な線型写像が生ずる．

例 (4.1.8)（i）U を座標平面の部分集合（厳密には連結開集合）とする．U 上の C^2 級の関数の全体を $C^2(U, \boldsymbol{R})$ とする．

$$\frac{\partial^2(f+g)}{\partial x^2} = \frac{\partial^2 f}{\partial x^2} + \frac{\partial^2 g}{\partial x^2}, \quad \frac{\partial^2(cf)}{\partial x^2} = c\frac{\partial^2 f}{\partial x^2}$$
$$\frac{\partial^2(f+g)}{\partial y^2} = \frac{\partial^2 f}{\partial y^2} + \frac{\partial^2 g}{\partial y^2}, \quad \frac{\partial^2(cf)}{\partial y^2} = c\frac{\partial^2 f}{\partial y^2}$$

すなわち $\dfrac{\partial^2}{\partial x^2}, \dfrac{\partial^2}{\partial y^2}$ がともに線型写像であるから，

$$\varDelta = \frac{\partial^2}{\partial x^2} + \frac{\partial^2}{\partial y^2} : C^2(U, \boldsymbol{R}) \longrightarrow \mathscr{F}(U, \boldsymbol{R}), f \longmapsto \frac{\partial^2 f}{\partial x^2} + \frac{\partial^2 f}{\partial y^2}$$

は線型写像である．$\varDelta$ の核 $\varDelta^{-1}(0)$ の元すなわち $\varDelta f = 0$ なる関数 f は**調和関数**と呼ばれる．n 変数の調和関数 f, $\dfrac{\partial^2 f}{\partial {x_1}^2} + \cdots + \dfrac{\partial^2 f}{\partial {x_n}^2} = 0$, についても同様である．

例（4.1.9）　$(-\infty,\infty)=\boldsymbol{R}$ で連続な関数の全体 $C^0((-\infty,\infty),\boldsymbol{R}), C^n$ 級の関数の全体 $C^n((-\infty,\infty),\boldsymbol{R})$ を考える．$p_1,p_2,\cdots,p_n\in C^0((-\infty,\infty),\boldsymbol{R})$ であるとき，

$$f\longmapsto \frac{d^nf}{dt^n}+p_1(t)\frac{d^{n-1}f}{dt^{n-1}}+\cdots+p_{n-1}(t)\frac{df}{dt}+p_n(t)f$$

によって線型写像 $C^n((-\infty,\infty),\boldsymbol{R})\longrightarrow C^0((-\infty,\infty),\boldsymbol{R})$ が定まる．これを

$$L=D^n+p_1D^{n-1}+\cdots+p_{n-1}D+p_nI$$

で表す．L の核 $L^{-1}(0)$ とは微分方程式

$$\frac{d^ny}{dt^n}+p_1(t)\frac{d^{n-1}y}{dt^{n-1}}+\cdots+p_{n-1}(t)\frac{dy}{dt}+p_n(t)y=0$$

の解空間にほかならず，解空間は線型空間をなすわけである．

例題（4.1.10）　座標平面を $\boldsymbol{R}^2$ と同一視しよう．$U=$（第 1 象限）$=\left\{\begin{pmatrix}x\\y\end{pmatrix}\middle| x>0,y>0\right\}$ は $\boldsymbol{R}^2$ の開集合である．$\lambda\in\boldsymbol{R}$ を定める．関数 $f:U\longrightarrow\boldsymbol{R}$ が

$$\text{“任意の } t>0 \text{ に対して } f(tx,ty)=t^\lambda f(x,y)\text{"}$$

をみたすとき，f は λ **次の同次式**と呼ばれる．線型写像

$$E:C^1(U,\boldsymbol{R})\longrightarrow\mathscr{F}(U,\boldsymbol{R}), f\longmapsto x\frac{\partial f}{\partial x}+y\frac{\partial f}{\partial y}-\lambda f$$

を考えると，その核 $E^{-1}(0)$ は C^1 級の λ 次の同次式全体と一致することを示せ．（n 変数の同次式についても同様）

解　現数 Select. No.3 偏微分の考え方（58 頁）参照．

以上線型写像の核を考えたが，これで線型空間の構成法をほぼ挙げ尽したように思う．まとめてみよう，線型空間は次の四つの形で現れることが多い．

（ｉ）ある集合 S 上の関数全体 $\mathscr{F}(S, \boldsymbol{R})$ (2.1.5)

既知の線型空間 V の部分空間として：

（ii）ある部分集合 $S \subseteqq V$ が生成する部分空間 (2.3.8)，(2.3.12)

（iii）ある線型写像 $f: V \longrightarrow V'$ の核 $f^{-1}(\boldsymbol{o}')$ (4.1.3)

（iv）ある線型写像 $f: V' \longrightarrow V$ の像 $f(V')$ (4.1.3)

数学者としては，これに部分空間 W による商空間 V/W というるのをつけ加えたい所である．線型写像は三つの理由により重要である．

第一に，重要な線型空間や関数が線型写像の核として定義される．たとえば，上記のように調和関数は $\Delta = \frac{\partial^2}{\partial x^2} + \frac{\partial^2}{\partial y^2}$ の核であったし，応用数学で重要な Bessel 関数 $J\nu(t)$ は線型写像

$$f \longmapsto t^2 \frac{d^2 f}{dt^2} + t\frac{df}{dt} + \left(t^2 - \nu^2\right) f$$

の核として定義される．そういえば，対数関数 $\log t$ もこの頃では線型写像

$$C^1((0,\infty), \boldsymbol{R}) \longrightarrow C^0((0,\infty), \boldsymbol{R}), f \longrightarrow \frac{df}{dt}$$

による関数 $\frac{1}{t}$ の逆像

として定義することが多い．

第二に，数学，物理学，経済学などに現れる重要な写像が線型である．数学ではいわずもがな，物理学でも，$m\frac{d^2 x}{dt^2} + \gamma m\frac{dx}{dt} + kx = Fx$，$\operatorname{rot} \boldsymbol{E} + \frac{1}{c}\frac{\partial \boldsymbol{B}}{\partial t} = 0, \frac{\partial^2 \psi}{\partial t^2} = v^2\left(\frac{\partial^2 \varphi}{\partial x^2} + \frac{\partial^2 \varphi}{\partial y^2} + \frac{\partial^2 \varphi}{\partial z^2}\right)$ など線型の微分方程式（すなわち線型写像といってよい）が重要な役割を演

ずる．量子力学に至っては．線型写像そのものが運動量 $-\dfrac{ih}{2\pi}\dfrac{\partial}{\partial x}$, エネルギー $-\dfrac{h}{2\pi i}\dfrac{\partial}{\partial t}$ などの物理量として現れる．いわゆるベクトル解析（これは物理数学というよりは，多変数関数の微積分という方が正しい）に現れるいろいろの演算子 grad, rot, ∇, div などはすべて，関数を要素とする線型空間の間の線型写像である．数学でも物理学でも化学でも重要な，群の表現論などもこの範疇に入るのであろう．経済学における線型計画法は，$\left\{\begin{pmatrix} x \\ y \end{pmatrix} \in \boldsymbol{R}^2 \middle| 2x+3y \leqq 5\right\}$ のように，不等式が定める線型領域 $\{z \in \boldsymbol{R} | z \leqq 5\}$ の線型写像による逆像を舞台とする．

第三に，線型写像はその性質がよくわかっている数少ない写像の一つであって，線型でない写像を研究するのにそれを線型写像（＝微分係数，勾配，ヤコビ行列）で近似して調べることが行われる．これが実は微分法の基本的意味にほかならない．関数や写像が線型写像で近似されることを**微分可能**であるという．簡単な場合に厳密な定義をあげておこう．

定義（4.1.11）（i）関数 $f: \boldsymbol{R} \longrightarrow \boldsymbol{R}$ が点 $p \in \boldsymbol{R}$ において**微分可能**とは，p の近傍で定義された関数 $s(t)$ と実数 l（すなわち線型写像 $\boldsymbol{R} \longrightarrow \boldsymbol{R}, x \longmapsto lx$）とがあって

$$\begin{cases} f(x) = f(p) + l \cdot (x-p) + |x-p| \cdot s(x) \\ \displaystyle\lim_{x \to p} s(x) = 0 \end{cases}$$

が成り立つことである．このとき近似 1 次式 $f(p) + l \cdot (x-p)$ の係数 l を f の p における**微分係数**と呼び

$$f'(p), (Df)(p), \frac{df}{dt}(p)$$

などで表す．上の条件は極限

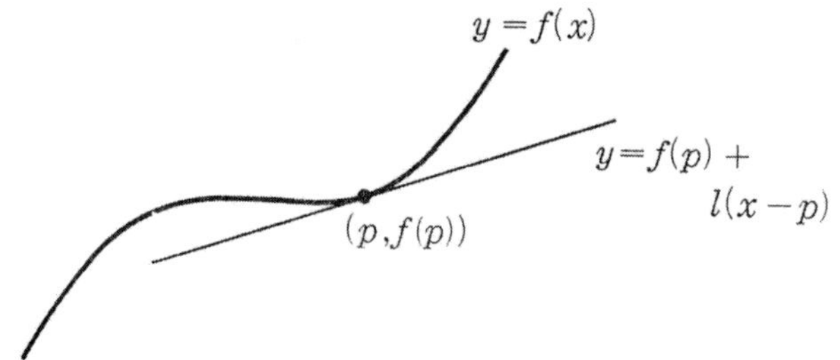

$$\lim_{x \to p} \frac{f(x) - f(p)}{x - p} \in \boldsymbol{R}$$

が存在することと同値であって，$f'(p) = \lim_{x \to p} \dfrac{f(x) - f(p)}{x - p}$ であることは微積分でやったはず．p の近傍で $y = f(x)$ のグラフは接線 $y = f(p) + l(x - p)$ で近似される．

（ii）写像 $F : \boldsymbol{R}^3 \longrightarrow \boldsymbol{R}^2$ が点 $P \in \boldsymbol{R}^3$ において**微分可能**とは，P の近傍で定義された写像 $S(X)$ と線型写像 $L : \boldsymbol{R}^3 \longrightarrow \boldsymbol{R}^2$ とがあって，

$$\begin{cases} F(X) = F(P) + L(X - P) + \|X - P\| \cdot S(X) \\ \displaystyle\lim_{0 \to \begin{pmatrix} 0 \\ 0 \\ 0 \end{pmatrix}} S(X) = \begin{pmatrix} 0 \\ 0 \end{pmatrix} \end{cases}$$

が成り立つことである．ここに $\|X - P\|$ は点 X と点 P の距離を表す．近似線型写像 L を F の P における**微分係数**と呼び

$$F'(P), \quad (DF)(P), \quad \frac{dF}{dX}(P)$$

などで表す．座標で表し $X = \begin{pmatrix} x_1 \\ x_2 \\ x_3 \end{pmatrix}$，　$F(X) = \begin{pmatrix} f_1(X) \\ f_2(X) \end{pmatrix}$ と

すれば，線型写像 $L : \boldsymbol{R}^3 \longrightarrow \boldsymbol{R}^2$ は

$$\begin{pmatrix} x_1 \\ x_2 \\ x_3 \end{pmatrix} \longmapsto \begin{pmatrix} \dfrac{\partial f_1}{\partial x_1}(P) & \dfrac{\partial f_1}{\partial x_2}(P) & \dfrac{\partial f_1}{\partial x_3}(P) \\ \dfrac{\partial f_2}{\partial x_1}(P) & \dfrac{\partial f_2}{\partial x_2}(P) & \dfrac{\partial f_2}{\partial x_3}(P) \end{pmatrix} \begin{pmatrix} x_1 \\ x_2 \\ x_3 \end{pmatrix}$$

と行列

$$\frac{d(f_1, f_2)}{d(x_1, x_2, x_3)} = \begin{pmatrix} \dfrac{\partial f_1}{\partial x_1} & \dfrac{\partial f_1}{\partial x_2} & \dfrac{\partial f_1}{\partial x_3} \\ \dfrac{\partial f_2}{\partial x_1} & \dfrac{\partial f_2}{\partial x_2} & \dfrac{\partial f_2}{\partial x_3} \end{pmatrix}_{X=P}$$

で表されることも新式の微積の本ならば書いてある筈．この行列を F の**ヤコビ行列**という．

§4.1 の練習問題

1. 二変数 x, y の多項式全体の線型空間 $\boldsymbol{R}[x, y]$ において，線型変換 $\dfrac{\partial^2}{\partial x \partial y} : \boldsymbol{R}[x, y] \longrightarrow \boldsymbol{R}[x, y], f \longmapsto \dfrac{\partial^2 f}{\partial x \partial y}$ の核はどんな多項式よりなるか．

2. 二つの線型写像 $F : V \longrightarrow V', G : V \longrightarrow V'$ に対して，Vの部分集合 $W = \{\boldsymbol{x} \in V | F(\boldsymbol{x}) = G(\boldsymbol{x})\}$ は部分空間であることを示せ．

§4.1 の答

1. （x だけの多項式）＋（y だけの多項式）の全体

2. $W = (F - G)^{-1}(\boldsymbol{o})$ に注意

§4.2 線型写像空間

集合 S から $\boldsymbol{R}$ への関数の全体 $\mathscr{F}(S, \boldsymbol{R})$ は実線型空間をなすのであった (2.1.5)．その演算 $f + g$ と cf は，$(f + g)(x) = f(x) + g(x)$ と $(cf)(x) = cf(x)$ によって定めた．この考えを一般化しよう．

V が実線型空間であるとき，集合 S から V への写像の全体 $\mathscr{F}(S, V)$ を考える．

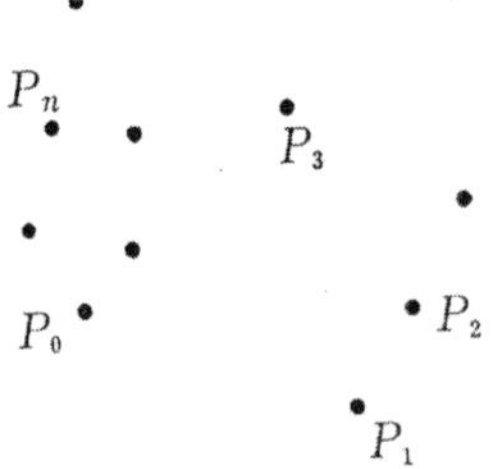

たとえば，S が整数 $\geqq 0$ の全体 $\boldsymbol{N}=\{0,1,2,\cdots\}$，$V$ が座標平面（列ベクトル空間）$\boldsymbol{R}^2$ であれば，写像 $f\in\mathscr{F}(\boldsymbol{N},\boldsymbol{R}^2)$ による $n\in\boldsymbol{N}$ の像 $P_n=f(n)$ は平面上の点であって，f とは点列 $\{P_0,P_1,P_2,\cdots\}$ にほかならない．

$S=\boldsymbol{N}, V=\boldsymbol{C}$ であれば，$g\in\mathscr{F}(\boldsymbol{N},\boldsymbol{C})$ による $n\in\boldsymbol{N}$ の像 $\alpha_n=g(n)$ は複素数であって，g とは複素数列 $\{\alpha_0,\alpha_1,\alpha_2\,..\}$ のことである．

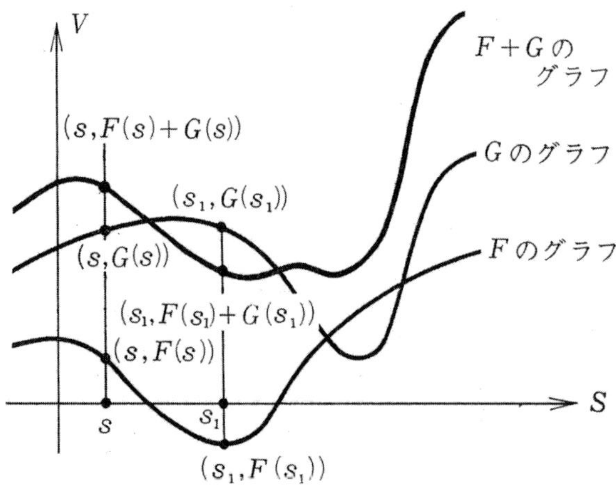

写像 $F,G\in\mathscr{F}(S,V)$ に対して，**和** $F+G\in\mathscr{F}(S,V)$ と**実数倍** $cF\in\mathscr{F}(S,V)$ とを

$$(F+G)(s)=F(s)+G(s),\quad (cF)(s)=cF(s)$$

によって定める．このとき

命題（4.2.1） $\mathscr{F}(S,V)$ は実線型空間となる．その零元は，任意の $s \in S$ に対して V の零元 $\boldsymbol{o}$ を対応させる写像

$$S \longrightarrow V, \quad s \longmapsto \boldsymbol{o}$$

であって，これを**零写像**と呼び O で表す．（ここで特に $V = \boldsymbol{R}$ の場合を考えると既出の $\mathscr{F}(S,\boldsymbol{R})$ を得る．）

証明　(2.1.5) と全く同じ考え方で証明される．(2.1.5) で初めから $\boldsymbol{R}$ ではなく V でやっておけばよかったわけである．たとえば，可換律については，V で可換律が成り立つことから，任意の $s \in S$ に対して，

$$\begin{aligned}(F+G)(s) &= F(s)+G(s) = G(s)+F(s)\\ &= (G+F)(s)\end{aligned}$$

であるが，これが任意の $s \in S$ に対して成り立つから，写像として

$$F+G = G+F$$

が成り立つ，といった具合である．　　　　　　　　　　（証明終）

例（4.2.2）（i）$\boldsymbol{N} = \{0,1,2,\cdots\}$ のとき，$F \in \mathscr{F}(\boldsymbol{N},V)$ による $n \in \boldsymbol{N}$ の像を $F(n) = \boldsymbol{a}_n \in V$ とすれば，F とはベクトル列 $\{\boldsymbol{a}_0, \boldsymbol{a}_1, \boldsymbol{a}_2, \cdots\}$ にほかならない．さらに $G \in \mathscr{F}(\boldsymbol{N},V), G(n) = \boldsymbol{b}_n \in V$ であれば，

$$(F+G)(n) = \boldsymbol{a}_n + \boldsymbol{b}_n, \quad (cF)(n) = c\boldsymbol{a}_n$$

であるから，和 $F+G$ はベクトル列の和 $\{\boldsymbol{a}_0+\boldsymbol{b}_0, \boldsymbol{a}_1+\boldsymbol{b}_1, \boldsymbol{a}_2+\boldsymbol{b}_2, \cdots\}$ 実数倍 cF とはベクトル列 $\{c\boldsymbol{a}_0, c\boldsymbol{a}_1, c\boldsymbol{a}_2, \cdots\}$ である．

（ii） V が関数がつくる線型空間 $\mathscr{F}((-\infty,\infty),\boldsymbol{R})$ のときには，$F\in\mathscr{F}(\boldsymbol{N},V)$ とは関数列 $\{f_0,f_1,\cdots,f_n,\cdots\}$ である．ただし $f_n=F(n)$．さらに $G\in\mathscr{F}(\boldsymbol{N},V),G(n)=g_n$ であれば

$$(F+G)(n)=f_n+g_n,\quad (cF)(n)=cf_n.$$

今度は $\mathscr{F}(S,V)$ において，定義域の S の方も線型空間としてみよう．

記号　V',V を実線型空間とする．V' から V への実線型写像の全体を

$$\mathscr{L}_{\boldsymbol{R}}(\boldsymbol{V}',\boldsymbol{V})\text{ または }\mathscr{L}(\boldsymbol{V}',\boldsymbol{V})$$

で表す．$\mathscr{L}(V',V)\subseteqq\mathscr{F}(V',V)$ である．

たとえば，$V'=V=\boldsymbol{R}$ としてみよう．関数 $f\in\mathscr{F}(\boldsymbol{R},\boldsymbol{R}$ はそのグラフ

$$\Gamma_f=\{(x,f(x))|x\in\boldsymbol{R}\}$$

により定まるから，f と Γ_f とを同一視することにすれば，線型空間 $\mathscr{F}(\boldsymbol{R},\boldsymbol{R})$ はすべてのグラフの集合である．

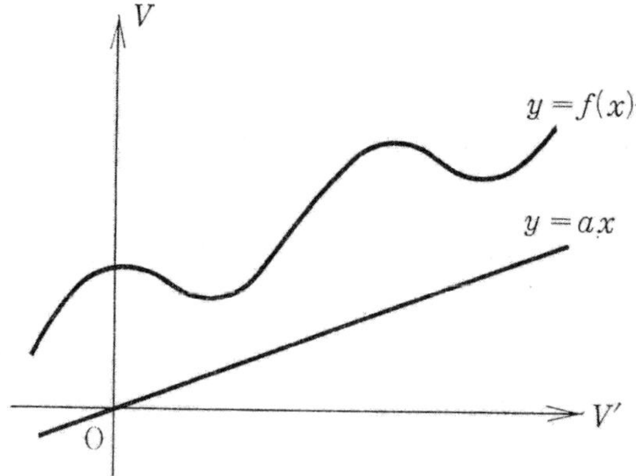

ここで

$$
\begin{aligned}
f\text{が線型写像} &\iff f(x)=ax \text{ の形 } (a\in \boldsymbol{R})\\
&\iff \text{グラフ } \Gamma_f \text{ が原点をとおる傾き } a \text{ の直線}
\end{aligned}
$$

であるから，$\mathscr{F}(\boldsymbol{R},\boldsymbol{R})$ の，原点をとおる直線全体（y 軸を除く）のなす部分集合が $\mathscr{L}(\boldsymbol{R},\boldsymbol{R})$ である．

命題と定義（4.2.3）　V' から V への線型写像の全体 $\mathscr{L}(V',V)$ は，V' から V への写像全体 $\mathscr{F}(V',V)$ の部分線型空間である．$\mathscr{L}(V',V)$ を**線型写像空間**という．

証明　零写像 $O: V'\longrightarrow V, \boldsymbol{x}\longmapsto \boldsymbol{o}$ は，

$$O(\boldsymbol{x}+\boldsymbol{y})=\boldsymbol{o}=\boldsymbol{o}+\boldsymbol{o}=O(\boldsymbol{x})+O(\boldsymbol{y}), O(\boldsymbol{x})=\boldsymbol{o}=a\boldsymbol{o}=aO(\boldsymbol{x})$$

をみたすから，線型写像であって，$O\in\mathscr{L}(V',V)$．ゆえに $\mathscr{L}(V',V)$ は空集合ではない．さて，すでに見たように，F と G が線型写像であれば，$F+G$ と cF もまた線型写像であった（4.1.7）．いい換えれば，部分集合 $\mathscr{L}(V',V)$ は部分空間の条件

$$
\begin{cases}
\text{(i)} \quad F,G\in\mathscr{L}(V',V) \text{ ならば } F+G\in\mathscr{L}(V',V)\\
\text{(ii)} \quad F\in\mathscr{L}(V',V), c\in\boldsymbol{R} \text{ ならば } cF\in\mathscr{L}(V',V)
\end{cases}
$$

をみたす．ゆえに $\mathscr{L}(V',V)$ は部分空間である．　　（証明終）

集合 S から S 自身への写像を S の**変換**という．したがって，線型空間 V の**線型変換**とは V から V への線型写像のことである．

線型空間 V の各元にそれ自身を対応させる写像

$$V\longrightarrow V,\quad \boldsymbol{x}\longmapsto\boldsymbol{x}$$

を**恒等写像**または**恒等変換**と呼び，$\boldsymbol{id}, \boldsymbol{I}_V, \boldsymbol{I}$ などと書く．すなわち

$$I(\boldsymbol{x}) = \boldsymbol{x}.$$

恒等変換は線型変換である．実際

$$I(\boldsymbol{x}+\boldsymbol{y}) = \boldsymbol{x}+\boldsymbol{y} = I(\boldsymbol{x}) + I(\boldsymbol{y}), \quad I(c\boldsymbol{x}) = c\boldsymbol{x} = cI(\boldsymbol{x})$$

であって線型写像の条件をみたしている．実数倍変換 $\boldsymbol{x} \longmapsto c\boldsymbol{x}$ は cI で表される．零変換 O もまた線型変換である．

線型変換 $F: V \longrightarrow V$ に対して，$F(\boldsymbol{x}) = \boldsymbol{x}$ をみたす元 $\boldsymbol{x} \in V$ を F の**不動点**と呼ぼう．不動点の全体は，線型変換 $F - I_V$ の核 $(F - I_V)^{-1}(\boldsymbol{o})$ であるから，部分空間をなす．

例（4.2.4） 行列 A の行と列を入れかえたものを A の転置行列といい，${}^tA$ で表した（1.3.10）．次が成り立つ

$${}^t(A+B) = {}^tA + {}^tB, \quad {}^t(cA) = c\,{}^tA, \quad {}^t({}^tA) = A.$$

特に，n 次正方行列全体の線型空間 $M_{n,n}(\boldsymbol{R})$ において写像

$$T: M_{n,n}(\boldsymbol{R}) \longrightarrow M_{n,n}(\boldsymbol{R}), \quad A \longmapsto {}^tA$$

は線型変換である．

（i）${}^tA = A$ となる正方行列を**対称行列**という．対称行列の全体は，$(T-I)^{-1}(O)$ であって，部分空間をなす．

（ii）${}^tA = -A$ となる正方行列を**反対称行列**という．反対称行列の全体は，$(T+I)^{-1}(O)$ であって，部分空間をなす．

例（4.2.5） 線型空間 $V = \mathscr{F}((-\infty, \infty), \boldsymbol{R})$ において，写像

$$T: V \longrightarrow V, \quad f(t) \longmapsto f(-t)$$

は線型変換である．

（i）$f(-t) = f(t)$ となる関数を**偶関数**といった．偶関数の全体は，$(T-I)^{-1}(0)$ であって，部分空間をなす．

（ii）$f(-t) = -f(t)$ となる関数を**奇関数**といった．奇関数の全体は，$(T+I)^{-1}(0)$ であって，部分空間をなす．

例（4.2.6） 線型変換

$$T : \mathscr{F}((-\infty,\infty), \boldsymbol{R}) \longrightarrow \mathscr{F}((-\infty,\infty), \boldsymbol{R}),$$
$$f(t) \longmapsto f(t+2\pi)$$

に対しては

$$(T-I)f = 0 \Longleftrightarrow f(t+2\pi) = f(t)$$
$$\therefore (T-I)^{-1}(0) = (\text{周期}2\pi\text{の関数全体})$$

であって，周期関数の全体は線型空間をなす．

二つの写像 F, G に対して，写像 $\boldsymbol{x} \longmapsto G(F(\boldsymbol{x}))$ を F と G の**合成写像**または**積**といい，$G \circ F$ または GF で表す．

命題（4.2.7） U, V, W が実線型空間，$F : U \longrightarrow V, G : V \longrightarrow W$ が線型写像であれば，積

$$GF : U \longrightarrow W, \quad \boldsymbol{u} \longmapsto G(F(\boldsymbol{u}))$$

もまた線型写像である．

証明 $(GF)(\boldsymbol{x}+\boldsymbol{y}) = (GF)(\boldsymbol{x})+(GF)(\boldsymbol{y}), \quad (GF)(c\boldsymbol{x}) = c(GF)(\boldsymbol{x})$ を示せばよい．

$$(GF)(\boldsymbol{x}+\boldsymbol{y}) = G(F(\boldsymbol{x}+\boldsymbol{y})) = G(F(\boldsymbol{x})+F(\boldsymbol{y}))$$
$$= G(F(\boldsymbol{x})) + G(F(\boldsymbol{y})) = (GF)(\boldsymbol{x}) + (GF)(\boldsymbol{y})$$
$$(GF)(c\boldsymbol{x}) = G(F(c\boldsymbol{x})) = G(cF(\boldsymbol{x})) = c(G(F(\boldsymbol{x}))$$

$$= c(GF)(\boldsymbol{x})$$ （証明終）

実線型空間 V の線型変換全体のなす線型写像空間

$$\mathscr{L}(V,V)$$

は実線型空間をなすだけではなく（4.2.3），F と G が V の線型変換であればその積 GF もを V の線型変換であるから，線型空間 $\mathscr{L}(V,V)$ には乗法演算も定義されているわけである．

命題（4.2.8） 実線型空間 V の線型変換の全体 $\mathscr{L}(V,V)$ は実多元環をなす．その単位元は恒等変換 I である．

証明 $\mathscr{L}(V,V)$ が実線型空間をなすことは既に見た．

(1) 任意の $\boldsymbol{x} \in V$ に対して，写像の積の定義から

$$(H(GF))(\boldsymbol{x}) = H((GF)(\boldsymbol{x})) = H(G(F(\boldsymbol{x}))),$$
$$((HG)F)(\boldsymbol{x}) = (HG)(F(\boldsymbol{x})) = H(G(F(\boldsymbol{x})))$$

であるから

$$(H(GF))(\boldsymbol{x}) = ((HG)F)(\boldsymbol{x})$$

である．$\boldsymbol{x} \in V$ は任意であったから，写像として $H(GF) =(HG)F$.

(2) 恒等変換 I がすべての $F \in \mathscr{L}(V,V)$ に対して

$$IF = FI = F$$

をみたすことは，$(IF)(\boldsymbol{x}) = (FI)(\boldsymbol{x}) = F(\boldsymbol{x})$ による．

(3) 任意の $\boldsymbol{x} \in V$ に対して

$$\begin{aligned}(F(G+H))(\boldsymbol{x}) &= F((G+H)(\boldsymbol{x})) = F(G(\boldsymbol{x}) + H(\boldsymbol{x}))\\ &= F(G(\boldsymbol{x})) + F(H(\boldsymbol{x}))\\ &= (FG)(\boldsymbol{x}) + (FH)(\boldsymbol{x})\\ &\therefore F(G+H) = FG + FH\end{aligned}$$

同様に $(F+G)H = FH + GH$.

(4) $c \in \boldsymbol{R}$ のとき，任意の $\boldsymbol{x} \in V$ に対して

$$
\begin{aligned}
&(c(GF))(\boldsymbol{x}) = c((GF)(\boldsymbol{x})) = cG(F(\boldsymbol{x})),\\
&((cG)F)(\boldsymbol{x}) = (cG)(F(\boldsymbol{x})) = cG(F(\boldsymbol{x}))\\
&(G(cF))(\boldsymbol{x}) = G(cF(\boldsymbol{x}x)) = cG(F(\boldsymbol{x}))\\
&\therefore c(GF) = (cG)F = G(cF)
\end{aligned}
$$

（証明終）

$F \in \mathscr{L}(V,V)$ が特に全単写像であるときには，その逆変換 $F^{-1}: V \longrightarrow V$ もまた V の線型変換である．変換 F が逆変換をもつことを，F は**正則**または**可逆**であるという．$G \in \mathscr{L}(V,V)$ が F の逆変換であるためには

$$GF = I_V \text{かつ} FG = I_V$$

が成り立つことが必要かつ十分である．

代入　これまでに，$\mathscr{L}(V,V)$ の他にも実多元環の例をいくつか見てきた．全行列環 $M_{n,n}(\boldsymbol{R})$，関数の空間 $\mathscr{F}(S,\boldsymbol{R})$，複素数体 $\boldsymbol{C}$，多項式環 $\boldsymbol{R}[t]$ などである．

たとえば，複素数 $\beta \in \boldsymbol{C}$ の**ベキ**を，整数 $r \geqq 0$ に対して

$$\beta^0 = 1, \quad \beta^r = \overbrace{\beta\beta\cdots\beta}^{r\text{個}}(r \geqq 1)$$

と定める．また多項式

$$\varphi(t) = a_0 + a_1 t + \cdots + a_m t^m, \quad a_i \in \boldsymbol{R}$$

に対して，

$$\varphi(\beta) = a_0 + a_1\beta + \cdots + a_m\beta^m \in \boldsymbol{C}$$

と定義する．特に，$\varphi(t) = at^m$ ならば $\varphi(\beta) = \alpha\beta^m, \varphi(t) = \alpha$ ならば $\varphi(\beta) = \alpha$ である．

一般に，複素数体 $\boldsymbol{C}$ に限らず，$\mathscr{A}$ が実多元環であるとき，$\mathscr{A}$ の元 T の**ベキ**を，整数 $r \geqq 0$ に対して

$$T^0 = \mathbf{1}(\text{の } \mathscr{A} \text{ 単位元}), \quad T^r = \overbrace{TT\cdots T}^{r\text{個}}(r \geqq 1)$$

と定める．また多項式

$$\varphi(t) = a_0 + \alpha_1 t + \cdots + a_m t^m, \quad a_i \in \boldsymbol{R}$$

に対して

$$\varphi(T) = a_0\mathbf{1} + a_1 T + \cdots + a_m T^m \in \mathscr{A}$$

と定義する．特に，$\varphi(t) = at^m$ ならば $\varphi(T) = aT^m, \varphi(t) = a$ ならば $\varphi(T) = \alpha\mathbf{1}$ である．

例（4.2.9） $\varphi(t) = 4 + 3t - 2t^2$ とする．

（i）$\mathscr{A} = \boldsymbol{C}$，$T = i = \sqrt{-1} \in \mathscr{A}$ のとき，$\varphi(T) = 4 + 3i - 2i^2 = 6 + 3i$

（ii）$\mathscr{A} = M_{2,2}(\boldsymbol{R})$，$T = \begin{pmatrix} 1 & -2 \\ 3 & -4 \end{pmatrix} \in \mathscr{A}$ のとき，$T^2 = \begin{pmatrix} -5 & 6 \\ -9 & 10 \end{pmatrix}$

$\varphi(T) = 4E_2 + 3T - 2T^2 = 4\begin{pmatrix} 1 & \\ & 1 \end{pmatrix} + 3\begin{pmatrix} 1 & -2 \\ 3 & -4 \end{pmatrix} - 2\begin{pmatrix} -5 & 6 \\ -9 & 10 \end{pmatrix} = \begin{pmatrix} 17 & -18 \\ 27 & -28 \end{pmatrix}$

（iii）$\mathscr{A} = \mathscr{F}((-\infty, \infty), \boldsymbol{R})$，$T = \cos t \in \mathscr{A}$ のとき $\varphi(T) = 4 + 3\cos t - 2\cos^2 t$

例（4.2.10） 何回でも微分できる関数の線型空間 $V = C^\infty((-\infty,\infty), \boldsymbol{R})$ において，微分演算子 $D = d/dt$ は線型変換である．$D \in \mathscr{A} = \mathscr{L}(V, V)$．

（i）$\varphi(t) = 4 + 3t - 2t^2$ のとき，$\varphi(D) = 4I_V + 3D - 2D^2, f \in V$ に対して，$\varphi(D)f = 4f + 3f' - 2f''$.

（ii）一般に $\varphi(t) = t^n + a_1 t^{n-1} + \cdots + a_{n-1}t + a_n \in \boldsymbol{R}[t]$ のとき，写像

$$\begin{aligned}\varphi(D): V \longrightarrow V, f \longmapsto \varphi(D)f =& f^{(n)} + a_1 f^{(n-1)} + \cdots + a_{n-1}f' \\ &+ a_n f\end{aligned}$$

は V の線型変換である．線型微分方程式

$$\frac{d^n y}{dt^n} + a_1 \frac{d^{n-1}y}{dt} + \cdots + a_{n-1}\frac{dy}{dt} + a_n y = 0$$

の解空間とはこの線型変換の核 $\varphi(D)^{-1}(0)$ にほかならない（4.1.9）の特別な場合).

たとえば，複素数 $\beta \in \boldsymbol{C}$ を定めたとき，代入操作 $\varphi(t) \longmapsto \varphi(\beta)$ は多元環 $\boldsymbol{R}[t]$ から多元環 $\boldsymbol{C}$ への写像であって，多元環の演算（和，実数倍，積）を保存する．すなわち $\varphi, \psi \in \boldsymbol{R}[t], c \in \boldsymbol{R}$ のとき

$$(\varphi + \psi)(\beta) = \varphi(\beta) + \psi(\beta), \quad (c\varphi)(\beta) = c\varphi(\beta)$$
$$(\varphi\psi)(\beta) = \varphi(\beta)\psi(\beta)$$

このことは複素数の代入に限らず，どんな多元環の要素の代入についても成り立つ．すなわち

命題（4.2.11）（代入原理） $\mathscr{A}$ を実多元環とする．元 $T \in \mathscr{A}$ を定めたとき，代入操作

$$\boldsymbol{R}[t] \longrightarrow \mathscr{A}, \quad \varphi(t) \longmapsto \varphi(T)$$

は多元環の演算を保存する．すなわち $\varphi, \psi \in \boldsymbol{R}[t], c \in \boldsymbol{R}$ のとき

$$(\varphi + \psi)(T) = \varphi(T) + \psi(T), \quad (c\varphi)(T) = c\varphi(T)$$

$$(\varphi\psi)(T) = \varphi(T)\psi(T), \text{ 特に} \varphi(T)\psi(T) = \psi(T)\varphi(T)$$

証明　積を保存すること $(\varphi\psi)(T) = \varphi(T)\psi(T)$ だけを示す．

$$\varphi(t) = a_0 + a_1 t + \cdots + a_m t^m, \quad \psi(t) = b_0 + b_1 t + \cdots + b_n t^n$$

とする．このとき

$$(\varphi\psi)(t) = c_0 + c_1 t + \cdots + c_{m+n} t^{m+n}, \quad c_k = \sum_{i+j=k} a_i b_j$$

である．代入の定義から

$$\varphi(T) = a_0 I_V + a_1 T + \cdots + a_m T^m \in \mathscr{A}$$

$$\psi(T) = b_0 I_V + b_1 T + \cdots + b_n T^n \in \mathscr{A}$$

$$(\varphi\psi)(T) = c_0 I_V + c_1 T + \cdots + c_{m+n} T^{m+n} \in \mathscr{A}$$

であるから，多元環の性質 $\left(a_i T^i\right)\left(b_j T^j\right) = a_i b_j T^{i+j}$ に注意して，

$$\begin{aligned} \varphi(T)\psi(T) &= \left(\sum_{i=0}^{m} a_i T^i\right)\left(\sum_{j=0}^{n} b_j T^j\right) = \sum_{i=0}^{m}\sum_{j=0}^{n} a_i T^i b_j T^j \\ &= \sum_{i=0}^{m}\sum_{j=0}^{n} a_i b_j T^{i+j} = \sum_{k=0}^{m+n} c_k T^k = (\varphi\psi)(T) \end{aligned}$$

$$\therefore \varphi(T)\psi(T) = (\varphi\psi)(T)$$

（証明終）

例（4.2.12）　（ⅰ）$\mathscr{A} = \boldsymbol{C}, \varphi(t) = t-1, \psi(t) = t-2$ のとき，$(\varphi\psi)(t) = (t-1)(t-2) = t^2 - 3t + 2$．$T = 1 + \sqrt{3}i$ を代入すると，

$$\varphi(T) = T - 1 = \sqrt{3}i, \quad \psi(T) = T - 2 = -1 + \sqrt{3}i$$

$$\begin{aligned} (\varphi\psi)(T) &= (1+\sqrt{3}i)^2 - 3(1+\sqrt{3}i) + 2 = -3 - \sqrt{3}i \\ &= \varphi(T)\psi(T) \end{aligned}$$

（ⅱ）$V = C^\infty((-\infty, \infty), \boldsymbol{R}), \mathscr{A} = \mathscr{L}(V, V)$ のとき，$D = d/dt \in \mathscr{A}$ である．

$$(t^2 - 3t + 2) = (t-1)(t-2) = (t-2)(t-1)$$

であるから，D を上の式のどの辺に代入しても等しく

$$D^2 - 3D + 2I_V = (D - I_V)(D - 2I_V) = (D - 2I_V)(D - I_V)$$

が成り立つ．実際，直接計算してみても，関数 $f \in V$ に対して

$$(D - I_V)f = f' - f, \quad (D - 2I_V)f = f' - 2f$$

$$\begin{aligned}(D - I_V)(D - 2I_V)f &= (D - I_V)(f' - 2f) = (f' - 2f)' - (f' - 2f) \\ &= f'' - 2f' - f' + 2f = (D^2 - 3D + 2I_V)f\end{aligned}$$

となっている．

一般に

$$t^n + a_1 t^{n-1} + \cdots + a_{n-1}t + a_n = (t - b_1)(t - b_2)\cdots(t - b_n),$$
$$a_i, b_j \in \boldsymbol{R}$$

と因数分解できれば

$$\begin{aligned}&D^n + a_1 D^{n-1} + \cdots + a_{n-1}D + a_n I_V \\ &\qquad = (D - b_1 I_V)(D - b_2 I_V)\cdots(D - b_n I_V)\end{aligned}$$

であって，右辺の積はどんな順序でもよい．関数 $e^{b_i t}$ は

$$(D - b_i I_V)e^{b_i t} = 0$$

をみたすから，

$$\begin{aligned}&(D^n + a_1 D^{n-1} + \cdots + a_{n-1}D + a_n I_V)e^{b_i t} \\ &\qquad = (D - b_1 I_V)\cdots(D - b_{i-1}I_V)(D - b_{i+1}I_V) \\ &\qquad\qquad \cdots(D - b_n I_V)(D - b_i I_V)e^{b_i t} = 0\end{aligned}$$

となって，微分方程式

$$\frac{d^n y}{dt^n} + a_1 \frac{d^{n-1}y}{dt^{n-1}} + \cdots + a_{n-1}\frac{dy}{dt} + a_n y = 0$$

は，関数 $e^{b_1 t}, e^{b_2 t}, \cdots, e^{b_n t}$ を解にもつことがわかる．

§4.3 同型写像

定義　写像 $f: S \longrightarrow T$ に対して

（i）$s_1, s_2 \in S, s_1 \neq s_2$ ならば $f(s_1) \neq f(s_2)$

（対偶でいえば $f(s_1) = f(s_2)$ ならば $s_1 = s_2$）

が成り立つとき，f は1対1または**単写像**であるという．

（ii）$f(S) = T$，すなわち任意の $t \in T$ に対して（t に依存する）元 $s \in S$ があって，$f(s) = t$，が成り立つとき，f は**上への写像**である．**全写像**，**上写像**などという．

（iii）f が全写像かつ単写像であることを，**全単写像**，**双写像**などといった（2.2.1）

線型写像が単写像か否かを知るには，次のように，零元上のファイバーを見ればよい．

命題（4.3.1）　線型写像 $F: V \longrightarrow V'$ に対して

F が単写像である $\Longleftrightarrow$ F の核が零元のみ

すなわち $F^{-1}(\boldsymbol{o}') = \{\boldsymbol{o}\}$

証明　($\Longrightarrow$) はいうまでもない．

($\Leftarrow$) $F^{-1}(\boldsymbol{o}') = \{\boldsymbol{o}\}$ とする．$\boldsymbol{x}, \boldsymbol{y} \in V, F(\boldsymbol{x}) = F(\boldsymbol{y})$ ならば，$F(\boldsymbol{x} - \boldsymbol{y}) = F(\boldsymbol{x}) - F(\boldsymbol{y}) = \boldsymbol{o}'$，　$\boldsymbol{x} - \boldsymbol{y} \in F^{-1}(\boldsymbol{o}') = \{\boldsymbol{o}\}$．ゆえに $\boldsymbol{x} - \boldsymbol{y} = \boldsymbol{o}, \boldsymbol{x} = \boldsymbol{y}$．これは F が単写像を意味する．　　（証明終）

同型写像（2.2.2）は線型写像の特別なものである．普通は，同型写像は線型写像の概念を使って次のように定義されるし，その方が実際にも使いやすい．すなわち

命題（4.3.2）　線型写像 $F: V \longrightarrow V'$ に対して，次の三条件は同値である．

（i）F は同型写像である．

（ii）F は双射である．

（iii）線型写像 $G : V' \longrightarrow V$ があって

$$G \circ F = I_V, \quad F \circ G = I_{V'}$$

が成り立つ．（このとき，G を F の逆写像と呼んだ）

証明は，形式的なものだから止めておこう．定義の復習に過ぎない．

定義（4.3.3）　二つの線型空間 U, V の直積

$$U \times V = \{(\boldsymbol{u}, \boldsymbol{v}) | \boldsymbol{u} \in U, \boldsymbol{v} \in V\}$$

は，和と実数倍を

$$(\boldsymbol{u}_1, \boldsymbol{v}_1) + (\boldsymbol{u}_2, \boldsymbol{v}_2) = (\boldsymbol{u}_1 + \boldsymbol{u}_2, \boldsymbol{v}_1 + \boldsymbol{v}_2), \quad c(\boldsymbol{u}, \boldsymbol{v}) = (c\boldsymbol{u}, c\boldsymbol{v})$$

と定めることによって線型空間となる．この線型空間を線型空間 U, V の**直積**という．三つ以上の線型空間の直積 $V_1 \times \cdots \times V_n$ についても同様．

例（4.3.4）　W を実線型空間，U と V を W の部分空間とする．直積 $U \times V$ と線型写像 $f : U \times V \longrightarrow W, (\boldsymbol{x}, \boldsymbol{y}) \longrightarrow \boldsymbol{x} - \boldsymbol{y}$ とを考える．

（i）f 像は U と V 和 $U + V$ である．

（ii）f の核は $f^{-1}(\boldsymbol{o}) = \{(\boldsymbol{u}, \boldsymbol{u}) | \boldsymbol{u} \in U \cap V\}$ であって，部分空間 $U \cap V$ と同型である．

$$f^{-1}(\boldsymbol{o}) \cong U \cap V, \quad (\boldsymbol{u}, \boldsymbol{u}) \longleftrightarrow \boldsymbol{u}$$

例（4.3.5）　$f : V \longrightarrow V'$ を線型写像，$\mathit{\Gamma}_f$ を f グラフとする．すなわち

$$\mathit{\Gamma}_f = \{(\boldsymbol{x}, f(\boldsymbol{x})) | \boldsymbol{x} \in V\} \leqq V \times V'$$

とする．このとき，Γ_f は $V \times V'$ の部分空間であって

$$V \cong \Gamma_f, \quad \boldsymbol{x} \longmapsto (\boldsymbol{x}, f(\boldsymbol{x}))$$

例（4.3.6） $V' = \{f \in C^1((-\infty,\infty),\boldsymbol{R}) | f(1) = 0\}$

$$C^0((-\infty,\infty),\boldsymbol{R}) \cong V', f \longmapsto \int_1^x f(t)dt, Dg \longleftrightarrow g$$

ここに，微分方程式論で重要な同型写像がある．証明ぬきで引用しょう．

定理（4.3.7） $J = (-\infty,\infty), \quad p_1(t), p_2(t), \cdots, p_n(t) \in C^0(J,\boldsymbol{R})$ のとき，微分方程式

$$L(y) = \frac{d^n y}{dt} + p_1(t)\frac{d^{n-1}y}{dt^{n-1}} + \cdots + p_{n-1}(t)\frac{dy}{dt} + p_n(t)y = 0$$

の解の全体を $L^{-1}(0)$ とする ($L^{-1}(0)$ は線型空間をなす (4. 1.9))．

（i）勝手な点 $t_0 \in J$ を定めたとき，解 $f \in L^{-1}(0)$ に対し列ベクトル $\begin{pmatrix} f(t_0) \\ f'(t_0) \\ \vdots \\ f^{(n-1)}(t_0) \end{pmatrix}$ を対応させることによって，$L^{-1}(0)$ と列ベクトル空間 $\boldsymbol{R}^n$ は同型である．

$$L^{-1}(0) \simeq \boldsymbol{R}^n, \quad f \longmapsto \begin{pmatrix} f(t_0) \\ f'(t_0) \\ \vdots \\ f^{(n-1)}(t_0) \end{pmatrix}.$$

（ii）特に，$\dim L^{-1}(0) = n$ である．

ここで実は，J は全区間 $(-\infty,\infty)$ に限らず，任意の開区間また

は閉区間でよい．解の全体 $L^{-1}(0)$ が n 次元線型空間であるから，その一組の基底が得られれば，それらの線型結合としてすべての解が得られることになる．微分方程式屋さんは何とか基底を見付け出そうと腐心するわけである．

たとえば，$n=2$ のとき，微分方程式

$$L(y)=\frac{d^2y}{dt^2}+\frac{1}{t}\frac{dy}{dt}+\left(1-\frac{\nu^2}{t^2}\right)y=0 \quad (\nu \text{ は任意の実数})$$

の解空間 $L^{-1}(0)$ の 1 組の基底 $\langle J_\nu(t), Y_\nu(t)\rangle$ はよく知られていて，**位数 ν の第 1 種ベッセル関数**と呼ばれる $J_\nu(t)$ と，**位数 ν の第 2 種ベッセル関数**と呼ばれる $Y_\nu(t)$ とからなっている．

§4.3 の練習問題

1. （i）全区間 $(-\infty,\infty)$ で定義された周期 2π の周期関数全体を V とする．V は半開区間 $[0,2\pi)=\{x|0\leqq x<2\pi\}$ 上の関数の線型空間と同型であることを示せ．$V\cong\mathscr{F}([0,2\pi),\boldsymbol{R})$

（ii）全区間 $(-\infty,\infty)$ 上の関数の線型空間において，偶関数の全体を W_e，奇関数の全体を W_0 とする．このとき，

$$W_e\cong F([0,\infty),\boldsymbol{R}),W_0\cong\mathscr{F}((0,\infty),\boldsymbol{R})$$

を示せ．

2. V を実線型空間とする．集合 $\{1,2\}$ から V への写像全体の線型空間 $\mathscr{F}(\{1,2\},V)$ は直積 $V\times V$ と同型であることを示せ．（一般に $\mathscr{F}(\{1,2,\cdots,n\},V)\cong V\times\cdots\times V$）．

3. $\varphi(t)=(t-7)^n, D=d/dt$ のとき，次のことを示せ．

（i）$D\left(e^{-7t}f(t)\right)=e^{-7t}(D-7I)f(t),$

$D^k\left(e^{-7t}f(t)\right)=e^{-7t}(D-7I)^kf(t)$

（ii）何回でも微分できる関数の線型空間において，線型写像 $\varphi(D):C^\infty((-\infty,\infty),\boldsymbol{R})\longrightarrow C^\infty((-\infty,\infty),\boldsymbol{R})$ の核は高々

$n-1$ 次の多項式全体の線型空間と同型

$$\varphi(D)^{-1}(0) \cong \boldsymbol{R} + \boldsymbol{R}t + \cdots + \boldsymbol{R}t^{n-1}, \quad f(t) \longmapsto e^{-7t}f(t)$$

である．$\langle\langle e^{7t}, te^{7t}, \cdots, t^{n-1}e^{7t}\rangle$ は $\varphi(D)^{-1}(0)$ の一つの基底である．特に，微分方程式 $\varphi(D)y = 0$ の解空間の次元は

$$\dim \varphi(D)^{-1}(0) = n.$$

4. 集合 $\mathscr{A} = \left\{ \begin{pmatrix} a & -b \\ b & a \end{pmatrix} | a, b \in \boldsymbol{R} \right\}$ が全行列環 $M_{2,2}(\boldsymbol{R})$ の部分多元環であること，写像

$$f : \boldsymbol{C} \longrightarrow \mathscr{A}, \quad a + bi \longmapsto \begin{pmatrix} a & -b \\ b & a \end{pmatrix}$$

は実多元環としての同型写像であることを示せ．

5. 集合 S が，共通部分をもたない二つの部分集合 S_1, S_2 の和集合であるとき

$$\mathscr{F}(S, \boldsymbol{R}) \cong \mathscr{F}(S_1, \boldsymbol{R}) \times \mathscr{F}(S_2, \boldsymbol{R})$$

であることを示せ．

§4.3 の答

1. 略

2. $\mathscr{F}(\{1,2\}, V) \cong V \times V, \quad f \longmapsto (f(1), f(2))$

3. 略

4. 略

5. 関数 $f : S \longrightarrow \boldsymbol{R}$ を S_i 上で考えたものを f_i とすると，対応 $f \longmapsto (f_1, f_2)$ が同型写像 $\mathscr{F}(S, \boldsymbol{R}) \cong \mathscr{F}(S_1, \boldsymbol{R}) \times \mathscr{F}(S_2, \boldsymbol{R})$ を与える．

第5章

ベクトルと線型写像の行列表現

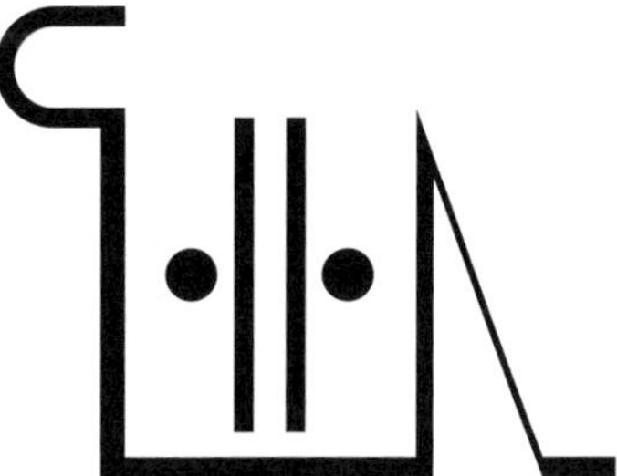

平面から平面への1次変換が2次の正方行列で表せたように，一般の線型写像を行列で表すことを考える．

§5.1 座標行列

命題と定義（5.1.1） Vをn次元の実線型空間$(n>0)$, $\langle \boldsymbol{b}_1,\cdots,\boldsymbol{b}_n\rangle$を$V$の一つの基底とする．このとき，$V$の元$\boldsymbol{x}$を$\boldsymbol{b}_1,\cdots,\boldsymbol{b}_n$の線型結合として表す仕方は一通りである．$\boldsymbol{x}$を

$$\boldsymbol{x}=x_1\boldsymbol{b}_1+\cdots+x_n\boldsymbol{b}_n$$

と書いたとき，列ベクトル$\begin{pmatrix} x_1 \\ \vdots \\ x_n \end{pmatrix}\in\boldsymbol{R}^n$を，基底$\langle \boldsymbol{b}_1,\cdots,\boldsymbol{b}_n\rangle$に関する$\boldsymbol{x}$の**座標ベクトル，座標行列，座標**などという．

証明　$\boldsymbol{x}=x_1\boldsymbol{b}_1+\cdots+x_n\boldsymbol{b}_n=y_1\boldsymbol{b}_1+\cdots+y_n\boldsymbol{b}_n, x_i, y_j\in\boldsymbol{R}$として，$x_1=y_1,\cdots,x_n=y_n$を示したい．移項すると

$$(x_1-y_1)\boldsymbol{b}_1+\cdots+(x_n-y_n)\boldsymbol{b}_n=\boldsymbol{o}$$

が生ずるが，$\boldsymbol{b}_1,\cdots,\boldsymbol{b}_n$が線型独立だから，$x_1-y_1=\cdots=x_n-y_n=0$. これは$x_1=y_1,\cdots,x_n=y_n$を意味する．（証明終）

Vの元は基底の元$\boldsymbol{b}_1,\cdots,\boldsymbol{b}_n$の線型結合としてもれなく重複なく表されるわけである．これはまた次のように言ってもよい．

命題（5.1.2） 基底$\langle \boldsymbol{b}_1,\cdots,\boldsymbol{b}_n\rangle$を定めると，同型写像

$$V\cong\boldsymbol{R}^n, x_1\boldsymbol{b}_1+\cdots+x_n\boldsymbol{b}_n\longleftrightarrow(x_i)_{1\leqq i\leqq n}$$

が定まる．

例（5.1.3） 普通の空間$\boldsymbol{E}^3$の一点Oを零元とする線型空間$(\boldsymbol{E}^3,O)$を考える（2.2.6).

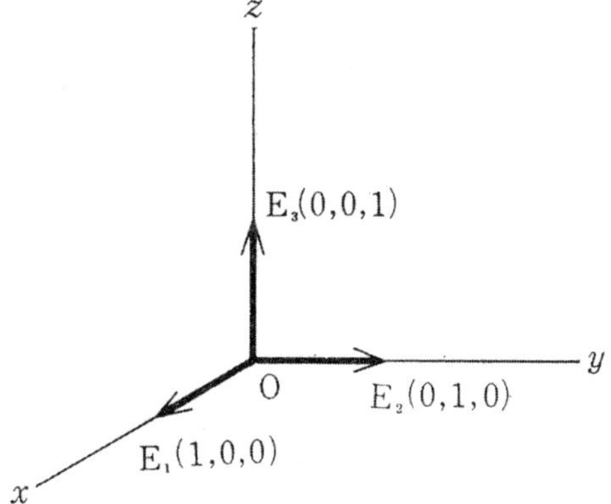

点 O で互いに直交する三つの（O を原点とする）数直線 Ox, Oy, Oz を定め，それらの上の座標 1 の点を E_1, E_2, E_3 とする．$OE_1E_2E_3$ が四面体をつくるから，点 E_1, E_2, E_3 は線型独立であって（3.1.3），

$$\langle E_1, E_2, E_3 \rangle$$

は $(\boldsymbol{E}^3, O)$ の一つの基底である．点 $X \in \boldsymbol{E}^3$ のこの基底に関する上の意味（5.1.1）での座標が，高校で使った X の座標である．

$$X = xE_1 + yE_2 + zE_3 \iff X\text{の座標が} \begin{pmatrix} x \\ y \\ z \end{pmatrix}$$

線型写像の行列表現

この節では，ベクトルの実数倍を実数を右に $\boldsymbol{a}c$ と書く記法を多く使う．この記法では，F が線型写像であることは

$$F(\boldsymbol{a} + \boldsymbol{b}) = F(\boldsymbol{a}) + F(\boldsymbol{b}), \quad F(\boldsymbol{a}c) = F(\boldsymbol{a})c$$

と表される．

行列の積の記法をもう少し一般化しよう．(m,n) 行列 A の列ベクトル表示 $A=(\boldsymbol{a}_1,\cdots,\boldsymbol{a}_n),\boldsymbol{a}_i\in\boldsymbol{R}^m$ を使えば，(n,k) 行列 $\left(c_{ij}\right)_{1\leqq i\leqq n,1\leqq j\leqq k}$ に対して

$$(\boldsymbol{a}_1,\cdots,\boldsymbol{a}_n)\begin{pmatrix} c_{11} & \cdots & c_{1k} \\ \vdots & & \vdots \\ c_{n1} & \cdots & c_{nk} \end{pmatrix}=(\boldsymbol{a}_1c_{11}+\cdots+\boldsymbol{a}_nc_{n1},\cdots,\boldsymbol{a}_1c_{1k}+\cdots+\boldsymbol{a}_nc_{nk})$$

が成立つ．そこでこれを一般化して，Vが任意の実線型空間であるとき，Vの元 $\boldsymbol{a}_1,\cdots,\boldsymbol{a}_n$ に対しても上の記法を用いる．（右辺を左辺で表す）．$k=1$ のときは

$$(\boldsymbol{a}_1,\cdots,\boldsymbol{a}_n)\begin{pmatrix} c_1 \\ \vdots \\ c_n \end{pmatrix}=\boldsymbol{a}_1c_1+\cdots+\boldsymbol{a}_nc_n$$

というわけである．Fが線型写像であれば

$$(\boldsymbol{b}_1,\cdots,\boldsymbol{b}_k)=(\boldsymbol{a}_1,\cdots,\boldsymbol{a}_n)\left(c_{ij}\right)_{1\leqq i\leqq n,1\leqq j\leqq k}$$

のとき，

$$(F(\boldsymbol{b}_1),\cdots,F(\boldsymbol{b}_k))=(F(\boldsymbol{a}_1),\cdots,F(\boldsymbol{a}_n))\left(c_{ij}\right)_{1\leqq i\leqq n,1\leqq j\leqq k}$$

といった具合に，この記法を使うのである．

この積に対しても，行列の積の結合律 $(AB)C=A(BC)$ と同様に，結合律が成り立つ．すなわち

$$\boldsymbol{a}_1,\cdots,\boldsymbol{a}_n\in V,B\in M_{n,m}(\boldsymbol{R}),C\in M_{m,l}(\boldsymbol{R})\text{に対して}$$
$$((\boldsymbol{a}_1,\cdots,\boldsymbol{a}_n)B)C=(\boldsymbol{a}_1,\cdots,\boldsymbol{a}_n)(BC)$$

が成り立つ．成分で書けば

$$\left((\boldsymbol{a}_1,\cdots,\boldsymbol{a}_n)\begin{pmatrix} b_{11} & \cdots & b_{1m} \\ \vdots & & \vdots \\ b_{n1} & \cdots & b_{nm} \end{pmatrix}\right)\begin{pmatrix} c_{11} & \cdots & c_{1l} \\ \vdots & & \vdots \\ c_{m1} & \cdots & c_{ml} \end{pmatrix}$$

$$=(\boldsymbol{a}_1,\cdots,\boldsymbol{a}_n)\left(\begin{pmatrix} b_{11} & \cdots & b_{1m} \\ \vdots & & \vdots \\ b_{n1} & \cdots & b_{nm} \end{pmatrix}\begin{pmatrix} c_{11} & \cdots & c_{1l} \\ \vdots & & \vdots \\ c_{m1} & \cdots & c_{ml} \end{pmatrix}\right)$$

定義（5.1.4） U, V を有限次元の実線型空間，$\langle \boldsymbol{u}_1,\cdots,\boldsymbol{u}_n\rangle$ を U の基底，$\langle \boldsymbol{v}_1,\cdots,\boldsymbol{v}_m\rangle$ を V の基底とする．

$F: U \longrightarrow V$ を線型写像とする．このとき，$F(\boldsymbol{u}_1),\cdots,F(\boldsymbol{u}_n)$ は V の元であるから $\boldsymbol{v}_1,\cdots,\boldsymbol{v}_m$ の線型結合である．したがって

$$\begin{aligned} F(\boldsymbol{u}_1) &= \boldsymbol{v}_1 a_{11} + \cdots + \boldsymbol{v}_m a_{m1} \\ &\cdots\cdots \qquad\qquad a_{ij} \in \boldsymbol{R} \\ F(\boldsymbol{u}_n) &= \boldsymbol{v}_1 a_{1n} + \cdots + \boldsymbol{v}_m a_{mn} \end{aligned}$$

と表される．係数 a_{ij} の添数のつけ方に注意！　これはまた

$$(F(\boldsymbol{u}_1),\cdots,F(\boldsymbol{u}_n)) = (\boldsymbol{v}_1,\cdots,\boldsymbol{v}_m)\begin{pmatrix} a_{11} & \cdots & a_{1n} \\ \vdots & & \vdots \\ a_{m1} & \cdots & a_{mn} \end{pmatrix}$$

とも書ける．このとき，係数の行列 (a_{ij}) を基底 $\langle \boldsymbol{u}_1,\cdots,\boldsymbol{u}_n\rangle$, $\langle \boldsymbol{v}_1,\cdots,\boldsymbol{v}_m\rangle$ に関する F の**行列，座標行列，表現行列**などと呼び，$M(F)$ で表す．すなわち

$$(F(\boldsymbol{u}_1),\cdots,F(\boldsymbol{u}_n)) = (\boldsymbol{v}_1,\cdots,\boldsymbol{v}_m)\,M(F), \quad M(F) \in M_{m,n}(\boldsymbol{R}).$$

このとき，基底 $\langle \boldsymbol{u}_1,\cdots,\boldsymbol{u}_n\rangle$ に関する $\boldsymbol{x} \in U$ の座標を $(x_i)_{1\leqq i\leqq n}$,

基底 $\langle \boldsymbol{v}_1, \cdots, \boldsymbol{v}_m \rangle$ に関する $F(\boldsymbol{x}) \in V$ の座標を $(y_j)_{1 \leqq j \leqq m}$ とすると

$$\begin{pmatrix} y_1 \\ \vdots \\ y_m \end{pmatrix} = M(F) \begin{pmatrix} x_1 \\ \vdots \\ x_n \end{pmatrix}$$

である．なぜなら

$$\boldsymbol{x} = \boldsymbol{u}_1 x_1 + \cdots + \boldsymbol{u}_n x_n, \quad F(\boldsymbol{x}) = \boldsymbol{v}_1 y_1 + \cdots + \boldsymbol{v}_m y_m$$

$$(\boldsymbol{v}_1, \cdots, \boldsymbol{v}_m) \begin{pmatrix} y_1 \\ \vdots \\ y_m \end{pmatrix} = F(x) = (F(u_1), \cdots, F(u_n)) \begin{pmatrix} x_1 \\ \vdots \\ x_n \end{pmatrix}$$

$$= (v_1, \cdots, v_m)\, M(F) \begin{pmatrix} x_1 \\ \vdots \\ x_n \end{pmatrix}$$

であるが，$\boldsymbol{v}_1, \cdots, \boldsymbol{v}_m$ が線型独立であるから，両辺の係数を比較して

$$\begin{pmatrix} y_1 \\ \vdots \\ y_m \end{pmatrix} = M(F) \begin{pmatrix} x_1 \\ \vdots \\ x_n \end{pmatrix}$$

が生ずるからである．

$$\begin{array}{ccccccc} U & \xrightarrow{F} & V & & \boldsymbol{x} & \longmapsto & F(\boldsymbol{x}) \\ \wr\!\| & & \wr\!\| & & \updownarrow & & \updownarrow \\ \boldsymbol{R}^n & \xrightarrow{M(F)} & \boldsymbol{R}^m & & (x_i) & \longmapsto & (y_i) \end{array}$$

特に，$U = V$ で $\langle \boldsymbol{u}_1, \cdots, \boldsymbol{u}_n \rangle = \langle \boldsymbol{v}_1, \cdots, \boldsymbol{v}_m \rangle$ のときには，$\langle \boldsymbol{u}_1, \cdots, \boldsymbol{u}_n \rangle$ と $\langle \boldsymbol{v}_1, \cdots, \boldsymbol{v}_m \rangle$ に関する F の行列を，単に $\langle \boldsymbol{u}_1, \cdots, \boldsymbol{u}_n \rangle$ に関する F の**行列**，**座標行列**，**表現行列**などという．

例（5.1.5） $\dim U = 3, \dim V = 2, F : U \longrightarrow V$ は線型写像であって

$$F(\boldsymbol{u}_1) = 45\boldsymbol{v}_1 + 11\boldsymbol{v}_2, \quad F(\boldsymbol{u}_2) = 3\boldsymbol{v}_1, \quad F(\boldsymbol{u}_3) = 8\boldsymbol{v}_1 - 27\boldsymbol{v}_2$$

であるとする．これは

$$(F(\boldsymbol{u}_1), F(\boldsymbol{u}_2), F(\boldsymbol{u}_3)) = (\boldsymbol{v}_1, \boldsymbol{v}_2) \begin{pmatrix} 45 & 3 & 8 \\ 11 & 0 & -27 \end{pmatrix}$$

と書けるから，基底 $\langle \boldsymbol{u}_1, \boldsymbol{u}_2, \boldsymbol{u}_3 \rangle, \langle \boldsymbol{v}_1, \boldsymbol{v}_2 \rangle$ に関する F の行列は

$$M(F) = \begin{pmatrix} 45 & 3 & 8 \\ 11 & 0 & -27 \end{pmatrix}$$

さきに見たように (4.2.3)，U から V への線型写像の全体 $\mathscr{L}(U, V)$ は実線型空間をなす．

命題（5.1.6） U の基底 $\langle \boldsymbol{u}_1, \cdots, \boldsymbol{u}_n \rangle$ と V の基底 $\langle \boldsymbol{v}_1, \cdots, \boldsymbol{v}_m \rangle$ を定めたとき，線型写像 $F : U \longrightarrow V$ に対して F の行列 $M(F)$ を対応させる写像 $F \longmapsto M(F)$ は，線型写像空間 $\mathscr{L}(U, V)$ から行列空間 $M_{m,n}(\boldsymbol{R})$ への同型写像である．

$$\mathscr{L}(U, V) \cong M_{m,n}(\boldsymbol{R}), F \longleftrightarrow M(F)$$
$$(F(\boldsymbol{u}_1), \cdots, F(\boldsymbol{u}_n)) = (\boldsymbol{v}_1, \cdots, \boldsymbol{v}_m)\, M(F)$$

すなわち，$F \longmapsto M(F)$ は双写像であって，$F, G \in \mathscr{L}(U, V), a \in \boldsymbol{R}$ に対して

$$M(F + G) = M(F) + M(G), M(aF) = aM(F)$$

が成り立つ．特に $\dim L(U, V) = mn$．写像 $\mathscr{L}(U, V) \longrightarrow M_{m,n}(\boldsymbol{R})$, $F \longmapsto M(F)$ を**行列表現**という．

証明　$F \longmapsto M(F)$ が単写像かつ全写像であることの証明は省略しよう．つぎに

$$\begin{aligned}((F+G)(\boldsymbol{u}_1),\cdots,\ (F+G)(\boldsymbol{u}_n))&\\ &=(F(\boldsymbol{u}_1)+G(\boldsymbol{u}_1),\cdots,F(\boldsymbol{u}_n)+G(\boldsymbol{u}_n))\\ &=(F(\boldsymbol{u}_1),\cdots,F(\boldsymbol{u}_n))+(G(\boldsymbol{u}_1),\cdots,G(\boldsymbol{u}_n))\\ &=(\boldsymbol{v}_1,\cdots,\boldsymbol{v}_m)M(F)+(\boldsymbol{v}_1,\cdots,\boldsymbol{v}_m)M(G)\\ &=(\boldsymbol{v}_1,\cdots,\boldsymbol{v}_m)(M(F)+M(G))\\ \therefore M(F+G)&=M(F)+M(G)\end{aligned}$$

さらにまた

$$\begin{aligned}((aF)(\boldsymbol{u}_1),\cdots,(aF)(\boldsymbol{u}_n))&=(F(\boldsymbol{u}_1)a,\cdots,F(\boldsymbol{u}_n)a)\\ &=(F(\boldsymbol{u}_1),\cdots,F(\boldsymbol{u}_n))a\\ &=(\boldsymbol{v}_1,\cdots,\boldsymbol{v}_m)M(F)a\\ \therefore M(aF)&=M(F)a=\alpha M(F)\end{aligned}$$

（証明終）

命題（5.1.7）　U,V,W が実線型空間，$F:U\longrightarrow V, G:V\longrightarrow W$ が線型写像であるとする．$\langle\boldsymbol{u}_1,\cdots,\boldsymbol{u}_n\rangle,\langle\boldsymbol{v}_1,\cdots,\boldsymbol{v}_m\rangle,\langle\boldsymbol{w}_1,\ \cdots,\boldsymbol{w}_l\rangle$ を U,V,W の基底とし，これらに関する F,G,GF の行列を $M(F),M(G),M(GF)$ とすれば，

$$\underset{(l,n)}{M(GF)}=\underset{(l,m)}{M}\underset{(m,n)}{M}(F)$$

証明　F の表現行列 $M(F)$ の定義式

$$(F(\boldsymbol{u}_1),\cdots,F(\boldsymbol{u}_n))=(\boldsymbol{v}_1,\cdots,\boldsymbol{v}_m)M(F)$$

より

$$(GF(\boldsymbol{u}_1),\cdots,GF(\boldsymbol{u}_n))=(G(\boldsymbol{v}_1),\cdots,G(\boldsymbol{v}_m))M(F)$$

が生ずる．これに，$M(G)$ の定義式

$$(G(\boldsymbol{v}_1), \cdots, G(\boldsymbol{v}_m)) = (\boldsymbol{w}_1, \cdots, \boldsymbol{w}_l)\, M(G)$$

を代入すると

$$(GF(\boldsymbol{u}_1), \cdots, GF(\boldsymbol{u}_n)) = (\boldsymbol{w}_1, \cdots, \boldsymbol{w}_l)\, M(G)M(F)$$

$$\therefore M(GF) = M(G)M(F)$$

（証明終）

特に，$U = V = W, F = G$ としてみよう．このとき U の基底 $\langle \boldsymbol{u}_1, \cdots, \boldsymbol{u}_n \rangle$ に関する F の行列を $M(F)$ とすれば，$F^2 = FF$ の行列は $M(F^2) = M(F)M(F) = M(F)^2$ である．同様に $M(F^3) = M(F)^3, M(F^4) = M(F)^4, \cdots$.

例題（5.1.8） 実線型空間 $U = \boldsymbol{R}\cos t + \boldsymbol{R}\sin t$ において，微分演算子 $D = d/dt$ と線型変換 $S : f(t) \longmapsto f(t+\theta)$ を考える．基底 $\langle \cos t, \sin t \rangle$ に関する次の線型変換の行列を求めよ．

（ i ）$a_3D^3 + a_2D^2 + a_1D + a_0I$,　（ii）$a_2S^2 + a_1S + a_0I$

解　（ i ）$(D\cos t, D\sin t) = (-\sin t, \cos t)$

$$= (\cos t, \sin t)\begin{pmatrix} 0 & 1 \\ -1 & 0 \end{pmatrix}$$

$$\therefore M(D) = \begin{pmatrix} 0 & 1 \\ -1 & 0 \end{pmatrix}, M(D^2) = M(D)^2 = \begin{pmatrix} -1 & \\ & -1 \end{pmatrix},$$

$$M(D^3) = M(D)^3 = \begin{pmatrix} 0 & -1 \\ 1 & 0 \end{pmatrix}$$

恒等変換 I の行列は単位行列 $M($ i $) = E_2$．ゆえに

$$M(a_3D^3 + a_2D^2 + a_1D + a_0I) = a_3M(D)^3 + a_2M(D)^2 + a_1M(D) + a_0M(\text{ i })$$

$$= a_3\begin{pmatrix} & -1 \\ 1 & \end{pmatrix} + a_2\begin{pmatrix} -1 & \\ & -1 \end{pmatrix} + a_1\begin{pmatrix} & 1 \\ -1 & \end{pmatrix} + a_0\begin{pmatrix} 1 & \\ & 1 \end{pmatrix}$$

$$= \begin{pmatrix} -a_2+a_0 & -a_3+a_1 \\ a_3-a_1 & -a_2+a_0 \end{pmatrix}$$

（ii） $(S\cos t, S\sin t) = (\cos(t+\theta), \sin(t+\theta))$

$$= (\cos t\cos\theta - \sin t\sin\theta$$

$$\sin t\cos\theta + \cos t\sin\theta)$$

$$= (\cos t, \sin t)\begin{pmatrix} \cos\theta & \sin\theta \\ -\sin\theta & \cos\theta \end{pmatrix}$$

$$\therefore M(S) = \begin{pmatrix} \cos\theta & \sin\theta \\ -\sin\theta & \cos\theta \end{pmatrix},$$

$$M(S^2) = M(S)^2 = \begin{pmatrix} \cos 2\theta & \sin 2\theta \\ -\sin 2\theta & \cos 2\theta \end{pmatrix}$$

$$\therefore M(a_2S^2 + a_1S + a_0I) = a_2M(S^2) + a_1M(S) + a_0M(\mathrm{i})$$

$$= a_2\begin{pmatrix} \cos 2\theta & \sin 2\theta \\ -\sin 2\theta & \cos 2\theta \end{pmatrix} + a_1\begin{pmatrix} \cos\theta & \sin\theta \\ -\sin\theta & \cos\theta \end{pmatrix} + a_0\begin{pmatrix} 1 & \\ & 1 \end{pmatrix}$$

$$= \begin{pmatrix} a_2\cos 2\theta + a_1\cos\theta + a_0 & a_2\sin 2\theta + a_1\sin\theta \\ -a_2\sin 2\theta - a_1\sin\theta & a_2\cos 2\theta + a_1\cos\theta + a_0 \end{pmatrix} \quad (終)$$

一般に線型変換の行列表現については，(5.1.6) と (5.1.7) をまとめて，上の例題で見たように

命題 (5.1.9)　n 次元線型空間 V の基底 $\langle \boldsymbol{v}_1, \cdots, \boldsymbol{v}_n \rangle$ を固定したとき，条件 $(T(\boldsymbol{v}_1), \cdots, T(\boldsymbol{v}_n)) = (\boldsymbol{v}_1, \cdots, \boldsymbol{v}_n)M(T)$ によって定まる対応 $T \longmapsto M(T)$ は

（i） 線型写像空間から行列空間への同型写像である．

$$\mathscr{L}(V, V) \cong M_{n,n}(\boldsymbol{R})$$

（ii） 積を保存する． $M(TS) = M(T)M(S)$

（iii） 恒等写像の行列は単位行列である． $M(I_V) = E_n$

言い換えれば，$S, T \in \mathscr{L}(V, V), A, B \in M_{n,n}(\boldsymbol{R}), c \in \boldsymbol{R}$

$$S \longleftrightarrow A, T \longleftrightarrow B$$

のとき，

$$S+T \longleftrightarrow A+B, cS \longleftrightarrow cA$$

$$TS \longleftrightarrow BA, \quad I_V \longleftrightarrow E_n$$

である．したがって，特に

S が正則変換 $\Longleftrightarrow$ A が正則行列で，このとき $S^{-1} \longleftrightarrow A^{-1}$ である．また既に例題（5.1.8）で使ったように

$$a_0 I_V + a_1 S + \cdots + a_m S^m \longleftrightarrow a_0 E_n + a_1 A + \cdots + a_m A^m$$

が成り立つ．このように，線型変換の集合 $\mathscr{L}(V, V)$ と正方行列の集合 $M_{n,n}(\boldsymbol{R})$ は和，実数倍，積に関して全く同一の構造をもっている（数学者はこのことを“多元環 $\mathscr{L}(V, V)$ と“多元環 $M_{n,n}(\boldsymbol{R})$ は**同型**である”と表現する.）したがって，線型変換 $S : V \longrightarrow V$ を調べるには，その表現行列 $M(S)$ の性質を調べればよい．こうして，有限次元線型空間を研究する線型代数学は一見行列と行列式の理論のような外観を呈する．事実一昔前は，世の中に“行列及び行列式”という本はあっても“線型代数学”という標題の本は存在しなかったものである．

§5.1 の練習問題

1. V を n 次元の線型空間，N は V の線型変換であって，$N^n = O$, ある $v \in V$ に対して，$N^{n-1}\boldsymbol{v} \neq \boldsymbol{o}$ とする．このとき

（i）$\langle N^{n-1}\boldsymbol{v}, \cdots, N\boldsymbol{v}, \boldsymbol{v} \rangle$ は V の基底であることを示せ.

（ii）基底 $\langle N^{n-1}\boldsymbol{v}, \cdots, N\boldsymbol{v}, \boldsymbol{v} \rangle$ に関する N の表現行列 A を求めよ.

2. V を実線型空間，$V \ni \boldsymbol{a}_1, \cdots, \boldsymbol{a}_m$ が線型独立，$\boldsymbol{b}_1, \cdots, \boldsymbol{b}_n \in V, A$ が (m, n) 行列であって，$(\boldsymbol{b}_1, \cdots, \boldsymbol{b}_n) = (\boldsymbol{a}_1, \cdots, \boldsymbol{a}_m) A$ の関係があるとする．このとき，$\boldsymbol{b}_1, \cdots, \boldsymbol{b}_n$ が生成する部分空間の次元は $\operatorname{rank} A$ に等しいことを示せ.

§ 5.1 の答

1. （i）$\sum_{i=0}^{n-1} c_i N^i \boldsymbol{v} = \boldsymbol{o}$ のとき，N^{n-1} を掛けると $c_0 N^{n-1}\boldsymbol{v} = \boldsymbol{o}$,

$\therefore c_0 = 0, \sum_{i=1}^{n-1} c_i N^i \boldsymbol{v} = \boldsymbol{o}. N^{n-2}$ を掛けると $c_1 N^{n-1}\boldsymbol{v} = \boldsymbol{o}$

$\therefore c_1 = 0$，同様に $c_2 = \cdots = c_{n-1} = 0.$

$\therefore N^{n-1}\boldsymbol{v}, \cdots, N\boldsymbol{v}, \boldsymbol{v}$ は線型独立

$$
\text{（ii）} A = \begin{pmatrix} 0 & 1 & & & \\ & 0 & 1 & & \\ & & \ddots & \ddots & \\ & & & \ddots & 1 \\ & & & & 0 \end{pmatrix}
$$

2. 基本変形 $A \longrightarrow PAQ = \begin{pmatrix} E_r & O \\ O & O \end{pmatrix}$ を使ってもできる．

§5.2　基底変換

有限次元の線型空間では，一つ基底を定めるとベクトルや線型変換を座標を用いて表すことができた．別の基底をとると座標はどのように変るであろうか．

V を n 次元の実線型空間，$\langle \boldsymbol{b}_1, \cdots, \boldsymbol{b}_n \rangle$ を V の一つ基底とする．$\langle \boldsymbol{b}_1', \cdots, \boldsymbol{b}_n' \rangle$ が V のもう一つの基底であれば，$\boldsymbol{b}_1', \cdots, \boldsymbol{b}_n'$ は $\boldsymbol{b}_1, \cdots, \boldsymbol{b}_n$ の線型結合であるから，

$$
\boldsymbol{b}_j' = \boldsymbol{b}_1 t_{1j} + \cdots + \boldsymbol{b}_n t_{nj}, t_{ij} \in \boldsymbol{R}, \quad (1 \leqq j \leqq n)
$$

すなわち

$$
(\boldsymbol{b}_1', \cdots, \boldsymbol{b}_n') = (\boldsymbol{b}_1, \cdots, \boldsymbol{b}_n) T, T = \left(t_{ij}\right)_{1 \leqq i,j \leqq n}
$$

と表される．同様に，$\boldsymbol{b}_1, \cdots, \boldsymbol{b}_n$ もまた $\boldsymbol{b}_1', \cdots, \boldsymbol{b}_n'$ の線型結合であるから，

$$
(\boldsymbol{b}_1, \cdots, \boldsymbol{b}_n) = (\boldsymbol{b}_1', \cdots, \boldsymbol{b}_n') T', T' \in M_{n,n}(\boldsymbol{R})
$$

と表される．このとき，

$$(\boldsymbol{b}_1, \cdots, \boldsymbol{b}_n) = (\boldsymbol{b}_1{}', \cdots, \boldsymbol{b}_n{}')\,T' = (\boldsymbol{b}_1, \cdots, \boldsymbol{b}_n)\,TT'$$

が成り立つが，$\boldsymbol{b}_1, \cdots, \boldsymbol{b}_n$ が線型独立であるから，

$$TT' = E_n, \quad T' = T^{-1}$$

すなわち，T は正則行列である．

定義（5.2.1） $\langle \boldsymbol{b}_1, \cdots, \boldsymbol{b}_n \rangle$ と $\langle \boldsymbol{b}_1{}', \cdots, \boldsymbol{b}_n{}' \rangle$ が V の基底で

$$(\boldsymbol{b}_1{}', \cdots, \boldsymbol{b}_n{}') = (\boldsymbol{b}_1, \cdots, \boldsymbol{b}_n)\,T, T \in M_{n,n}(\boldsymbol{R})$$

であるとき，行列 T を 基底変換 $\langle \boldsymbol{b}_1, \cdots, \boldsymbol{b}_n \rangle \longrightarrow \langle \boldsymbol{b}_1{}', \cdots, \boldsymbol{b}_n{}' \rangle$ の**行列**または**変換行列**という．

命題（5.2.2） 実線型空間 V における基底変換 $\langle \boldsymbol{b}_1, \cdots, \boldsymbol{b}_n \rangle \longrightarrow \langle \boldsymbol{b}_1{}', \cdots, \boldsymbol{b}_n{}' \rangle$ の行列が T であるとき，ベクトル $x \in V$ の基底 $\langle \boldsymbol{b}_1, \cdots, \boldsymbol{b}_n \rangle$ に関する座標を $(x_i)_{1 \leqq i \leqq n}$，基底 $\langle \boldsymbol{b}_1{}', \cdots, \boldsymbol{b}_n{}' \rangle$ に関する座標を $(x_i')_{1 \leqq i \leqq n}$ とすれば，$(x_i{}') = T^{-1}(x_i)$ が成り立つ．すなわち $(\boldsymbol{b}_1{}', \cdots, \boldsymbol{b}_n{}') = (\boldsymbol{b}_1, \cdots, \boldsymbol{b}_n)T$，$\boldsymbol{x} = \boldsymbol{b}_1 x_1 + \cdots + \boldsymbol{b}_n x_n = \boldsymbol{b}_1{}' x_1{}' + \cdots + \boldsymbol{b}_n' x_n'$ のとき，

$$\begin{pmatrix} x_1{}' \\ \vdots \\ x_n' \end{pmatrix} = T^{-1} \begin{pmatrix} x_1 \\ \vdots \\ x_n \end{pmatrix}$$

である．これは次の形で憶えるとよい．

$$(\text{新基底}) = (\text{旧基底})\ T\text{のとき} \begin{pmatrix} \text{新} \\ \text{座} \\ \text{標} \end{pmatrix} = T^{-1} \begin{pmatrix} \text{旧} \\ \text{座} \\ \text{標} \end{pmatrix}$$

証明

$$(\boldsymbol{b}_1,\cdots,\boldsymbol{b}_n)\begin{pmatrix} x_1 \\ \vdots \\ x_n \end{pmatrix} = \boldsymbol{x} = (\boldsymbol{b}_1{}',\cdots,\boldsymbol{b}_n{}')\begin{pmatrix} x_1{}' \\ \vdots \\ x_n{}' \end{pmatrix} = (\boldsymbol{b}_1,\cdots,\boldsymbol{b}_n)\,T\begin{pmatrix} x_1' \\ \vdots \\ x_n' \end{pmatrix}$$

$$\therefore \begin{pmatrix} x_1 \\ \vdots \\ x_n \end{pmatrix} = T\begin{pmatrix} x_1' \\ \vdots \\ x_n' \end{pmatrix}, \quad T^{-1}\begin{pmatrix} x_1 \\ \vdots \\ x_n \end{pmatrix} = \begin{pmatrix} x_1' \\ \vdots \\ x_n' \end{pmatrix}$$

(証明終)

この命題の系として次の事実は，実用的である．

系（5.2.3） $\langle \boldsymbol{e}_1,\cdots,\boldsymbol{e}_n\rangle$ を列ベクトル空間 $\boldsymbol{R}^n$ の自然基底とする．n 個のベクトル $\boldsymbol{b}_1,\cdots,\boldsymbol{b}_n \in \boldsymbol{R}^n$ が線型独立とする．このとき $\langle \boldsymbol{b}_1,\cdots,\boldsymbol{b}_n\rangle$ は $\boldsymbol{R}^n$ の基底であって，基底変換 $\langle \boldsymbol{e}_1,\cdots,\boldsymbol{e}_n\rangle \longrightarrow \langle \boldsymbol{b}_1,\cdots,\boldsymbol{b}_n\rangle$ の行列は，$\boldsymbol{b}_1,\cdots,\boldsymbol{b}_n$ を並べてできる行列 $B=(\boldsymbol{b}_1,\cdots,\boldsymbol{b}_n)$ である．すなわち

$$(\boldsymbol{b}_1,\cdots,\boldsymbol{b}_n) = (\boldsymbol{e}_1,\cdots,\boldsymbol{e}_n)\,B$$

例題（5.2.4） 列ベクトル空間 $\boldsymbol{R}^2$ を座標平面と同一視する．点 $\boldsymbol{e}_1 = \begin{pmatrix} 1 \\ 0 \end{pmatrix}$, $\boldsymbol{e}_2 = \begin{pmatrix} 0 \\ 1 \end{pmatrix}$ を原点のまわりに一般角 θ だけ回転したときの行く先を $\boldsymbol{b}_1, \boldsymbol{b}_2$ とする．

（i）$\boldsymbol{b}_1, \boldsymbol{b}_2$ を求めよ．

（ii）基底変換 $\langle \boldsymbol{e}_1, \boldsymbol{e}_2\rangle \longrightarrow \langle \boldsymbol{b}_1, \boldsymbol{b}_2\rangle$ の行列を求めよ．

（iii）点 $\boldsymbol{x} \in \boldsymbol{R}^2$ の，自然基底 $\langle \boldsymbol{e}_1, \boldsymbol{e}_2\rangle$ に関する座標を $\begin{pmatrix} x \\ y \end{pmatrix}$,

基底 $\langle \boldsymbol{b}_1, \boldsymbol{b}_2 \rangle$ に関する座標を $\begin{pmatrix} x' \\ y' \end{pmatrix}$ とするとき，x', y' を x, y, θ で表せ.

解

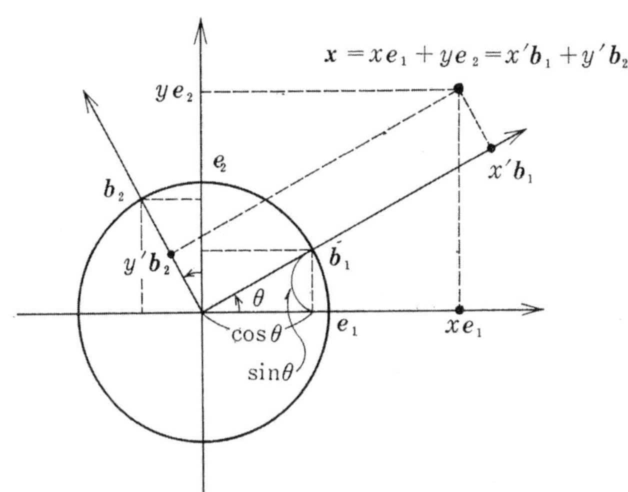

（i）図より $\boldsymbol{b}_1 = \begin{pmatrix} \cos\theta \\ \sin\theta \end{pmatrix}$，　$\boldsymbol{b}_2 = \begin{pmatrix} \cos\left(\theta + \dfrac{\pi}{2}\right) \\ \sin\left(\theta + \dfrac{\pi}{2}\right) \end{pmatrix} = \begin{pmatrix} -\sin\theta \\ \cos\theta \end{pmatrix}$

（ii）　$(\boldsymbol{b}_1, \boldsymbol{b}_2) = (\boldsymbol{e}_1, \boldsymbol{e}_2) \begin{pmatrix} \cos\theta & -\sin\theta \\ \sin\theta & \cos\theta \end{pmatrix}$

であるから基底変換 $\langle \boldsymbol{e}_1, \boldsymbol{e}_2 \rangle \longrightarrow \langle \boldsymbol{b}_1, \boldsymbol{b}_2 \rangle$ の行列は

$$T = \begin{pmatrix} \cos\theta & -\sin\theta \\ \sin\theta & \cos\theta \end{pmatrix}$$

（iii）$T^{-1} = \begin{pmatrix} \cos\theta & \sin\theta \\ -\sin\theta & \cos\theta \end{pmatrix}$ だから，

$$\begin{pmatrix} x' \\ y' \end{pmatrix} = T^{-1}\begin{pmatrix} x \\ y \end{pmatrix} = \begin{pmatrix} \cos\theta & \sin\theta \\ -\sin\theta & \cos\theta \end{pmatrix}\begin{pmatrix} x \\ y \end{pmatrix}$$

$$\therefore x' = \cos\theta\cdot x + \sin\theta\cdot y, \quad y' = -\sin\theta\cdot x + \cos\theta\cdot y$$ （終）

命題（5.2.5）（ｉ）U, Vを有限次元の実線型空間，$\langle \boldsymbol{u}_1, \cdots, \boldsymbol{u}_n \rangle$と$\langle \boldsymbol{u}_1', \cdots, \boldsymbol{u}_n' \rangle$を$U$の二つの基底，$\langle \boldsymbol{v}_1, \cdots, \boldsymbol{v}_m \rangle$と$\langle \boldsymbol{v}', \cdots, \boldsymbol{v}_m' \rangle$を$V$の二つの基底とし，

$$(\boldsymbol{u}_1', \cdots, \boldsymbol{u}_n') = (\boldsymbol{u}_1, \cdots, \boldsymbol{u}_n)\,P, \quad P \in M_{n,n}(\boldsymbol{R})$$

$$(\boldsymbol{v}_1', \cdots, \boldsymbol{v}_m') = (\boldsymbol{v}_1, \cdots, \boldsymbol{v}_m)\,Q, Q \in M_{m,m}(\boldsymbol{R})$$

とする．$F : U \longrightarrow V$を線型写像とし，

$\langle \boldsymbol{u}_1, \cdots, \boldsymbol{u}_n \rangle$と$\boldsymbol{v}_1, \cdots, \boldsymbol{v}_m \rangle$　　　　　　　　　　$M(F)$
　　　　　　　　　　　　　　　　　　に関するFの行列を
$\langle \boldsymbol{u}_1', \cdots, \boldsymbol{u}_n' \rangle$と$\langle \boldsymbol{v}_1', \cdots, \boldsymbol{v}_m' \rangle$　　　　　　　　　　$M'(F)$

とすれば

$$M'(F) = Q^{-1}M(F)P$$

証明　表現行列の定義から

$$(F(\boldsymbol{u}_1), \cdots, F(\boldsymbol{u}_n)) = (\boldsymbol{v}_1, \cdots, \boldsymbol{v}_m)\,M(F)$$

$$(F(\boldsymbol{u}_1'), \cdots, F(\boldsymbol{u}_n')) = (\boldsymbol{v}_1', \cdots, \boldsymbol{v}_m')\,M'(F)$$

である．Pの定義式の両辺にFを作用すると

$$(F(\boldsymbol{u}_1'), \cdots, F(\boldsymbol{u}_n')) = (F(\boldsymbol{u}_1), \cdots, F(\boldsymbol{u}_n))\,P$$

が生ずる．$M(F)$の定義式に右からPを乗ずると

$$(\boldsymbol{v}_1, \cdots, \boldsymbol{v}_m)\,M(F)P = (F(\boldsymbol{u}_1), \cdots, F(\boldsymbol{u}_n))\,P$$

$$
\begin{aligned}
&= (F(\boldsymbol{u}_1{}'), \cdots, F(\boldsymbol{u}_n{}')) \\
&= (\boldsymbol{v}_1{}', \cdots, \boldsymbol{v}_m{}')\, M'(F) \\
&= (\boldsymbol{v}_1, \cdots, \boldsymbol{v}_m)\, QM'(F)
\end{aligned}
$$

が生ずる．$\boldsymbol{v}_1, \cdots, \boldsymbol{v}_m$ が線型独立であるから，これより

$$M(F)\, P = QM'(F)$$ （証明終）

§5.3　線型写像の階数

次の定理は線型写像の核と像の大きさの関係を与えるもので，線型代数学において多分最も重要なものである．いくつかの証明があるが，ここでは行列の基本変形（1.3.8）を用いて証明する．

定理（5.3.1）（次元定理） V, V' が有限次元の実線型空間，$F: V \longrightarrow V'$ が線型写像のとき

（ｉ）$\dim V = \dim F^{-1}(\boldsymbol{o}') + \dim F(V)$．もっとくわしく，

（ii）V の基底 $\langle \boldsymbol{b}_1, \cdots, \boldsymbol{b}_r, \boldsymbol{b}_{r+1}, \cdots, \boldsymbol{b}_n \rangle$ を適当にとれば，$\langle \boldsymbol{b}_{r+1}, \cdots, \boldsymbol{b}_n \rangle$ が F の核 $F^{-1}(\boldsymbol{o}')$ の基底，$\langle F(\boldsymbol{b}_1), \cdots, F(\boldsymbol{b}_r) \rangle$ が像 $F(V)$ の基底となる．

（iii）（**線型写像の標準型**）　さらに $\dim V' = m$ とする．このとき，Vの基底 $\langle \boldsymbol{b}_1, \cdots, \boldsymbol{b}_n \rangle$ と V' の基底 $\langle \boldsymbol{c}_1, \cdots, \boldsymbol{c}_m \rangle$ とを適当に選べば，

$$F(\boldsymbol{b}_1) = \boldsymbol{c}_1, \cdots, F(\boldsymbol{b}_r) = \boldsymbol{c}_r, F(\boldsymbol{b}_{r+1}) = \boldsymbol{o}', \cdots, F(\boldsymbol{b}_n) = \boldsymbol{o}'$$

が成り立つ．よって，これらの基底に関する F の行列は

$$\begin{pmatrix} E_r & O_{r,n-r} \\ O_{m-r,r} & O_{m-r,n-r} \end{pmatrix}, r = \dim F(V)$$

(実は（ｉ）と（ii）では $\dim V' = \infty$ でもよい．)

証明　(iii), (ii), (i) の順に示す.

(iii) Vの基底 $\langle \boldsymbol{v}_1, \cdots, \boldsymbol{v}_n \rangle$ と V' の基底 $\langle \boldsymbol{w}_1, \cdots, \boldsymbol{w}_m \rangle$ を勝手に定め，これらに関するFの行列をAとする．m次行列Qとn次行列Pとがあって

(1)　$Q^{-1}AP = \begin{pmatrix} E_r & O \\ O & O \end{pmatrix}, \quad r = \mathrm{rank}(A)$

となる (1.3.8)．そこで

$$(\boldsymbol{b}_1, \cdots, \boldsymbol{b}_n) = (\boldsymbol{v}_1, \cdots, \boldsymbol{v}_n)\,P, (\boldsymbol{c}_1, \cdots, \boldsymbol{c}_m) = (\boldsymbol{w}_1, \cdots, \boldsymbol{w}_m)\,Q$$

とおけば，$\langle \boldsymbol{b}_1, \cdots, \boldsymbol{b}_n \rangle$ はVの基底，$\langle \boldsymbol{c}_1, \cdots, \boldsymbol{c}_m \rangle$ はV' の基底であって，これらに対するFの行列が (1) である (5.2.5)．すなわち

$$(F(\boldsymbol{b}_1)\,, \cdots, F(\boldsymbol{b}_n)) = (\boldsymbol{c}_1, \cdots, \boldsymbol{c}_m) \begin{pmatrix} E_r & O \\ O & O \end{pmatrix}$$

$$\therefore F(\boldsymbol{b}_1) = \boldsymbol{c}_1, \cdots, F(\boldsymbol{b}_r) = \boldsymbol{c}_r, F(\boldsymbol{b}_{r+1}) = \boldsymbol{o}', \cdots, F(\boldsymbol{b}_n) = \boldsymbol{o}'.$$

ゆえに，(iii) が示された．また

$$\begin{aligned} F(V) &= F(\boldsymbol{R}\boldsymbol{b}_1 + \cdots + \boldsymbol{R}\boldsymbol{b}_n) \\ &= \boldsymbol{R}F(\boldsymbol{b}_1) + \cdots + \boldsymbol{R}F(\boldsymbol{b}_r) + \boldsymbol{R}F(\boldsymbol{b}_{r+1}) + \cdots + \boldsymbol{R}F(\boldsymbol{b}_n) \\ &= \boldsymbol{R}\boldsymbol{c}_1 + \cdots + \boldsymbol{R}\boldsymbol{c}_r \end{aligned}$$

$$\therefore \dim F(V) = \dim\,(\boldsymbol{R}\boldsymbol{c}_1 + \cdots + \boldsymbol{R}\boldsymbol{c}_r) = r$$

(ii) 作り方から，$\langle F(\boldsymbol{b}_1)\,, \cdots, F(\boldsymbol{b}_r) \rangle = \langle \boldsymbol{c}_1, \cdots, \boldsymbol{c}_r \rangle$ は$F(V)$ の基底である．また，$\boldsymbol{x} \in V$を $\boldsymbol{x} = x_1\boldsymbol{b}_1 + \cdots + x_n\boldsymbol{b}_n$ と書くとき，

$$\begin{aligned} \boldsymbol{x} \in F^{-1}(\boldsymbol{o}') \Leftrightarrow \boldsymbol{o}' &= F(\boldsymbol{x}) \\ &= x_1F(\boldsymbol{b}_1) + \cdots + x_rF(\boldsymbol{b}_r) + x_{r+1}F(\boldsymbol{b}_{r+1}) \\ &\qquad + \cdots + x_nF(\boldsymbol{b}_n) \\ &= x_1\boldsymbol{c}_1 + \cdots + x_r\boldsymbol{c}_r \end{aligned}$$

$$\Leftrightarrow x_1 = \cdots = x_r = 0$$

$$\Leftrightarrow \boldsymbol{x} = x_{r+1}\boldsymbol{b}_{r+1} + \cdots + x_n\boldsymbol{b}_n \in \boldsymbol{R}\boldsymbol{b}_{r+1} + \cdots + \boldsymbol{R}\boldsymbol{b}_n$$

$$\therefore F^{-1}(\boldsymbol{o}') = \boldsymbol{R}\boldsymbol{b}_{r+1} + \cdots + \boldsymbol{R}\boldsymbol{b}_n$$

ゆえに，$\langle \boldsymbol{b}_{r+1}, \cdots, \boldsymbol{b}_n \rangle$ は $F^{-1}(\boldsymbol{o}')$ の基底である．特に

（i） $\dim F^{-1}(\boldsymbol{o}') = n - r = \dim V - \dim F(V)$　　　　（証明終）

定義（5.3.2） Vが有限次元であるとき，線型写像 $F : V \longrightarrow V'$ の像の次元 $\dim F(V)$ そ F の階数と言い，$\operatorname{rank} F$ で表す．したがって

$$\dim V = \dim F^{-1}(\boldsymbol{o}) + \operatorname{rank} F$$

例題（5.3.3） （i）線型写像 $F : \boldsymbol{R}^2 \longrightarrow \boldsymbol{R}, \begin{pmatrix} x \\ y \end{pmatrix} \longmapsto 3x + 11y$ の階数を求めよ．核 $F^{-1}(0)$ の次元を求めよ．

（ii） $a_1, \cdots, a_n \in \boldsymbol{R}, a_n \neq 0 (n \geqq 1)$ のとき，線型写像

$$G : \boldsymbol{R}^n \longrightarrow \boldsymbol{R}, (x_i)_{1 \leqq i \leqq n} \longmapsto a_1x_1 + \cdots + a_nx_n$$

の核 $G^{-1}(0)$ の次元を求めよ．

解 （i） $F(\boldsymbol{R}^2) \ni F\left(\begin{pmatrix} 1 \\ 0 \end{pmatrix}\right) = 3 \neq 0.$ $\therefore F(\boldsymbol{R}^2) \neq \{0\}, F(\boldsymbol{R}^2) = \boldsymbol{R}$. ゆえに，$\operatorname{rank} F = \dim F(\boldsymbol{R}^2) = 1$. 次元定理 $\dim \boldsymbol{R}^2 = \dim F^{-1}(0) + \operatorname{rank} F$ より，$2 = \dim F^{-1}(0) + 1$,

$$\therefore \dim F^{-1}(0) = 1$$

（ii） $a_n \neq 0$ だから $\boldsymbol{x} = \begin{pmatrix} 0 \\ \vdots \\ 0 \\ 1 \end{pmatrix} \in \boldsymbol{R}^n$ の像は $G(\boldsymbol{x}) = a_n \neq 0$. ゆえに，$G(\boldsymbol{R}^n) \neq \{0\}, G(\boldsymbol{R}^n) = \boldsymbol{R}$,　$\operatorname{rank} G = \dim G(\boldsymbol{R}^n) = 1$. 次

元定理 $\dim R^n = \dim G^{-1}(0) + \operatorname{rank} G$ より，$n = \dim G^{-1}(0) + 1.$

$$\therefore \dim G^{-1}(0) = n - 1. \qquad \text{(終)}$$

命題 (5.3.4)　$\dim V = \dim V' < \infty$ のとき，線型写像 $F : V \longrightarrow V'$ に対して，次の五つの条件は同値である．

（i） $F^{-1}(\boldsymbol{o}') = \{\boldsymbol{o}\}$　${}^t(i)\ \dim F(V) = \dim V'$

（ii） F は単写像である．　^{t}（ii） F は全写像である．

（iii） F は同型写像である．

証明　（iii） $\Longrightarrow$ （ii） $\Longrightarrow$ （i） と （iii） $\Longrightarrow {}^t$（ii） $\Longrightarrow {}^t$（i） は明白．

（i）$\Longleftrightarrow$（ii）は (4.3.1) の繰返し．^{t}（i）$\Longleftrightarrow {}^t$（ii）は (3.2 .10) の（ii）の繰返し．（i）$\Longleftrightarrow {}^t$（i）は次元定理 $\dim V = \dim F^{-1}(\boldsymbol{o}') + \dim F(V)$ より明白．以上により

$$\begin{array}{ccccc} \text{(i)} & \Longleftrightarrow & \text{(ii)} & \Longleftarrow & \text{(iii)} \\ \Updownarrow & & & & \\ {}^t\text{(i)} & \Longleftrightarrow & {}^t\text{(ii)} & \swarrow & \end{array}$$

がわかった．

（ii） $\Longrightarrow$ （iii）　（ii） が成り立つならば，^{t}（ii） も成り立ち，F は全単写像である．ゆえに F は同型写像である．　(証明終)

行列が定める線型写像

線型写像 $U \longrightarrow V$ の行列表現の特別な場合として，U, V が列ベクトル空間 $U = \boldsymbol{R}^n, V = \boldsymbol{R}^m$ で，両者の基底として自然基底をとった場合を考えよう．n 項単位ベクトルを $\boldsymbol{e}_1, \cdots, \boldsymbol{e}_n \in \boldsymbol{R}^n$ とし，それと区別するために m 項単位ベクトルは $\boldsymbol{f}_1, \cdots, \boldsymbol{f}_m \in \boldsymbol{R}^m$ で表そう．

A が (m, n) 型の行列であるとき，A が定める線型写像

$$\boldsymbol{R}^n \longrightarrow \boldsymbol{R}^m, \boldsymbol{x} \longmapsto A\boldsymbol{x}$$

を F_A で表そう．A の列ベクトル表示を $A=(\boldsymbol{a}_1,\cdots,\boldsymbol{a}_n)$ とすれば，

$$(\boldsymbol{a}_1,\cdots,\boldsymbol{a}_n)=A=AE_n=A(\boldsymbol{e}_1,\cdots,\boldsymbol{e}_n)=(A\boldsymbol{e}_1,\cdots,A\boldsymbol{e}_n)$$
$$\therefore \boldsymbol{a}_i=A\boldsymbol{e}_i=F_A(\boldsymbol{e}_i)$$

となって，A の第 i 列は単位ベクトル $\boldsymbol{e}_i$ の F_A による像に等しい．さらに，見方を変えて

$$(F_A(\boldsymbol{e}_1),\cdots,F_A(\boldsymbol{e}_n))=(\boldsymbol{a}_1,\cdots,\boldsymbol{a}_n)=A=E_mA=(\boldsymbol{f}_1,\cdots,\boldsymbol{f}_m)A$$
$$\therefore (F_A(\boldsymbol{e}_1),\cdots,F_A(\boldsymbol{e}_n))=(\boldsymbol{f}_1,\cdots,\boldsymbol{f}_m)A$$

と見れば，自然基底 $\langle \boldsymbol{e}_1,\cdots,\boldsymbol{e}_n\rangle$ と $\langle \boldsymbol{f}_1,\cdots,\boldsymbol{f}_m\rangle$ に関する線型写像 F_A の表現行列は A 自身である，ということになる．

任意の $\boldsymbol{x}=(x_i)_{1\leqq i\leqq n}=\boldsymbol{e}_1x_1+\cdots+\boldsymbol{e}_nx_n$ に対して，F_A は列ベクトル $\boldsymbol{a}_1,\cdots,\boldsymbol{a}_n$ を用いて

$$F_A(\boldsymbol{x})=Ax=(\boldsymbol{a}_1,\cdots,\boldsymbol{a}_n)\begin{pmatrix} x_1 \\ \vdots \\ x_n \end{pmatrix}=\boldsymbol{a}_1x_1+\cdots+\boldsymbol{a}_nx_n$$

と表すこともできる．したがって，$\boldsymbol{x}\longmapsto A\boldsymbol{x}$ による $\boldsymbol{R}n$ の像は $\boldsymbol{a}_1,\cdots,\boldsymbol{a}_n$ によって生成される（$\boldsymbol{R}^m$ の）部分空間である

$$F_A(\boldsymbol{R}^n)=\boldsymbol{R}\boldsymbol{a}_1+\cdots+\boldsymbol{R}\boldsymbol{a}_n$$

ゆえに，像 $F_A(\boldsymbol{R}^n)$ の次元はベクトル $\boldsymbol{a}_1,\cdots,\boldsymbol{a}_n\in\boldsymbol{R}^m$ の中の線型独立なものの最大個数に等しい．

以上は，行列 A を先に与えて，それが定める線型写像 $F_A:\boldsymbol{R}^n\longrightarrow\boldsymbol{R}^m,\boldsymbol{x}\longmapsto A\boldsymbol{x}$ について考えたが，逆に，どんな線型写像 $F:\boldsymbol{R}^n\longrightarrow\boldsymbol{R}^m$ もある (m,n) 行列 A によって，$F=F_A:\boldsymbol{x}\longmapsto A\boldsymbol{x}$ の形で与えられる．実際，$F(\boldsymbol{e}_i)=\boldsymbol{a}_i\in\boldsymbol{R}^m, A=(\boldsymbol{a}_1,\cdots,\boldsymbol{a}_n)\in M_{m,n}(\boldsymbol{R})$ とおけば，任意の $\boldsymbol{x}=(x_i)_{1\leqq i\leqq n}=\boldsymbol{e}_1x_1+\cdots+\boldsymbol{e}_nx_n$ に

対して

$$F(\boldsymbol{x}) = F(\boldsymbol{e}_1 x_1 + \cdots + \boldsymbol{e}_n x_n) = \boldsymbol{a}_1 x_1 + \cdots + \boldsymbol{a}_n x_n = A\boldsymbol{x}$$
$$\therefore F(\boldsymbol{x}) = A\boldsymbol{x}.$$

今度は，(m, n) 行列 A が定める線型変換 $F_A : \boldsymbol{R}^n \longrightarrow \boldsymbol{R}^m, \boldsymbol{x} \longmapsto A\boldsymbol{x}$ に対して，行列表現の簡易化（5.3.1）を施してみよう．$r = \dim F_A(\boldsymbol{R}^n)$ とする．（5.3.1）によれば，$\boldsymbol{R}^n$ の基底 $\langle \boldsymbol{p}_1, \cdots, \boldsymbol{p}_n \rangle$ と $\boldsymbol{R}^m$ の基底 $\langle \boldsymbol{q}_1, \cdots, \boldsymbol{q}_m \rangle$ を適当にとれば，

$$F_A(\boldsymbol{p}_1) = \boldsymbol{q}_1, \cdots, F_A(\boldsymbol{p}_r) = \boldsymbol{q}_r, F_A(\boldsymbol{p}_{r+1}) = \boldsymbol{o}, \cdots, F_A(\boldsymbol{p}_n) = \boldsymbol{o}$$
$$\therefore (F_A(\boldsymbol{p}_1), \cdots, F_A(\boldsymbol{p}_r), F_A(\boldsymbol{p}_{r+1}), \cdots, F_A(\boldsymbol{p}_n))$$
$$= (\boldsymbol{q}_1, \cdots, \boldsymbol{q}_r, \boldsymbol{o}, \cdots, \boldsymbol{o})$$

すなわち

$$A(\boldsymbol{p}_1, \cdots, \boldsymbol{p}_r, \boldsymbol{p}_{r+1}, \cdots, \boldsymbol{p}_n) = (\boldsymbol{q}_1, \cdots, \boldsymbol{q}_r, \boldsymbol{q}_{r+1}, \cdots, \boldsymbol{q}_m) \begin{pmatrix} E_r & O_{r,n-r} \\ O_{m-r,r} & O_{m-r,n-r} \end{pmatrix}$$

となる．よって

$$P = (\boldsymbol{p}_1, \cdots, \boldsymbol{p}_n) \in M_{n,n}(\boldsymbol{R}), Q = (\boldsymbol{q}_1, \cdots, \boldsymbol{q}_m) \in M_{m,m}(\boldsymbol{R}$$

とおけば，P, Q は正則行列であって（1.3.9），

$$AP = Q \begin{pmatrix} E_r & O \\ O & O \end{pmatrix},$$
$$\therefore \quad Q^{-1}AP = \begin{pmatrix} E_r & O_{r,n-r} \\ O_{m-r,r} & O_{m-r,n-r} \end{pmatrix}, r = \dim F_A(\boldsymbol{R}^n)$$

である．このとき，$r = \dim F_A(\boldsymbol{R}^n)$ は A の階数に等しい（1.3.8）．

前に（5.3.1）を（1.3.8）から，ここでは（1.3.8）を（5.3.1）から導いた．命題（5.3.1）と（1.3.8）は互いに同値であって，（5.3.1）は（1.3.8）の幾何学的表現なのである．

以上によって，行列の階数のいろいろの意味つけが得られたことになるが，これをまとめる前に一つの言葉を定義しておこう．(m,n) 行列 A から，勝手に p 個の行と p 個の列とを取り出してつくった p 次正方行列を A の $\boldsymbol{p}$ **次小行列**という．

$$A = \begin{pmatrix} a_{11} & \cdots & a_{1n} \\ \vdots & & \vdots \\ a_{m1} & \cdots & a_{mn} \end{pmatrix}$$

のとき，A の p 次小行列は

$$\begin{pmatrix} a_{i_1 j_1} & \cdots & a_{i_1 jp} \\ \vdots & & \vdots \\ a_{ipj_1} & \cdots & a_{ipjp} \end{pmatrix}, \quad \begin{matrix} 1 \leqq i_1 < \cdots < i_p \leqq m \\ 1 \leqq j_1 < \cdots < j_p \leqq n \end{matrix}$$

であって，全部で ${}_mC_p \cdot {}_nC_p$ 個ある．

定理（5.3.5）（階数の意味）　(m,n) 行列 A に対して，次の五つの数は等しい．

（i）基本変形により $A \longrightarrow PAQ = \begin{pmatrix} E_r & * \\ O & O \end{pmatrix}$ としたときの E_r の中の1の個数 r，すなわち $r = \mathrm{rank}(A)$

（ii）線型写像 $F_A : \boldsymbol{R}^n \longrightarrow \boldsymbol{R}^m, \boldsymbol{x} \longmapsto A\boldsymbol{x}$ の像 $F_A(\boldsymbol{R}^n)$ の次元 r_2

（iii）A の線型独立な列ベクトルの最大数 r_3

^{t}（iii）A の線型独立な行ベクトルの最大数 $r_3{}'$

（iv）A の正則な小行列の最大次数 r_4

証明　$\mathrm{rank}(A) = r = r_2 = r_3$ なることは上に述べた．

$r_3{}' =$（A の線型独立な行ベクトルの最大個数）

$= ({}^tA$ の線型独立な列ベクトルの最大個数)

であるから，

（ｉ）と（iii）の同値性を行列 ${}^tA$ に適用して

$$\mathrm{rank}\,({}^tA) = {r_3}'$$

一方，$\mathrm{rank}(A) = \mathrm{rank}\,({}^tA)$ であったから（1.3.12），$r = {r_3}'$.

$$\therefore r = r_2 = r_3 = r_3'$$

次に $r = r_4$ を証明しよう．

まず，A の小行列の階数は常に $\leqq r_3$ である．なぜなら

$$A = (\boldsymbol{a}_1, \cdots, \boldsymbol{a}_n) = \begin{pmatrix} a_{11} & \cdots & a_{1n} \\ \vdots & & \vdots \\ a_{m1} & \cdots & a_{mn} \end{pmatrix}$$

の p 次小行列

$$A' = \begin{pmatrix} a_{i_1j_1} & \cdots & a_{i_1j_p} \\ \vdots & & \vdots \\ a_{i_pj_1} & \cdots & a_{i_pj_p} \end{pmatrix}$$

において，$s = \mathrm{rank}\,A'$ のとき，A' の s 個の列 $\begin{pmatrix} a_{i_1k_1} \\ \vdots \\ a_{i_pk_1} \end{pmatrix}, \cdots, \begin{pmatrix} a_{i_1k_s} \\ \vdots \\ a_{i_pk_s} \end{pmatrix}$ が線型独立ならば A の列 $\boldsymbol{a}_{k_1}, \cdots, \boldsymbol{a}_{k_s}$ が線型独立だから，$\mathrm{rank}(A') \leqq r_3$ である．

したがって，A' が A の任意の p 次小行列，$p \geqq r_3 + 1$ であれば，$\mathrm{rank}\,(A') \leqq r_3 < p$ となって，A' は正則でない．

$$\therefore r_4 \leqq r_3.$$

次に，A の n 個の列の中に線型独立なものが $r = r_3$ 個存在する．それらを並べた行列を

$$B = \begin{pmatrix} a_{1j_1} & \cdots & a_{1j_r} \\ \vdots & & \vdots \\ a_{mj_1} & \cdots & a_{mj_r} \end{pmatrix}$$

とする．$r =$（B の線型独立な行の最大数）でもあるから，B の m 個の行の中に線型独立なものが r 個存在する（B に対する（iii）と ^{t}(iii）の同値性)．それらを並べた行列

$$A' = \begin{pmatrix} a_{i_1j_1} \cdots & a_{i_1j_r} & \\ \vdots & & \vdots \\ a_{i_rj_1} \cdots & a_{i_rj_r} & \end{pmatrix}$$

は A の r 次小行列で，階数が r だから正則である．　　　　（証明終）

§ 5.3 の練習問題

1. 線型変換 U, V における微分演算子 D の階数を求めよ．

（i）$D : U = \boldsymbol{R} + \boldsymbol{R}t + \boldsymbol{R}t^2 \longrightarrow U, f(t) \longmapsto f'(t)$

（ii）$D : V = \boldsymbol{R}e^t + \boldsymbol{R}te^t + \boldsymbol{R}t^2e^t \longrightarrow V, f(t) \longmapsto f'(t)$

2. 関数 e^{5t}, te^{5t} が生成する線型空間 $V = \boldsymbol{R}e^{5t} + \boldsymbol{R}te^{5t}$ を考える．写像 $M : V \longrightarrow \boldsymbol{R}^2, f(t) \longmapsto \begin{pmatrix} f(7) \\ f'(7) \end{pmatrix}$ が同型写像であることを示せ．

3. 何回でも微分可能な関数の線型空間 $V = C^\infty((-\infty, \infty), \boldsymbol{R})$ において，線型変換

$$L : V \longrightarrow V, f \longmapsto \frac{d^3f}{dt^3} - 12\frac{d^2f}{dt^2} + 48\frac{df}{dt} - 64f$$

を考える．($\dim L^{-1}(0) = 3$ は既知とする）

（i）$e^{4t}, te^{4t}, t^2e^{4t} \in L^{-1}(0)$ を示せ．$\langle e^{4t}, te^{4t}, t^2e^{4t}\rangle$ は L^{-1}（0 の基底であることを示せ．

（ii）線型変換 $N = \dfrac{d}{dt} - 4I : V \longrightarrow V$ は $W = L^{-1}(0)$ を W に移すことを示せ．N を W 上で考えた写像 $M : W \longrightarrow W, f \longrightarrow N(f)$ の基底 $\langle e^{4t}, te^{4t}, t^2e^{4t}\rangle$ に関する表現行列を求めよ．M の階数を求めよ．

§5.3 の答

1.（i）$D(U) =$（高々 1 次の多項式全体）.

$$\therefore \mathrm{rank}(D) = \dim D(U) = 2$$

（ii）$De^t = e^t, D(te^t) = e^t + te^t, D(t^2e^t) = 2te^t + t^2e^t$

$$\therefore D(V) = V \cdot \mathrm{rank}(D) = \dim D(V) = \dim V = 3$$

2. $f(t) \longmapsto f(7), f(t) \longmapsto f'(7)$ が線型写像であるから，M も線型写像である．$M^{-1}(\boldsymbol{o}) \ni f(t) = ae^{5t} + bte^{5t}$ ならば，

$$f'(t) = (5a + b + 5bt)e^{5t}, \begin{cases} 0 = f(7) = (a + 7b)e^{35} \\ 0 = f'(7) = (5a + 36b)e^{35} \end{cases},$$

$$\therefore \begin{cases} 0 = a + 7b \\ 0 = 5a + 36b \end{cases}, \quad a = b = 0, \quad \therefore f(t) = 0.\ \text{ゆえに}$$

$M^{-1}(\boldsymbol{o}) = \{0\}. \therefore M$ は同型写像.（これは（4.3.7）の特別な場合である.）

3.（i）略.（ii）M の行列は $\begin{pmatrix} 0 & 1 & 0 \\ 0 & 0 & 2 \\ 0 & 0 & 0 \end{pmatrix} \cdot \mathrm{rank}(M) = 2$

§ 5.4　線型写像によるファイバー構造

一般に，集合 S を定義域とする写像 $F : S \longrightarrow T$ があれば，S は互いに共通部分を持たない部分集合の和に

$$S = \bigcup_{t \in T} F^{-1}(t)$$

と分割される．このことを S は**ファイバー構造**をもつという．

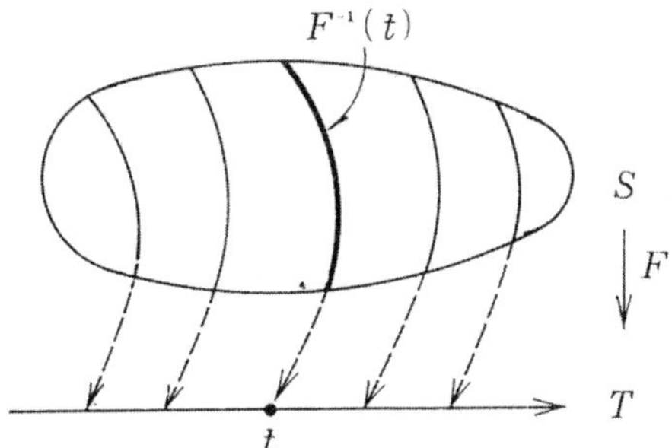

線型写像による逆像は次の命題が示すように簡明で，そのファイバー構造は極めて単純である．

定理（5.4.1）（線型写像のファイバーの構造）　V, V' が実線型空間，$F: V \longrightarrow V'$ が線型写像であるとき，

（ i ）F の核 $F^{-1}(\boldsymbol{o}')$ は V の部分空間である（4.1.3）

（ii）元 $\boldsymbol{b}' \in V'$ に対し，その逆像 $F^{-1}(\boldsymbol{b}')$ が空ではないとする．このとき，$\boldsymbol{x}_0 \in F^{-1}(\boldsymbol{b}')$ を任意に一つとると，ファイバー $F^{-1}(\boldsymbol{b}')$ は $\boldsymbol{x}_0$ に $F^{-1}(\boldsymbol{o}')$ の各元を加えることによって得られる．すなわち

$$F^{-1}(\boldsymbol{b}') = \boldsymbol{x}_0 + F^{-1}(\boldsymbol{o}') = \{\boldsymbol{x}_0 + \boldsymbol{x} | \boldsymbol{x} \in F^{-1}(\boldsymbol{o}')\}$$

証明　（ii）のみを証明すればよい．$\boldsymbol{y} \in V$ に対して

$$\boldsymbol{y} \in F^{-1}(\boldsymbol{b}') \Longleftrightarrow F(\boldsymbol{y}) = \boldsymbol{b}' = F(\boldsymbol{x}_0) \Longleftrightarrow F(\boldsymbol{y} - \boldsymbol{x}_0) = \boldsymbol{o}'$$
$$\Longleftrightarrow \boldsymbol{x} \in F^{-1}(\boldsymbol{o}) \text{があって} \boldsymbol{y} = \boldsymbol{x} + \boldsymbol{x}_0$$

（証明終）

例題（5.4.2）　実線型空間 $V = C^\infty((-\infty, \infty), \boldsymbol{R})$ において，線型写像

$$D + 5I : V \longrightarrow V, f \longmapsto f' + 5f$$

による，元 $\sin t \in V$ 上のファイバー $(D+5I)^{-1}(\sin t)$ を求めよ．すなわち微分方程式

$$\frac{dy}{dt} + 5y = \sin t$$

の一般解を求めよ．

解　写像 $D+5I$ による元 $0 \in V$ の逆像は

$$(D+5I)^{-1}(0) = \boldsymbol{R}e^{-5t}$$

である．一方，計算してみるとわかるように，$x_0(t) = (5\sin t - \cos t)/26 \in V$ は $(D+5I)(x_0) = \sin t$ をみたす．ゆえに $D+5I$ の $\sin t$ 上のファイバーは

$$(D+5I)^{-1}(\sin t) = (5\sin t - \cos t)/26 + \boldsymbol{R}e^{-5t}. \qquad \text{(終)}$$

n 変数 $x_1, \cdots, x_n$ の連立一次方程式

$$\begin{cases} a_{11}x_1 + \cdots + a_{1n}x_n = b_1 \\ a_{21}x_1 + \cdots + a_{2n}x_n = b_2 \\ \qquad \cdots\cdots \\ a_{m1}x_1 + \cdots + a_{mn}x_n = b_m \end{cases} \qquad a_{ij}, b_i \in \boldsymbol{R}$$

を考えよう．これは，(m,n) 行列 $A = \left(a_{ij}\right)_{1 \leqq i \leqq m, 1 \leqq j \leqq n}$，列ベクトル $\boldsymbol{b} = \left(b_i\right)_{1 \leqq i \leqq m}$ と変数ベクトル $\boldsymbol{x} = \left(x_i\right)_{1 \leqq i \leqq n}$ を用いて

$$\boldsymbol{Ax} = \boldsymbol{b}$$

と表される．これは，$\boldsymbol{b} = (b_i) = \boldsymbol{o}$ のとき**同次方程式**，そうでないとき**非同次方程式**と呼ばれる．方程式の解の全体

$$\{\boldsymbol{x} \in \boldsymbol{R}^n | A\boldsymbol{x} = \boldsymbol{b}\}$$

を方程式 $A\boldsymbol{x}=\boldsymbol{b}$ の**一般解**という．

連立一次方程式の解法は §1.4 で述べたが，そのメカニズムは線型写像の言葉を使うと整然と説明される．方程式 $A\boldsymbol{x}=\boldsymbol{b}$ の一般解とは，A が定める線型写像 $F_A:\boldsymbol{R}^n \longrightarrow \boldsymbol{R}^m, \boldsymbol{x} \longmapsto A\boldsymbol{x}$ による，ベクトル $\boldsymbol{b} \in \boldsymbol{R}^m$ の逆像 ${F_A}^{-1}(\boldsymbol{b}) \leqq \boldsymbol{R}^n$ にほかならない．したがって，ファイバーの構造定理（5.4.1）と次元定理（5.3.1）より直ちに

命題（5.4.3）（一次方程式の解の構造）（ i ）同次方程式 $Ax=\boldsymbol{o}$ の一般解 $F_A^{-1}(\boldsymbol{o})$ は列ベクトル空間の部分空間をなし

$$\dim {F_A}^{-1}(\boldsymbol{o}) = n - \operatorname{rank} A.$$

（ii）非同次方程式 $A\boldsymbol{x}=\boldsymbol{b}$ が少なくとも一つの解をもつとき，$\boldsymbol{x}_0$ をその任意の一つとすれば

$$(A\boldsymbol{x}=\boldsymbol{b}\text{ の一般解}) = \boldsymbol{x}_0 + (A\boldsymbol{x}=\boldsymbol{o}\text{ の一般解})$$

解の構造定理により，$A \in M_{m,n}(\boldsymbol{R}), r = \operatorname{rank} A$ のとき，同次方程式 $A\boldsymbol{x}=\boldsymbol{o}$ の一般解 ${F_A}^{-1}(\boldsymbol{o})$ の一つの基底 $\langle \boldsymbol{x}_{r+1}, \cdots, \boldsymbol{x}_n \rangle$ をとれば，任意の解 $\boldsymbol{x} \in {F_A}^{-1}(\boldsymbol{o})$ に対しただ一組の $t_{r+1},\cdots,t_n \in \boldsymbol{R}$ が定まって $\boldsymbol{x} = t_{r+1}\boldsymbol{x}_{r+1} + \cdots + t_n\boldsymbol{x}_n$ と表され，方程式の解は

$${F_A}^{-1}(\boldsymbol{o}) = \{t_{r+1}\boldsymbol{x}_{r+1} + \cdots + t_n\boldsymbol{x}_n | t_{r+1}, \cdots, t_n \in \boldsymbol{R}\}$$

によって尽される．結局，同次方程式 $A\boldsymbol{x}=\boldsymbol{o}$ の解をすべて求めるには，一組の線型独立解 $\boldsymbol{x}_{r+1}, \cdots, \boldsymbol{x}_n \in {F_A}^{-1}(\boldsymbol{o})$ を求めればよい．

このとき，さらに非同次方程式 $A\boldsymbol{x}=\boldsymbol{b}$ の一つの解 $\boldsymbol{x}_0$ が何らかの方法で得られれば，非同次方程式 $A\boldsymbol{x}=\boldsymbol{b}$ の解は，

$$\begin{aligned}{F_A}^{-1}(\boldsymbol{b}) &= \boldsymbol{x}_0 + {F_A}^{-1}(\boldsymbol{o}) \\ &= \{\boldsymbol{x}_0 + t_{r+1}\boldsymbol{x}_r + \cdots + t_n\boldsymbol{x}_n | t_{r+1}, \cdots, t_n \in \boldsymbol{R}\}\end{aligned}$$

によって洩れなく重複なく尽される．結局，非同次方程式 $A\boldsymbol{x}=\boldsymbol{b}$ の解をすべて求めるには，

（i）対応する同次方程式 $A\boldsymbol{x}=\boldsymbol{o}$ の一組の線型独立解 $\boldsymbol{x}_{r+1},\cdots,\boldsymbol{x}_n$ を求め

（ii）$A\boldsymbol{x}=\boldsymbol{b}$ の一つの解 $\boldsymbol{x}_0$ を求めればよい．

このことを具体的にどう行うかを示したのが §1.4 であった．彼処で現れた任意定数の個数 $n-r$ とは，$\dim F_A^{-1}(\boldsymbol{o})$ のことであったわけである．

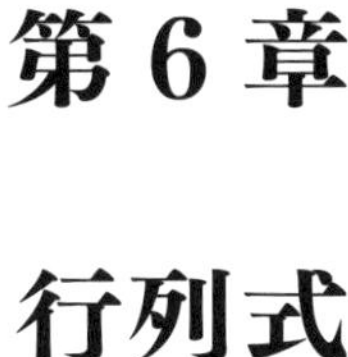

第6章 行列式

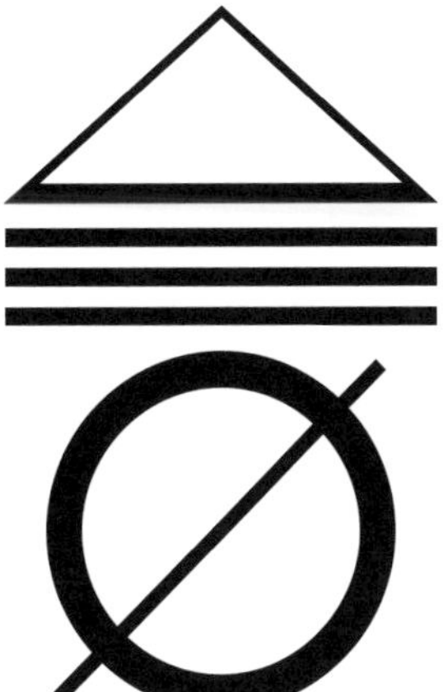

行列式とは本質的には交代的な多重線型関数のことである．行列式は線型変換の正則性を数により判定する．行列式はまた線型変換の固有値を求めるのに役立つ．

§6.1　行列式

n 個の元からなる集合 M から M への全単射像（上への１対１の変換）を n 文字の**置換**という．ここでは M の元を文字 $1, 2, \cdots, n$ で表す．n 文字の置換 σ を

$$\begin{pmatrix} 1 & 2 & \cdots & n \\ \sigma(1) & \sigma(2) & \cdots & \sigma(n) \end{pmatrix}$$

で表す．文字 $i \in M$ の下にその行先 $\sigma(\mathrm{i})$ を書くのである．

例（6.1.1）　3 文字の置換は全部で 6 個あり，それらは

$$\begin{pmatrix} 1 & 2 & 3 \\ 1 & 2 & 3 \end{pmatrix}, \begin{pmatrix} 1 & 2 & 3 \\ 2 & 3 & 1 \end{pmatrix}, \begin{pmatrix} 1 & 2 & 3 \\ 3 & 1 & 2 \end{pmatrix},$$

$$\begin{pmatrix} 1 & 2 & 3 \\ 1 & 3 & 2 \end{pmatrix}, \begin{pmatrix} 1 & 2 & 3 \\ 3 & 2 & 1 \end{pmatrix}, \begin{pmatrix} 1 & 2 & 3 \\ 2 & 1 & 3 \end{pmatrix}$$

n 文字の置換全体を $\boldsymbol{S}_n$ で表す．n 文字の置換は全部で $n!$個ある．二つの，n 文字の置換 σ, τ の合成 $\tau\sigma$ もた置換であって，S_n は群をなす．たとえば，

$$\sigma = \begin{pmatrix} 1 & 2 & 3 \\ 3 & 2 & 1 \end{pmatrix}, \tau = \begin{pmatrix} 1 & 2 & 3 \\ 1 & 3 & 2 \end{pmatrix} \text{のとき}$$

$$\tau\sigma = \begin{pmatrix} 1 & 2 & 3 \\ 2 & 3 & 1 \end{pmatrix}, \quad \sigma\tau = \begin{pmatrix} 1 & 2 & 3 \\ 3 & 1 & 2 \end{pmatrix}$$

である．$\sigma \in S_n$ の逆置換は

$$\sigma^{-1} = \begin{pmatrix} \sigma(1) & \sigma(2) & \cdots & \sigma(n) \\ 1 & 2 & \cdots & n \end{pmatrix}$$

である．たとえば，

$$\sigma = \begin{pmatrix} 1 & 2 & 3 \\ 3 & 1 & 2 \end{pmatrix} \text{のとき} \sigma^{-1} = \begin{pmatrix} 3 & 1 & 2 \\ 1 & 2 & 3 \end{pmatrix} = \begin{pmatrix} 1 & 2 & 3 \\ 2 & 3 & 1 \end{pmatrix}.$$

n 文字の置換で，二つの文字を交換し，残りの $n-2$ 文字を不動にするものを**互換**という．たとえば

$$\begin{aligned} \begin{pmatrix} 1 & 2 & 3 \\ 3 & 1 & 2 \end{pmatrix} &= \begin{pmatrix} 1 & 2 & 3 \\ 3 & 2 & 1 \end{pmatrix} \begin{pmatrix} 1 & 2 & 3 \\ 1 & 3 & 2 \end{pmatrix} \\ &= \begin{pmatrix} 1 & 2 & 3 \\ 2 & 1 & 3 \end{pmatrix} \begin{pmatrix} 1 & 2 & 3 \\ 1 & 3 & 2 \end{pmatrix} \begin{pmatrix} 1 & 2 & 3 \\ 3 & 2 & 1 \end{pmatrix} \begin{pmatrix} 1 & 2 & 3 \\ 2 & 1 & 3 \end{pmatrix} \end{aligned}$$

のように，一般にどんな置換 σ もいくつかの互換の積として表される．その表し方は一意的ではないが，そのときに現れる互換の個数が偶数か奇数かは，与えられた σ によって一定である．

定義（6.1.2）　置換 σ に対して，$\mathrm{sgn}(\sigma) = \begin{cases} 1, (\sigma\text{が偶置換}) \\ -1, (\sigma\text{が奇置換}) \end{cases}$
と置き，これをの σ の**符号**という．

例（6.1.3）　3 文字の置換は全部で $3! = 6$ 個ある．

$$S_3 = \left\{ \begin{pmatrix} 1 & 2 & 3 \\ 1 & 2 & 3 \end{pmatrix}, \begin{pmatrix} 1 & 2 & 3 \\ 2 & 3 & 1 \end{pmatrix}, \begin{pmatrix} 1 & 2 & 3 \\ 3 & 1 & 2 \end{pmatrix}, \begin{pmatrix} 1 & 2 & 3 \\ 1 & 3 & 2 \end{pmatrix}, \begin{pmatrix} 1 & 2 & 3 \\ 3 & 2 & 1 \end{pmatrix}, \begin{pmatrix} 1 & 2 & 3 \\ 2 & 1 & 3 \end{pmatrix} \right\}$$

このうち偶置換は

$$\begin{pmatrix} 1 & 2 & 3 \\ 1 & 2 & 3 \end{pmatrix}, \begin{pmatrix} 1 & 2 & 3 \\ 2 & 3 & 1 \end{pmatrix} = \begin{pmatrix} 1 & 2 & 3 \\ 2 & 1 & 3 \end{pmatrix} \begin{pmatrix} 1 & 2 & 3 \\ 1 & 3 & 2 \end{pmatrix},$$

$$\begin{pmatrix} 1 & 2 & 3 \\ 3 & 1 & 2 \end{pmatrix} = \begin{pmatrix} 1 & 2 & 3 \\ 3 & 2 & 1 \end{pmatrix} \begin{pmatrix} 1 & 2 & 3 \\ 1 & 3 & 2 \end{pmatrix}$$

の 3 個である．奇置換は

$$\begin{pmatrix} 1 & 2 & 3 \\ 1 & 3 & 2 \end{pmatrix}, \begin{pmatrix} 1 & 2 & 3 \\ 3 & 2 & 1 \end{pmatrix}, \begin{pmatrix} 1 & 2 & 3 \\ 2 & 1 & 3 \end{pmatrix}$$

の 3 個である．

定義（6.1.4）　n 次正方行列 $A = \left(a_{ij}\right)_{1 \leqq i, j \leqq n} = (\boldsymbol{a}_1, \cdots, \boldsymbol{a}_n)$ に対し

$$\sum_{\sigma \in Sn} \operatorname{sgn}(\sigma) a_{1\sigma(1)} a_{2\sigma(2)} \cdots a_{n\sigma(n)}$$

を，行列 A の**行列式**と言い，

$$\det A, \det(\boldsymbol{a}_1, \cdots, \boldsymbol{a}_n), |A|, \begin{vmatrix} a_{11} & \cdots & a_{1n} \\ \vdots & & \vdots \\ a_{n1} & \cdots & a_{nn} \end{vmatrix}$$

などで表す．ここに和 $\sum$ は n 文字の置換全体にわたる．

例（6.1.5）　（i）$n = 1$ のとき，$\det(a_{11}) = a_{11}$.

（ii）$n = 2$ のとき，$n! = 2$．偶置換は $\begin{pmatrix} 1 & 2 \\ 1 & 2 \end{pmatrix}$，奇置換は $\begin{pmatrix} 1 & 2 \\ 2 & 1 \end{pmatrix}$.

$$\therefore \det \begin{pmatrix} a_{11} & a_{12} \\ a_{21} & a_{22} \end{pmatrix} = a_{11}a_{22} - a_{12}a_{21}$$

（iii）$n=3$ のとき，$n!=3$．偶置換と奇置換は上記のとおり (6.1.3)．

$$\therefore \det\begin{pmatrix} a_{11} & a_{12} & a_{13} \\ a_{21} & a_{22} & a_{23} \\ a_{31} & a_{32} & a_{33} \end{pmatrix} = \begin{aligned} & a_{11}a_{22}a_{33}+a_{12}a_{23}a_{31}+a_{13}a_{21}a_{32} \\ & -a_{11}a_{23}a_{32}-a_{13}a_{22}a_{31}-a_{12}\alpha_{21}a_{33} \end{aligned}$$

（iv）対角行列 $(a_{ij})=\mathrm{diag}\,(a_{11},\cdots,a_{nn})$ に対して，$i\neq j$ ならば $a_{ij}=0$．ゆえに，$a_{11}a_{22}\cdots a_{nn}$ 以外の項 $a_{1\sigma(1)}a_{2\sigma(2)}\cdots a_{n\sigma(n)}=0$．

$$\therefore \det\begin{pmatrix} a_{11} & & \\ & \ddots & \\ & & a_{nn} \end{pmatrix} = \alpha_{11}\cdots a_{nn}. \quad 特に \det(E_n)=1$$

ここで置換全体 S_n の次の性質に注意しよう．

σ が S_n 全体を重複なく動くとき，σ^{-1} も S_n 全体を重複なく動く．すなわち，写像 $\longrightarrow S, \sigma \longmapsto \sigma^{-1}$ は全単写像である．なぜなら，$\sigma_1\neq\sigma_2$ ならば $\sigma_1^{-1}\neq\sigma_2^{-1}$ であるから，σ が $n!$ 個の置換を動くとき，σ^{-1} も $n!$個の置換全体を動くからである．

このことから，行列式の次の奇妙な性質が生ずる．

命題（6.1.6） 転置行列の行列式はもとの行列の行列式に等しい．すなわち $|{}^tA|=|A|$

証明　$A=(a_{ij}), {}^tA=(b_{ij})$ とすれば，$b_{ij}=a_{ji}$．

$$\begin{aligned} |{}^tA| &= \sum_{\sigma\in Sn}\mathrm{sgn}(\sigma)b_{1\sigma(1)}b_{2\sigma(2)}\cdots b_{n\sigma(n)} \\ &= \sum_{\sigma\in Sn}\mathrm{sgn}(\sigma)a_{\sigma(1)1}a_{\sigma(2)2}\cdots a_{\sigma(n)n} \end{aligned}$$

ここで，$\sigma(1),\sigma(2),\cdots,\sigma(n)$ は全体として $1,2,\cdots,n$ と一致し，また

$$\begin{pmatrix} \sigma(1) & \sigma(2) & \cdots & \sigma(n) \\ 1 & 2 & \cdots & n \end{pmatrix} = \sigma^{-1} = \begin{pmatrix} 1 & 2 & \cdots & n \\ \sigma^{-1}(1) & \sigma^{-1}(2) & \cdots & \sigma^{-1}(n) \end{pmatrix}$$

であるから，$\alpha_{\sigma(1)1}a_{\sigma(2)2}\cdots a_{\sigma(n)n}$ を並べ変えて

$$a_{\sigma(1)1}a_{\sigma(2)2}\cdots a_{\sigma(n)n}=a_{1\sigma^{-1}(1)}a_{2\sigma^{-1}(2)}\cdots a_{n\sigma^{-1}(n)}$$
$$\therefore |{}^tA|=\sum_{\sigma\in Sn}\operatorname{sgn}\left(\sigma^{-1}\right)a_{1\sigma^{-1}(1)}a_{2\sigma^{-1}(2)}\cdots a_{n\sigma^{-1}(n)}$$

このとき σ^{-1} は S_n 全体を動くから，これは $|A|$ に等しい．

（証明終）

この命題によって，行列式の列に関して成り立つ性質は行についても成り立つ．

命題（6.1.7）（ i ）（$\boldsymbol{n}$ 重線型性）各列 $\boldsymbol{a}_i$ について線型写像である．

（1） $\det(\boldsymbol{a}_1,\cdots,\boldsymbol{a}_i+\boldsymbol{b}_i,\cdots,\boldsymbol{a}_n)$
$$=\det(\boldsymbol{a}_1,\cdots,\boldsymbol{a}_i,\cdots,\boldsymbol{a}_n)+\det(\boldsymbol{a}_1,\cdots,\boldsymbol{b}_i,\cdots,\boldsymbol{a}_n)$$

（2） $\det(\boldsymbol{a}_1,\cdots,c\boldsymbol{a}_i,\cdots,\boldsymbol{a}_n)=c\det(\boldsymbol{a}_1,\cdots,\boldsymbol{a}_i,\cdots,\boldsymbol{a}_n)$

（ii）**（交代性）** n 文字の置換 τ に対して

$$\det\left(\boldsymbol{a}_{\tau(1)},\boldsymbol{a}_{\tau(2)},\cdots,\boldsymbol{a}_{\tau(n)}\right)=\operatorname{sgn}(\tau)\det(\boldsymbol{a}_1,\boldsymbol{a}_2,\cdots,\boldsymbol{a}_n)$$

証明 （ i ）定義から明白．

（ii） $A=(\boldsymbol{a}_1,\cdots,\boldsymbol{a}_n)=\left(a_{ij}\right),\left(\boldsymbol{a}_{\tau(1)},\cdots,\boldsymbol{a}_{\tau(n)}\right)=\left(b_{ij}\right)$ とすれば

$$b_{ij}=a_{i\tau(j)},\quad b_{i\sigma(\mathrm{i})}=a_{i\tau\sigma(\mathrm{i})}$$
$$\left|\boldsymbol{a}_{\tau(1)},\cdots,\boldsymbol{a}_{\tau(n)}\right|=\sum_{\sigma\in S_n}\operatorname{sgn}(\sigma)b_{1\sigma(1)}b_{2\sigma(2)}\cdots b_{n\sigma(n)}$$
$$=\sum_{\sigma\in S_n}\operatorname{sgn}(\sigma)a_{1\tau\sigma(1)}a_{2\tau\sigma(2)}\cdots a_{n\tau\sigma(n)}$$
$$\operatorname{sgn}(\tau\sigma)=\operatorname{sgn}(\tau)\cdot\operatorname{sgn}(\sigma),\operatorname{sgn}(\tau)\cdot\operatorname{sgn}(\tau\sigma)=\operatorname{sgn}(\sigma)$$

だから

$$=\operatorname{sgn}(\tau)\sum_{\sigma\in S_n}\operatorname{sgn}(\tau\sigma)a_{1\tau\sigma(1)}a_{2\tau\sigma(2)}\cdots a_{n\tau\sigma(n)}$$

ここで，$\sigma_1 \neq \sigma_2$ ならば $\tau\sigma_1 \neq \tau\sigma_2$ であるから，σ が S_n の $n!$個の元を動くとき，$\tau\sigma$ も S_n の $n!$個の元全体を動く．ゆえに，上の値は

$$= \mathrm{sgn}(\tau) \sum_{\sigma \in S} \mathrm{sgn}(\sigma) \cdot a_{1\sigma(1)} a_{2\sigma(2)} \cdots a_{n\sigma(n)}$$

$$= \mathrm{sgn}(\tau)|A|$$

（証明終）

上の性質は行列式を特徴つけるものであるが，それを示すために，一つの一般的な用語を導入する．

定義（6.1.8）　$V^{(r)} = V \times \cdots \times V$ を実線型空間 V の r 個の直積とする．関数 $f : V^{(r)} \longrightarrow \boldsymbol{R}, (\boldsymbol{x}_1, \cdots, \boldsymbol{x}_r) \longmapsto f(\boldsymbol{x}_1, \cdots, \boldsymbol{x}_r)$ が次の条件Ⅰ，Ⅱをみたすことを，f は**交代的な $\boldsymbol{r}$ 重線型関数**また **$\boldsymbol{r}$ 重交代関数**であるという．

Ⅰ　f は各成分 $\boldsymbol{x}_i$ の関数とみたとき線型写像である．

$$f(\boldsymbol{x}_1, \cdots, \boldsymbol{x}_i + \boldsymbol{y}_i, \cdots, \boldsymbol{x}_r) = f(\boldsymbol{x}_1, \cdots, \boldsymbol{x}_i, \cdots, \boldsymbol{x}_r) + f(\boldsymbol{x}_1, \cdots, \boldsymbol{y}_i, \cdots, \boldsymbol{x}_r)$$

$$f(\boldsymbol{x}_1, \cdots, c\boldsymbol{x}_i, \cdots, \boldsymbol{x}_r) = cf(\boldsymbol{x}_1, \cdots, \boldsymbol{x}_i, \cdots, \boldsymbol{x}_r)$$

Ⅱ　r 文字の置換 τ に対して

$$f\left(\boldsymbol{x}_{\tau(1)}, \boldsymbol{x}_{\tau(2)}, \cdots, \boldsymbol{x}_{\tau(r)}\right) = \mathrm{sgn}(\tau) f(\boldsymbol{x}_1, \boldsymbol{x}_2, \cdots, \boldsymbol{x}_r)$$

（定義終）

たとえば，行列式 $\det(\boldsymbol{a}_1, \cdots, \boldsymbol{a}_n)$ は n 個の列 $\boldsymbol{a}_1, \cdots, \boldsymbol{a}_n \in \boldsymbol{R}^n$ の関数

$$\boldsymbol{R}^n \times \cdots \times \boldsymbol{R}^n \longrightarrow \boldsymbol{R}, (\boldsymbol{a}_1, \cdots, \boldsymbol{a}_n) \longmapsto \det(\boldsymbol{a}_1, \cdots, \boldsymbol{a}_n)$$

とみるとき，n 重交代関数である．

命題（6.1.9）　r 重交代関数 $f(\boldsymbol{x}_1, \cdots, \boldsymbol{x}_r)$ に対して

II′　二つの成分 $\boldsymbol{x}_i$ と $\boldsymbol{x}_j$ を交換するとその符号が変る

$$f(\boldsymbol{x}_1,\cdots,\boldsymbol{x}_i,\cdots,\boldsymbol{x}_j,\cdots,\boldsymbol{x}_r)=-f(\boldsymbol{x}_1,\cdots,\boldsymbol{x}_j,\cdots,\boldsymbol{x}_i,\cdots,\boldsymbol{x}_r)$$

II″　二つの成分 $\boldsymbol{x}_i$ と $\boldsymbol{x}_j$ が等しければその値は 0 である.

$$\boldsymbol{x}_i=\boldsymbol{x}_j(i\neq j)\text{ならば}f(\boldsymbol{x}_1,\cdots,\boldsymbol{x}_i,\cdots,\boldsymbol{x}_j,\cdots,\boldsymbol{x}_r)=0$$

III　ある成分 $\boldsymbol{x}_i$ に他の成分 $\boldsymbol{x}_j$ の c 倍を加えても f の値は変らない.

$$f(\boldsymbol{x}_1,\cdots,\boldsymbol{x}_i,\cdots,\boldsymbol{x}_j,\cdots,\boldsymbol{x}_r)=f(\boldsymbol{x}_1,\cdots,\boldsymbol{x}_i+c\boldsymbol{x}_j,\cdots,\boldsymbol{x}_j,\cdots,\boldsymbol{x}_r)$$

(実は，条件 I の下で，II⟺II′ ⟺II″ である)

証明　I′. 条件 II において，τ が特に互換であって i と j を交換するときを考えればよい. $\operatorname{sgn}(\tau)=-1$.

II″　$\boldsymbol{x}_i=\boldsymbol{x}_j(i\neq j)$ のとき，

$$\begin{aligned}f(\boldsymbol{x}_1,\cdots,\boldsymbol{x}_i,\cdots,\boldsymbol{x}_j,\cdots,\boldsymbol{x}_r)&=-f(\boldsymbol{x}_1,\cdots,\boldsymbol{x}_i,\cdots,\boldsymbol{x}_i,\cdots,\boldsymbol{x}_r)\\&=-f(\boldsymbol{x}_1,\cdots,\boldsymbol{x}_i,\cdots,\boldsymbol{x}_j,\cdots,\boldsymbol{x}_r)\end{aligned}$$

$$\therefore 2f(\boldsymbol{x}_1,\cdots,\boldsymbol{x}_i,\cdots,\boldsymbol{x}_j,\cdots,\boldsymbol{x}_r)=0$$

III　
$$\begin{aligned}&f(\boldsymbol{x}_1,\cdots,\boldsymbol{x}_i+c\boldsymbol{x}_j,\cdots,\boldsymbol{x}_j,\cdots,\boldsymbol{x}_r)\\&=f(\boldsymbol{x}_1,\cdots,\boldsymbol{x}_i,\cdots,\boldsymbol{x}_j,\cdots,\boldsymbol{x}_r)\\&\qquad+cf(\overbrace{\boldsymbol{x}_1,\cdots,\boldsymbol{x}_j,\cdots,\boldsymbol{x}_j,\cdots,\boldsymbol{x}_r}^{\overset{0}{\shortparallel}})\\&=f(\boldsymbol{x}_1,\cdots,\boldsymbol{x}_i,\cdots,\boldsymbol{x}_j,\cdots,\boldsymbol{x}_r)\end{aligned}$$

(証明終)

系 (6.1.10)　特に，n 次行列の行列式 $\det(\boldsymbol{a}_1,\cdots,\boldsymbol{a}_n)$ に対して

II′　$\det(\boldsymbol{a}_1,\cdots,\boldsymbol{a}_i,\cdots,\boldsymbol{a}_j,\cdots\boldsymbol{a}_n)=-\det(\boldsymbol{a}_1,\cdots,\boldsymbol{a}_j,\cdots,\boldsymbol{a}_i,\cdots,\boldsymbol{a}_n)$

II″　$\boldsymbol{a}_i=\boldsymbol{a}_j(i\neq j)$ ならば $\det(\boldsymbol{a}_1,\cdots,\boldsymbol{a}_i,\cdots,\boldsymbol{a}_j,\cdots,\boldsymbol{a}_n)=0$

III　j 列の c 倍を i 列に加えても行列式の値は変らない.

$$\det(\boldsymbol{a}_1,\cdots,\boldsymbol{a}_i,\cdots,\boldsymbol{a}_j,\cdots,\boldsymbol{a}_n)=\det(\boldsymbol{a}_1,\cdots,\boldsymbol{a}_i+c\boldsymbol{a}_j,\cdots,\boldsymbol{a}_j,\cdots,\boldsymbol{a}_n)$$

行列式 $\det(\boldsymbol{a}_1, \cdots, \boldsymbol{a}_n)$ が n 重交代関数 $\boldsymbol{R}^n \times \cdots \times \boldsymbol{R}^n \longrightarrow R$ であることを見たが，逆に n 重交代関数 $\boldsymbol{R}^n \times \cdots \times \boldsymbol{R}^n \longrightarrow \boldsymbol{R}$ は定数倍を無視するとき行列式 $\det(\boldsymbol{a}_1, \cdots, \boldsymbol{a}_n)$ に一致する．すなわち

定理（6.1.11） $f : \overbrace{\boldsymbol{R}^n \times \cdots \times \boldsymbol{R}^n}^{n\text{個}} \longrightarrow \boldsymbol{R}, (\boldsymbol{x}_1, \cdots, \boldsymbol{x}_n) \longmapsto f(\boldsymbol{x}_1, \cdots, \boldsymbol{x}_n)$ が n 重交代関数であれば

$$f(\boldsymbol{x}_1, \cdots, \boldsymbol{x}_n) = f(\boldsymbol{e}_1, \cdots, \boldsymbol{e}_n) \det(\boldsymbol{x}_1, \cdots, \boldsymbol{x}_n)$$

である，ここに $\boldsymbol{e}_1, \cdots, \boldsymbol{e}_n$ は n 項単位ベクトルである．さらに f が

$$f(\boldsymbol{e}_1, \cdots, \boldsymbol{e}_n) = 1$$

をみたすならば，f は det に等しい

$$f(\boldsymbol{x}_1, \cdots, \boldsymbol{x}_n) = \det(\boldsymbol{x}_1, \cdots, \boldsymbol{x}_n)$$

証明　単位ベクトルを使えば，ベクトル $\boldsymbol{x}_j = (x_{ij})_{1 \leqq i \leqq n} \in \boldsymbol{R}^n$ は $\boldsymbol{x}_j = \sum_{i=1}^{n} \boldsymbol{e}_i x_{ij}$ と表される．ゆえに

$$f(\boldsymbol{x}_1, \boldsymbol{x}_2, \cdots, \boldsymbol{x}_n) = f\left(\sum_{i_1=1}^{n} \boldsymbol{e}_{i_1} x_{i_1 1}, \sum_{i_2=1}^{n} \boldsymbol{e}_{i_2} x_{i_2 2}, \cdots, \sum_{i_n=1}^{n} \boldsymbol{e}_{i_n} x_{i_n n}\right)$$

n 重線型性を繰返し使って

$$= \sum_{i_1=1}^{n} \sum_{i_2=1}^{n} \cdots \sum_{i_n=1}^{n} f\left(\boldsymbol{e}_{i_1}, \boldsymbol{e}_{i_2}, \cdots, \boldsymbol{e}_{i_n}\right) x_{i_1 1} x_{i_2 2} \cdots x_{i_n n}$$

ここで，右辺の各項において，$i_1, i_2, \cdots, i_n$ の中に同じ文字があれば，交代性により，$f\left(\boldsymbol{e}_{i_1}, \boldsymbol{e}_{i_2}, \cdots, \boldsymbol{e}_{i_n}\right) = 0$ である．$i_1, i_2, \cdots, i_n$ の中に同じ文字がないときには，n 文字の置換 $\sigma = \begin{pmatrix} 1 & 2 \cdots n \\ i_1 & i_2 \cdots i_n \end{pmatrix}$ を用いて

$$f\left(\boldsymbol{e}_{i_1}, \boldsymbol{e}_{i_2}, \cdots, \boldsymbol{e}_{i_n}\right) = \mathrm{sgn}(\sigma) f(\boldsymbol{e}_1, \boldsymbol{e}_2, \cdots \boldsymbol{e}_n)$$

となる．よって

$$f(\boldsymbol{x}_1, \boldsymbol{x}_2, \cdots, \boldsymbol{x}_n) = \sum_{\sigma \in S_n} \mathrm{sgn}(\sigma) f(\boldsymbol{e}_1, \boldsymbol{e}_2, \cdots, \boldsymbol{e}_n)\, \boldsymbol{x}_{\sigma(1)1} \boldsymbol{x}_{\sigma(2)2} \cdots \boldsymbol{x}_{\sigma(n)n}$$
$$= f(\boldsymbol{e}_1, \boldsymbol{e}_2, \cdots, \boldsymbol{e}_n) \det(\boldsymbol{x}_1, \boldsymbol{x}_2, \cdots, \boldsymbol{x}_n)$$

（証明終）

命題（6.1.12） 行列式関数

$$M_{n,n}(\boldsymbol{R}) \longrightarrow \boldsymbol{R}, \quad A \longmapsto \det(A)$$

は積を保存する．すなわち

$$\det(AB) = \det(A) \cdot \det(B)$$

証明 n 次行列 A を定め，関数

$$f : \boldsymbol{R}^n \times \cdots \times \boldsymbol{R}^n \longrightarrow \boldsymbol{R},$$
$$X = (\boldsymbol{x}_1, \cdots, \boldsymbol{x}_n) \longmapsto |AX| = \det(A\boldsymbol{x}_1, \cdots, A\boldsymbol{x}_n)$$

を考える．f は n 重交代関数であって，$f(\boldsymbol{e}_1, \cdots, \boldsymbol{e}_n) = |A|$.

$$\therefore |AX| = f(\boldsymbol{x}_1, \cdots, \boldsymbol{x}_n) = f(\boldsymbol{e}_1, \cdots, \boldsymbol{e}_n) \det(\boldsymbol{x}_1, \cdots, \boldsymbol{x}_n) = |A\|X|$$
$$\therefore |AX| = |A||X|$$

（証明終）

§6.1 の練習問題

1． $\dim V = n, \langle \boldsymbol{b}_1, \cdots, \boldsymbol{b}_n \rangle$ を V の基底，$f : V^{(r)} \longrightarrow \boldsymbol{R}$ を r 重交代関数とする．$\boldsymbol{x}_1, \cdots, \boldsymbol{x}_r \in V$, $(\boldsymbol{x}_1, \cdots, \boldsymbol{x}_r) = (\boldsymbol{b}_1, \cdots, \boldsymbol{b}_n)\left(a_{ij}\right)_{1 \leqq i \leqq n, 1 \leqq j \leqq r}$ とする．次を示せ

（i）$r > n$ のとき，$f(\boldsymbol{x}_1, \cdots, \boldsymbol{x}_r) = 0$

（ii）$r \leqq n$ のとき

$$f(\boldsymbol{x}_1, \cdots, \boldsymbol{x}_r) = \sum_{1 \leqq i_1 < \cdots < ir \leqq n} \det \begin{pmatrix} a_{i_1 1} & \cdots & a_{i_1 r} \\ \vdots & & \vdots \\ a_{i_r 1} & \cdots & a_{i_r r} \end{pmatrix} f(\boldsymbol{b}_{i1}, \cdots, \boldsymbol{b}_{ir})$$

§6.1 の答

1. 略

§6.2　行列式の計算

公式（6.2.1）　A が r 次，B が s 次の正方行列のとき

$$\det \begin{pmatrix} A & C \\ O & B \end{pmatrix} = |A||B| \quad \det \begin{pmatrix} A & O \\ D & B \end{pmatrix} = |A| \cdot |B|$$

証明　第一式だけを証明する．

（i）$B = E_s$ のとき，$\begin{pmatrix} A & C \\ O & E_s \end{pmatrix}$ の $r+i$ 行のスカラー倍を $1, 2, \cdots, r$ 行に加える基本変形を行うことにより

$$\begin{pmatrix} A & C \\ O & E_s \end{pmatrix} \longrightarrow \begin{pmatrix} A & O \\ O & E_s \end{pmatrix}. \quad \therefore \begin{vmatrix} A & C \\ O & E_s \end{vmatrix} = \begin{vmatrix} A & O \\ O & E_s \end{vmatrix}$$

である．$f(A) = \begin{vmatrix} A & O \\ O & E_s \end{vmatrix}$ を A の r 個の列の関数とみるとき，r 重交代関数であって，$f(E_r) = \begin{vmatrix} E_r & O \\ O & E_s \end{vmatrix} = 1$．ゆえに $f(A) = |A|$，すなわち

$$\begin{vmatrix} A & C \\ O & E_s \end{vmatrix} = |A|.$$

（ii）$A = E_r$ のとき，（i）と同様にして

$$\begin{vmatrix} E_r & C \\ O & B \end{vmatrix} = \begin{vmatrix} E_r & O \\ O & B \end{vmatrix} = |B|$$

（iii）$\begin{pmatrix} A & C \\ O & B \end{pmatrix} = \begin{pmatrix} E_r & C \\ O & B \end{pmatrix} \begin{pmatrix} A & O \\ O & E_s \end{pmatrix}$ より

$$\begin{vmatrix} A & C \\ O & B \end{vmatrix} = \begin{vmatrix} E_r & C \\ O & B \end{vmatrix} \begin{vmatrix} A & O \\ O & E_s \end{vmatrix} = |B||A|.$$

系（6.2.2）（i）$A_{11}, A_{22}, \cdots, A_{pp}$ が正方行列のとき

$$\begin{vmatrix} A_{11} & A_{12} & \cdots & A_{1p} \\ O & A_{22} & \cdots & A_{2p} \\ \vdots & \vdots & \ddots & \vdots \\ O & O & \cdots & A_{pp} \end{vmatrix} = \begin{vmatrix} A_{11} & O & \cdots & O \\ A_{21} & A_{22} & \cdots & O \\ \vdots & \vdots & \ddots & \vdots \\ A_{p1} & A_{p2} & \cdots & A_{pp} \end{vmatrix} = |A_{11}|\,|A_{22}| \cdots |A_{pp}|$$

（ii）$\begin{vmatrix} a_{11} & a_{12} & \cdots & a_{1n} \\ 0 & a_{22} & \cdots & a_{2n} \\ \vdots & \vdots & \ddots & \vdots \\ 0 & a_{n2} & \cdots & a_{nn} \end{vmatrix} = a_{11} \begin{vmatrix} a_{22} & \cdots & a_{2n} \\ \vdots & \ddots & \vdots \\ a_{n2} & \cdots & a_{nn} \end{vmatrix}$

$$\begin{vmatrix} a_{11} & a_{12} & \cdots & a_{1n} \\ & a_{22} & \cdots & a_{2n} \\ & & \ddots & \vdots \\ & & & a_{nn} \end{vmatrix} = a_{11} a_{22} \cdots a_{nn}$$

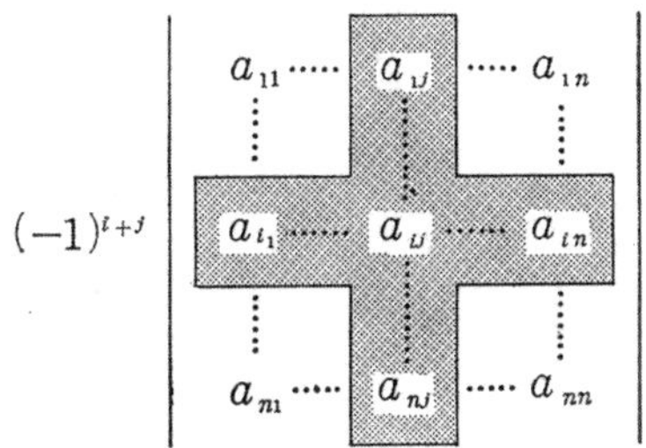

定義　n 次行列 $A=\left(a_{ij}\right)$ の第 i 行と第 j 列を除いて得られる $n-1$ 次行列の行列式に $(-1)^{i+j}$ を掛けたものを A の $(\boldsymbol{i},\boldsymbol{j})$ **余因子**，a_{ij} の余因子などといい，$\tilde{a}_{ij}$ または $\tilde{A}_{ij}$ で表す．

公式（6.2.3）　n 次行列 $A=\left(a_{ij}\right)$ に対して

（i）$\det(A)=a_{1j}\tilde{A}_{1j}+a_{2j}\tilde{A}_{2j}+\cdots+a_{nj}\tilde{A}_{nj}, 1\leqq j\leqq n$

^{t}（i）$\det(A)=\alpha_{i1}\tilde{A}_{i1}+a_{i2}\tilde{A}_{i2}+\cdots+a_{in}\tilde{A}_{in}, 1\leqq i\leqq n$

が成り立つ．（i）を **$\boldsymbol{j}$ 列による展開**，^{t}（i）を **$\boldsymbol{i}$ 行による展開**という．

証明　（i）$j=1$ のとき，多重線型性によって

$$|A|=\begin{vmatrix} a_{11} & a_{12} & \cdots & a_{1n} \\ 0 & a_{22} & \cdots & a_{2n} \\ \vdots & \vdots & & \vdots \\ 0 & a_{n2} & \cdots & a_{nn} \end{vmatrix}+\begin{vmatrix} 0 & a_{12} & \cdots & a_{1n} \\ a_{21} & a_{22} & \cdots & a_{2n} \\ \vdots & \vdots & & \vdots \\ 0 & a_{n2} & \cdots & a_{nn} \end{vmatrix}+\cdots$$

$$+\begin{vmatrix} 0 & a_{12} & \cdots & a_{1n} \\ 0 & a_{22} & \cdots & a_{2n} \\ \vdots & \vdots & & \vdots \\ a_{n1} & a_{n2} & \cdots & a_{nn} \end{vmatrix}$$

ここで，右辺の第 i 項の行列式において，第 i 行を一番上にもって行くと，

$$(\text{第 } i \text{ 項}) = (-1)^{i-1}\begin{vmatrix} a_{i1} & a_{i2} & \cdots & a_{in} \\ 0 & a_{12} & \cdots & a_{1n} \\ \vdots & \vdots & & \vdots \\ 0 & a_{n2} & \cdots & a_{nn} \end{vmatrix} \leftarrow i \text{ 行抜ける}$$

$$= (-1)^{i+1}a_{i1}\begin{vmatrix} a_{12} & \cdots & a_{1n} \\ \vdots & & \vdots \\ a_{n2} & \cdots & a_{nn} \end{vmatrix} \leftarrow i \text{ 行抜ける}$$

$$= a_{i1}\tilde{A}_{i1}$$

$$\therefore |A| = \sum_{i=1}^{n} a_{i1}\tilde{A}_{i1} = a_{11}\tilde{A}_{11} + a_{21}\tilde{A}_{21} + \cdots + a_{n1}\tilde{A}_{n1}$$

一般の j に対しては，A の j 列を一番左にもって来た行列を B とすると，B の $(i,1)$ 余因子は $\tilde{B}_{i1} = (-1)^{j-1}\tilde{A}_{ij}$ に等しいから，上の結果を使って

$$|B| = \sum_{i=1}^{n} a_{ij}\tilde{B}_{i1} = (-1)^{j-1}\sum_{i=1}^{n} a_{ij}\tilde{A}_{ij}$$

$$\therefore |A| = (-1)^{j-1}|B| = \sum_{i=1}^{n} a_{ij}\tilde{A}_{ij}.$$

^{t}(ｉ) $|A| = |{}^tA|$ を ${}^tA$ の i 列により展開すればよい．　　(証明終)

行列式の値を実際に計算するには

(ｉ) 行列式の値を変えない行列の基本変形を行って，ある列（または行）になるべく多くの 0 をつくり，

(ii) この列（または行）によって展開する．

例題（6.2.4） 次の行列の行列式の値を求めよ．

$$A = \begin{pmatrix} 1 & 9 & 0 & 3 \\ -6 & 7 & 5 & 4 \\ 0 & 2 & 0 & 0 \\ 2 & 8 & -1 & 8 \end{pmatrix}, \quad B = \begin{pmatrix} 2 & 1 & 3 & -5 \\ 3 & 2 & 4 & 2 \\ -4 & -3 & 2 & 5 \\ -3 & 1 & 1 & -2 \end{pmatrix}$$

解

$$|A| = \begin{vmatrix} 1 & 9 & 0 & 3 \\ -6 & 7 & 5 & 4 \\ 0 & 2 & 0 & 0 \\ 2 & 8 & -1 & 8 \end{vmatrix} \overset{\text{3 行で展開}}{=} (-1)^{3+2} 2 \begin{vmatrix} 1 & 0 & 3 \\ -6 & 5 & 4 \\ 2 & -1 & 8 \end{vmatrix}$$

$$\overset{\text{(3列)−(1列)×3}}{=} -2 \begin{vmatrix} 1 & 0 & 0 \\ -6 & 5 & 22 \\ 2 & -1 & 2 \end{vmatrix} \overset{\text{1 行で展開}}{=} -2 \begin{vmatrix} 5 & 22 \\ -1 & 2 \end{vmatrix} = -2(10 + 22) = -64$$

$$|B| = \begin{vmatrix} 2 & 1 & 3 & -5 \\ 3 & 2 & 4 & 2 \\ -4 & -3 & 2 & 5 \\ -3 & 1 & 1 & -2 \end{vmatrix} \overset{\substack{\text{(2行)−(1行)×2} \\ \text{(3行)+(1行)×3} \\ \text{(4行)−(1行)}}}{=\!=} \begin{vmatrix} 2 & 1 & 3 & -5 \\ -1 & 0 & -2 & 12 \\ 2 & 0 & 11 & -10 \\ -5 & 0 & -2 & 3 \end{vmatrix}$$

$$\overset{\text{2列で展開}}{=\!=} (-1)^{2+1} \begin{vmatrix} -1 & -2 & 12 \\ 2 & 11 & -10 \\ -5 & -2 & 3 \end{vmatrix} \overset{\substack{\text{(2行)+(1行)×2} \\ \text{(3行)−(1行)×5}}}{=\!=} (-1) \begin{vmatrix} -1 & -2 & 12 \\ 0 & 7 & 14 \\ 0 & 8 & -57 \end{vmatrix}$$

$$\overset{\text{1列で展開}}{=\!=} (-1)^{1+1} \begin{vmatrix} 7 & 14 \\ 8 & -57 \end{vmatrix} \overset{\text{タスキガケ}}{=} 7 \times (-57) - 8 \times 14$$

$$= -511$$

（終）

§ 6.2 の練習問題

1. 次の行列の行列式を，指定された行または列によって展開することによって，その値を求めよ．

$$A = \begin{pmatrix} 4 & 0 & 1 \\ 3 & 3 & 2 \\ -5 & 0 & 3 \end{pmatrix}, \quad B = \begin{pmatrix} 5 & 3 & 4 \\ -3 & -2 & -3 \\ 0 & 2 & 0 \end{pmatrix}, \quad C = \begin{pmatrix} 0 & 0 & 7 & 2 \\ 3 & -1 & 8 & 9 \\ 0 & 0 & 5 & 0 \\ 1 & 3 & 9 & 9 \end{pmatrix}$$

（2列）　（3行）　（3行）

2. 次の行列の行列式の値を求めよ．

$$D = \begin{pmatrix} 4 & 3 \\ 9 & 8 \end{pmatrix}, \quad F = \begin{pmatrix} \sqrt{3} & -1 \\ 1 & \sqrt{3} \end{pmatrix}, \quad G = \begin{pmatrix} \dfrac{1-t^2}{1+t^2} & \dfrac{-2t}{1+t^2} \\ \dfrac{2t}{1+t^2} & \dfrac{1-t^2}{1+t^2} \end{pmatrix}$$

3. 次の値を求めよ．

$$a = \begin{vmatrix} 3 & 0 & 0 \\ 9 & 8 & 7 \\ 10 & 9 & 8 \end{vmatrix}, \quad b = \begin{vmatrix} 1 & 0 & 1 \\ 2 & -3 & -5 \\ 3 & -1 & 9 \end{vmatrix}, \quad c = \begin{vmatrix} 2 & 5 & 2 \\ 2 & 2 & 8 \\ -1 & 3 & -4 \end{vmatrix}$$

$$d = \begin{vmatrix} 1 & 7 & 5 & -3 \\ 0 & -2 & -3 & 1 \\ 1 & 3 & 3 & 3 \\ 0 & -3 & -2 & 5 \end{vmatrix}, \quad e = \begin{vmatrix} 1 & 12 & 11 & 10 \\ 2 & 13 & 16 & 9 \\ 3 & 11 & 15 & 8 \\ 4 & 5 & 6 & 7 \end{vmatrix}$$

4. 次の等式を証明せよ．

$$|kA| = k^n|A| \quad (A\text{は}n\text{次行列}),$$

$$\begin{vmatrix} 1 & a & a^2 \\ 1 & b & b^2 \\ 1 & c & c^2 \end{vmatrix} = (a-b)(b-c)(c-a),$$

$$\begin{vmatrix} 1 & a & a^3 \\ 1 & b & b^3 \\ 1 & c & c^3 \end{vmatrix} = (a+b+c)(a-b)(b-c)(c-a),$$

$$\begin{vmatrix} b+c & a & a \\ b & c+a & b \\ c & c & a+b \end{vmatrix} = 4abc$$

5. 次の行列の行列式を求めよ．

$$A = \begin{pmatrix} & -E_n \\ E_n & \end{pmatrix}, \quad B = \begin{pmatrix} & E_m \\ E_n & \end{pmatrix}, \quad C = \begin{pmatrix} & & & a_1 \\ & & a_2 & \\ & \iddots & & \\ a_n & & & \end{pmatrix}$$

$$M = \left(\begin{array}{cc|cc} a_1 & & b_1 & \\ & a_2 & & b_2 \\ \hline b_1 & & a_1 & \\ & b_2 & & a_2 \end{array}\right), \quad N = \left(\begin{array}{cc|cc} a_1 & & & b_1 \\ & a_2 & b_2 & \\ \hline & b_2 & a_2 & \\ b_1 & & & a_1 \end{array}\right)$$

6. (ｉ) 行列式 $\begin{vmatrix} a & b \\ c & d \end{vmatrix}$ を求めよ．$(a, b, c, d \in \boldsymbol{R})$

(ii) A が m 次正則行列，D が n 次行列のとき，次を示せ．

$$x = \begin{vmatrix} A & B \\ C & D \end{vmatrix} = |A|\,\left|D - CA^{-1}B\right|$$

さらに $m = n, AC = CA$ のとき，$x = |AD - CB|$ を示せ．

§6.2 の答

1. $|A| = 51, |B| = 6, |C| = 100$

2. $|D| = 5, |F| = 4, |G| = 1$

3. $a = 3, b = -25, c = -48, d = -8, e = 660$

4. 略

5. $|A| = 1, |B| = (-1)^{mn}, |C| = (-1)^{\frac{n(n-1)}{2}} a_1 a_2 \cdots a_n,$

$$|M|=|N|=(a_1^2-b_1{}^2)(a_2{}^2-b_2{}^2)$$

6. (i) $ad-bc$　(ii) $\begin{pmatrix} A & B \\ C & D \end{pmatrix} = \begin{pmatrix} A & O \\ C & D-CA^{-1}B \end{pmatrix}$ $\begin{pmatrix} E_m & A^{-1}B \\ O & E_n \end{pmatrix}$ また, $AC=CA$ のとき, $ACA^{-1}B=CAA^{-1}B=CB$.

§ 6.3 行列の逆転，Cramer の公式

命題（6.3.1） n 次行列 $A=(a_{ij})$ の余因子 $\tilde{A}_{ij}$ を用いて

（i） $a_{1j}\tilde{A}_{1l}+a_{2j}\tilde{A}_{2l}+\cdots+a_{nj}\tilde{A}_{nl}=\delta_{jl}|A|, 1\leqq j,l\leqq n$

${}^t(i)$　$a_{i1}\tilde{A}_{k1}+a_{i2}\tilde{A}_{k2}+\cdots+a_{in}\tilde{A}_{kn}=\delta_{ik}|A|,\quad 1\leqq i,k\leqq n$

証明 （i） $j=l$ のとき既出 (6.2.3). $j\neq l$ のとき，（i）の左辺は $|A|=|\boldsymbol{a}_1,\cdots,\boldsymbol{a}_n|$ の l 列 $\boldsymbol{a}_l$ を j 列 $\boldsymbol{a}_j$ で置きかえたものであるから，

$$a_{1j}\tilde{A}_{1l}+a_{2j}\tilde{A}_{2l}+\cdots+a_{nj}\tilde{A}_{nl}=|\boldsymbol{a}_1,\cdots,\underset{\substack{\downarrow\\ l\text{列}}}{\boldsymbol{a}_j},\cdots,\underset{\substack{\downarrow\\ j\text{列}}}{\boldsymbol{a}_j},\cdots,\boldsymbol{a}_n|=0$$

${}^t(i)$ も同様　　　　　　　　　　　　　　　　　　　　　　(証明終)

次の逆転公式は，理論的な使用に有効，実際の計算には役に立たない.

命題（6.3.2）　正方行列 $A=(a_{ij})$ に対して

（i） A が正則 $\Longleftrightarrow \det(A)\neq 0$

（ii）**（逆転公式）** このとき，A の余因子 $\tilde{A}_{ij}$ を用いて

$$A^{-1}=\frac{1}{|A|}\begin{pmatrix} \tilde{A}_{11} & \cdots & \tilde{A}_{1n} \\ \vdots & & \vdots \\ \tilde{A}_{n1} & \cdots & \tilde{A}_{nn} \end{pmatrix}$$

である．右辺は転置行列をとっていることに注意

証明　A が逆行列 X をもてば，$AX = E_n$，　$|A||X| = |AX| = |E_n| = 1$，　$\therefore |A| \neq 0$．逆に $|A| \neq 0$ のとき

$$X = \frac{1}{|A|}{}^t\begin{pmatrix} \tilde{A}_{11} & \cdots & \tilde{A}_{1n} \\ \vdots & & \vdots \\ \tilde{A}_{n1} & \cdots & \tilde{A}_{nn} \end{pmatrix}$$

なる行列が意味をもつ．このとき，行列 AX の (i,j) 成分は

$$\frac{1}{|A|}\sum_{k=1}^{n} a_{ik}\tilde{A}_{jk} = \frac{1}{|A|}\delta_{ij}|A| = \delta_{ij}$$

である（6.3.1）．ゆえに

$$AX = \left(\delta_{ij}\right) = E_n, \quad X = A^{-1}$$ （証明終）

逆転公式の応用として，未知数の個数と方程式の個数が等しく，しかも係数行列が正則な，連立一次方程式

$$A\boldsymbol{x} = \boldsymbol{b}$$

の解の公式を与える．この公式もまた，理論的な話に有効であって，実際の計算には役に立たない．

命題(6.3.3)（Cramerの公式）　$\boldsymbol{a}_1, \cdots, \boldsymbol{a}_n, \boldsymbol{b} \in \boldsymbol{R}^n, \det(\boldsymbol{a}_1, \cdots, \boldsymbol{a}_n) \neq 0$ とする．$x_1, \cdots, x_n \in \boldsymbol{R}$ に対して

$$\boldsymbol{a}_1 x_1 + \cdots + \boldsymbol{a}_n x_n = \boldsymbol{b} \Longleftrightarrow x_j = \frac{|\boldsymbol{a}_1, \cdots, \boldsymbol{b}, \cdots, \boldsymbol{a}_n|}{|\boldsymbol{a}_1, \cdots, \boldsymbol{a}_j, \cdots, \boldsymbol{a}_n|}, \quad 1 \leqq j \leqq n$$

証明　$A = (\boldsymbol{a}_1, \cdots, \boldsymbol{a}_n), A^{-1} = \left(c_{ij}\right), \boldsymbol{b} = \left(b_j\right)_{1\le j\le n}$ とすると

$$A\begin{pmatrix} x_1 \\ \vdots \\ x_n \end{pmatrix} = \boldsymbol{b} \Longleftrightarrow \begin{pmatrix} x_1 \\ \vdots \\ x_n \end{pmatrix} = A^{-1}\boldsymbol{b} = \left(c_{ij}\right)\begin{pmatrix} b_1 \\ \vdots \\ b_n \end{pmatrix} \Longleftrightarrow x_j = \sum_{k=1}^{n} c_{jk} b_k,$$

$$1 \leqq j \leqq n$$

であるが，逆転公式によって $c_{jk} = \dfrac{\tilde{A}_{kj}}{|A|}$ であるから

$$\Longleftrightarrow x_j = \sum_{k=1}^{n} \frac{\tilde{A}_{kj}}{|A|} b_k = \frac{b_1\tilde{A}_{1j} + b_2\tilde{A}_{2j} + \cdots + b_n\tilde{A}_{nj}}{|A|}.$$

この分子は，行列式 $|A|$ の j 列による展開

$$|A| = a_{1j}\tilde{A}_{1j} + a_{2j}\tilde{A}_{2j} + \cdots + a_{nj}\tilde{A}_{nj}$$

において，$a_{1j}, \cdots, a_{nj}$ を $b_1, \cdots, b_n$ で置き換えたものである．

$$\therefore (\text{分子}) = \left(|A|\text{の}j\text{列}\boldsymbol{a}_j\text{を}\boldsymbol{b}\text{ で置き換えたもの}\right)$$

$$= |\boldsymbol{a}_1, \cdots, \boldsymbol{b}, \cdots, \boldsymbol{a}_n|$$

$$\therefore x_j = \frac{|\boldsymbol{a}_1, \cdots, \boldsymbol{b}, \cdots, \boldsymbol{a}_n|}{|A|}$$ （証明終）

§6.3 の練習問題

1. （ i ）整数を成分とし行列式が 1 の n 次正方行列の全体を $SL(n, \boldsymbol{Z})$ と書く．$\mathrm{SL}(n, \boldsymbol{Z})$ が行列の積に関して群をなすことを示せ．

（ii）N を正の整数とする．$SL(2, \boldsymbol{Z})$ の元で (2.1) 成分が N の倍数であるもの全体を $\Gamma_0(N)$ と書く．

$$\Gamma_0(N) = \left\{ \begin{pmatrix} a & b \\ cN & d \end{pmatrix} \middle| a, b, c, d \text{ は整数} \right\}$$

$\Gamma_0(N)$ は行列の積に関して群をなすことを示せ．

§6.3 の答

1. （ i ）$E_n \in SL(n, \boldsymbol{Z}). A, B \in SL(n, \boldsymbol{Z})$ ならば，$|AB| = |A||B| = 1, \quad \therefore AB \in SL(n, \boldsymbol{Z})$.

A の余因子 $\tilde{A}_{ij}$ は整数，$|A|=1$ だから，

A の逆行列 $A^{-1}=\dfrac{1}{|A|}{}^t\left(\tilde{A}_{ij}\right)_{1\leqq i,j\leqq n}\in SL(n,Z)$

（ii）$\begin{pmatrix} a & b \\ cN & d \end{pmatrix}^{-1}=\begin{pmatrix} d & -b \\ -cN & a \end{pmatrix}\in \Gamma_0(N)$

第 7 章

内積空間

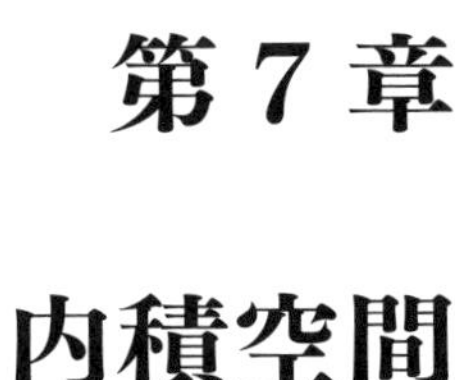

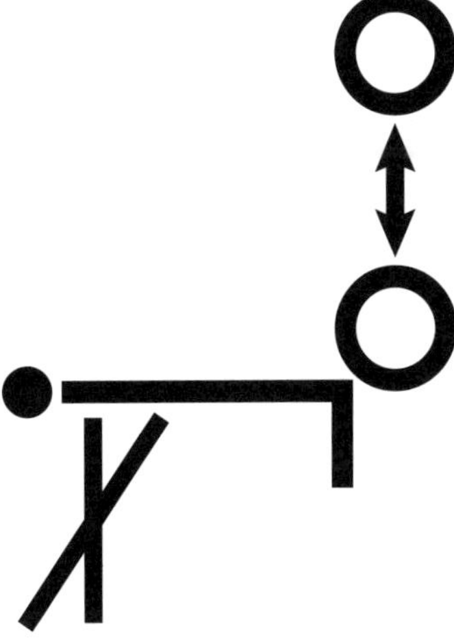

平面ベクトルや空間ベクトルの長さやなす角は内積を基礎にしている．ここで一般の有限次元線型空間における内積を考える．無限次元線型空間の内積は Hilbert 空間論で扱われる．

§7.1　内積

これまで触れなかったが空間ベクトルに対しては，長さ，内積などが定義されていた．ベクトル $\boldsymbol{a} \in V(\boldsymbol{E}^3)$ の**長さ** $\|\boldsymbol{a}\|$ とは $\boldsymbol{a}$ を代表する有向線分の長さのことであった．すなわち

$$\boldsymbol{a} = (\overrightarrow{PQ}) \text{ のとき } \quad \|\boldsymbol{a}\| = (\overrightarrow{PQ} \text{ の長さ}).$$

また，ベクトル $\boldsymbol{a}, \boldsymbol{b}$ を同一の始点をもつ有向線分で表し $\boldsymbol{a} = (\overrightarrow{PA})$, $\boldsymbol{b} = (\overrightarrow{PB})$ とし，線分 $\overrightarrow{PA}$ と $\overrightarrow{PB}$ がなす角を $\theta, 0 \leqq \theta \leqq \pi$ としたとき，$\boldsymbol{a}$ と $\boldsymbol{b}$ の**内積** $(\boldsymbol{a}|\boldsymbol{b})$ を

$$(\boldsymbol{a}|\boldsymbol{b}) = \|\boldsymbol{a}\|\|\boldsymbol{b}\| \cos\theta$$

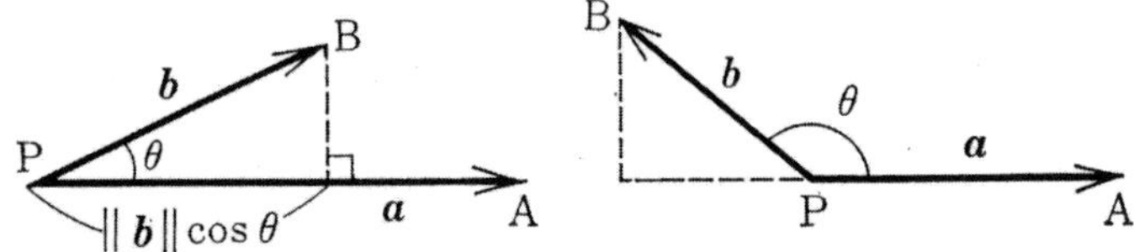

と定義した．$\|\boldsymbol{a}\| = \sqrt{(\boldsymbol{a}|\boldsymbol{a})}$ であって，内積は次の性質をもっていた．

(1) $(\boldsymbol{x}_1 + \boldsymbol{x}_2|\boldsymbol{y}) = (\boldsymbol{x}_1|\boldsymbol{y}) + (\boldsymbol{x}_2|\boldsymbol{y})$,
　　$(\boldsymbol{x}|\boldsymbol{y}_1 + \boldsymbol{y}_2) = (\boldsymbol{x}|\boldsymbol{y}_1) + (\boldsymbol{x}|\boldsymbol{y}_2)$

(2) $(a\boldsymbol{x}|\boldsymbol{y}) = a(\boldsymbol{x}|\boldsymbol{y})$,　$(\boldsymbol{x}|a\boldsymbol{y}) = a(\boldsymbol{x}|\boldsymbol{y})$

(3) $(\boldsymbol{x}|\boldsymbol{y}) = (\boldsymbol{y}|\boldsymbol{x})$

(4) $(\boldsymbol{x}|\boldsymbol{x}) \geqq 0$ であって，$(\boldsymbol{x}|\boldsymbol{x}) = 0 \Longleftrightarrow \boldsymbol{x} = \boldsymbol{o}$

内積の概念もまた一般化される．

定義（7.1.1） 実線型空間 V に対して，直積 $V \times V$ を定義域とする関数 $V \times V \longrightarrow \boldsymbol{R}$ があるとし，点 $(\boldsymbol{x}, \boldsymbol{y}) \in V \times V$ におけるこの関数の値を $(\boldsymbol{x}|\boldsymbol{y})$ と書く．関数

$$V \times V \longrightarrow \boldsymbol{R}, (\boldsymbol{x}, \boldsymbol{y}) \longmapsto (\boldsymbol{x}|\boldsymbol{y})$$

が次の公理 III をみたすとき，この関数を**内積**という．

公理 III（内積の公理）

（1） $(\boldsymbol{x}_1 + \boldsymbol{x}_2|\boldsymbol{y}) = (\boldsymbol{x}_1|\boldsymbol{y}) + (\boldsymbol{x}_2|\boldsymbol{y})$，
$(\boldsymbol{x}|\boldsymbol{y}_1 + \boldsymbol{y}_2) = (\boldsymbol{x}|\boldsymbol{y}_1) + (\boldsymbol{x}|\boldsymbol{y}_2)$

（2） $(a\boldsymbol{x}|\boldsymbol{y}) = a(\boldsymbol{x}|\boldsymbol{y}), \quad (\boldsymbol{x}|a\boldsymbol{y}) = a(\boldsymbol{x}|\boldsymbol{y})$

（3） $(\boldsymbol{x}|\boldsymbol{y}) = (\boldsymbol{y}|\boldsymbol{x})$

（4） $(\boldsymbol{x}|\boldsymbol{x}) \geqq 0$ であって，$(\boldsymbol{x}|\boldsymbol{x}) = 0 \Longleftrightarrow \boldsymbol{x} = \boldsymbol{o}.$

実数 $(\boldsymbol{a}|\boldsymbol{a}) \geqq 0$ の平方根 $\sqrt{(\boldsymbol{a}|\boldsymbol{a})}$ を $\boldsymbol{a}$ の**長さ**といい，$\|\boldsymbol{a}\|$ で表す．

$$\|\boldsymbol{a}\| = \sqrt{(\boldsymbol{a}|\boldsymbol{a})}.$$

定義（7.1.2） 集合 V が，実線型空間であって，内積 $V \times V \longrightarrow \boldsymbol{R}, (\boldsymbol{x}, \boldsymbol{y}) \longmapsto (\boldsymbol{x}|\boldsymbol{y})$ が定まっていることを，V は**内積空間**であるという．有限次元の内積空間を**ユークリッド線型空間**ともいう．空間ベクトルの全体 $V(\boldsymbol{E}^3)$ は内積空間である．さらに

例（7.1.3） （ｉ）列ベクトル空間 $\boldsymbol{R}^m$ において

$$\boldsymbol{x} = \begin{pmatrix} x_1 \\ \vdots \\ x_m \end{pmatrix}, \quad \boldsymbol{y} = \begin{pmatrix} y_1 \\ \vdots \\ y_m \end{pmatrix} \text{に対して} (\boldsymbol{x}|\boldsymbol{y}) = x_1 y_1 + \cdots + x_m y_m$$

とおけば，$(\boldsymbol{x}|\boldsymbol{y})$ は内積の公理をみたし，$\boldsymbol{R}^m$ は内積空間となる．

この内積を $\boldsymbol{R}^m$ の**自然内積**という．ベクトル $\boldsymbol{x}$ の長さは

$$\sqrt{x_1^2+\cdots+x_m^2}$$

（ii）行列空間 $M_{m,n}(\boldsymbol{R})$ において

$$A=\left(a_{ij}\right), B=\left(b_{ij}\right) \text{ に対して} (A|B)=\operatorname{tr}\left({}^tAB\right)=\sum_{1\leq i\leq m, 1\leq j\leq n} a_{ij}b_{ij}$$

とおけば，$(A|B)$ は内積の公理をみたし，$M_{m,n}(\boldsymbol{R})$ は R は内積空間となる．この内積を $M_{m,n}(\boldsymbol{R})$ の**自然内積**という．行列 A の長さは

$$\sqrt{\sum_{1\leqq i\leqq m, 1\leqq j\leqq n} a_{ij^2}}$$

ここで $n=1$ とおけば，この内積は（i）の $\boldsymbol{R}^m=M_{m,1}(\boldsymbol{R})$ の内積となる．すなわち（ii）は（i）の一般化である．

（iii）$\displaystyle\sum_{n=1}^{\infty} a_n^2$ が収束するような実数列 $(a_1, a_2, \cdots)$ 全体 l_2 は実線型空間をなすのであった (2.3.6)．l_2 の二つのベクトル

$$\boldsymbol{x}=(x_1, x_2, \cdots), \boldsymbol{y}=(y_1, y_2, \cdots)$$

に対して，級数 $\sum x_n y_n$ は収束するから，

$$(\boldsymbol{x}|\boldsymbol{y})=\sum_{n=1}^{\infty} x_n y_n$$

とおけば，これは内積の公理をみたし，l_2 は内積空間となる．この内積を l_2 の**自然内積**と呼ぼう．ベクトル $\boldsymbol{x}$ の長さは

$$\|\boldsymbol{x}\|=\sqrt{x_1^2+x_2^2+\cdots+x_n^2+\cdots}$$

（iv）閉区間 $[a,b]$ 上の実数値連続関数の全体 $C^0([a,b],\boldsymbol{R})$ において，二つのベクトル $f,g\in C^0([a,b],\boldsymbol{R})$ に対し

$$(f|g)=\int_a^b f(t)g(t)dt$$

とおけば，これは内積の公理をみたし，$C^0([a,b],\boldsymbol{R})$ は内積空間となる．これをこの空間の**自然内積**と呼ぼう．関数 f の長さは

$$\|f\| = \sqrt{\int_a^b f(t)^2 dt}$$

V が内積空間であれば，V の部分空間はすべて，同じ内積によってそれ自身内積空間となる．

例（7.1.4）　多項式は閉区間 $[0,1]$ 上の連続関数と同一視することができる．すなわち $\boldsymbol{R}[t] \cong C^0([0,1],\boldsymbol{R})$ と見る．$C^0([0,\ 1],\boldsymbol{R})$ の内積 $(f|g) = \displaystyle\int_0^1 f(t)g(t)dt$ によって $\boldsymbol{R}[t]$ は内積空間となる．
$f(t) = \displaystyle\sum_{i=0}^{n} a_i t^i, g(t) = \sum_{j=0}^{m} b_j t^j \in R[t]$ に対し

$$(f|g) = \sum_{0 \leqq i \leqq n, 0 \leqq j \leqq m} a_i b_j \int_0^1 t^{i+j} dt = \sum_{i,j} \frac{a_i b_j}{i+j+1}$$

たとえば，$f(t) = t^n, g(t) = t^m$ のとき

$$(t^n|t^m) = \int_0^1 t^{n+m} dt = \frac{1}{n+m+1}$$
$$\|t^n\| = \sqrt{(t^n|t^n)} = \sqrt{\frac{1}{2n+1}}$$

命題（7.1.5）　（i）$\boldsymbol{a} = \boldsymbol{o} \Longleftrightarrow \|\boldsymbol{a}\| = 0$，すなわち

$$\boldsymbol{a} \neq \boldsymbol{o} \Longleftrightarrow \|\boldsymbol{a}\| > 0$$

（ii）$\|c\boldsymbol{a}\| = |c|\|\boldsymbol{a}\|$
（iii）$\boldsymbol{a} \neq \boldsymbol{o}$ のとき，ベクトル $\dfrac{\boldsymbol{a}}{\|\boldsymbol{a}\|}$ の長さは 1
証明　（i）と（iii）略．（ii）$\|c\boldsymbol{a}\|^2 = (c\boldsymbol{a}|c\boldsymbol{a}) = c^2(\boldsymbol{a}|\boldsymbol{a}) = c^2\|\boldsymbol{a}\|^2$

空間ベクトルのときと同様に，一般の内積空間においても，$(\boldsymbol{x}|\boldsymbol{y}) = 0$ のとき，$\boldsymbol{x}$ と $\boldsymbol{y}$ とは**直交する**と言い，$\boldsymbol{x} \perp \boldsymbol{y}$ と書く．

命題 (7.1.6)（i）$\boldsymbol{a} \perp \boldsymbol{b} \Longleftrightarrow \|\boldsymbol{a}+\boldsymbol{b}\|^2 = \|\boldsymbol{a}\|^2 + \|\boldsymbol{b}\|^2$（ピタゴラスの定理）

（ii）$|(\boldsymbol{a}|\boldsymbol{b})| \leqq \|\boldsymbol{a}\| \cdot \|\boldsymbol{b}\|$（シュバルツの不等式）.

等号 $\Longleftrightarrow \boldsymbol{a}, \boldsymbol{b}$ が線型従属

（iii）$\|\boldsymbol{a}+\boldsymbol{b}\| \leqq \|\boldsymbol{a}\| + \|\boldsymbol{b}\|$（三角不等式）

等号 $\Longleftrightarrow \boldsymbol{a} = \boldsymbol{o}$ または $\boldsymbol{a} = c\boldsymbol{a}, c \geqq 0$

証明　$\boldsymbol{a} \neq \boldsymbol{o}$ のときにのみ証明しよう.

（i）$\|\boldsymbol{a}+\boldsymbol{b}\|^2 = (\boldsymbol{a}+\boldsymbol{b}|\boldsymbol{a}+\boldsymbol{b}) = (\boldsymbol{a}|\boldsymbol{a}) + (\boldsymbol{a}|\boldsymbol{b}) + (\boldsymbol{b}|\boldsymbol{a}) + (\boldsymbol{b}|\boldsymbol{b})$.

$$\therefore \boldsymbol{a} \perp \boldsymbol{b} = \boldsymbol{o} \Longleftrightarrow (\boldsymbol{a}|\boldsymbol{b}) = (\boldsymbol{b}|\boldsymbol{a}) = 0$$

$$\Longleftrightarrow \|\boldsymbol{a}+\boldsymbol{b}\|^2 = (\boldsymbol{a}|\boldsymbol{a}) + (\boldsymbol{b}|\boldsymbol{b}) = \|\boldsymbol{a}\|^2 + \|\boldsymbol{b}\|^2$$

（ii）$\boldsymbol{c} = \boldsymbol{b} - \dfrac{(\boldsymbol{b}|\boldsymbol{a})}{\|\boldsymbol{a}\|^2}\boldsymbol{a}$ とおく

$$0 \leqq \|\boldsymbol{c}\|^2 = \left(\boldsymbol{b} - \frac{(\boldsymbol{b}|\boldsymbol{a})}{\|\boldsymbol{a}\|^2}\boldsymbol{a} \middle| \boldsymbol{b} - \frac{(\boldsymbol{b}|\boldsymbol{a})}{\|\boldsymbol{a}\|^2}\boldsymbol{a}\right) = (\boldsymbol{b}|\boldsymbol{b}) - \frac{(\boldsymbol{a}|\boldsymbol{b})^2}{\|\boldsymbol{a}\|^2}$$

$$\therefore \|\boldsymbol{a}\|^2\|\boldsymbol{b}\|^2 \geqq (\boldsymbol{a}|\boldsymbol{b})^2$$

等号 $\Longleftrightarrow \boldsymbol{c} = \boldsymbol{o} \Longleftrightarrow \boldsymbol{b} = \dfrac{(\boldsymbol{b}|\boldsymbol{a})}{\|\boldsymbol{a}\|^2}\boldsymbol{a} \Longleftrightarrow \boldsymbol{a}$ と $\boldsymbol{b}$ が線型従属

（iii）シュバルツの不等式を用いて

$$\begin{aligned}\|\boldsymbol{a}+\boldsymbol{b}\|^2 &= \|\boldsymbol{a}\|^2 + (\boldsymbol{a}|\boldsymbol{b}) + (\boldsymbol{b}|\boldsymbol{a}) + \|\boldsymbol{b}\|^2 = \|\boldsymbol{a}\|^2 + 2(\boldsymbol{a}|\boldsymbol{b}) + \|\boldsymbol{b}\|^2 \\ &\leqq \|\boldsymbol{a}\|^2 + 2|(\boldsymbol{a}|\boldsymbol{b})| + \|\boldsymbol{b}\|^2 \leqq \|\boldsymbol{a}\|^2 + 2\|\boldsymbol{a}\|\|\boldsymbol{b}\| + \|\boldsymbol{b}\|^2 \\ &= (\|\boldsymbol{a}\| + \|\boldsymbol{b}\|)^2\end{aligned}$$

$$\therefore \|\boldsymbol{a}+\boldsymbol{b}\| \leqq \|\boldsymbol{a}\| + \|\boldsymbol{b}\|$$

$\boldsymbol{b} = c\boldsymbol{a}, c > 0$ のとき等号が成り立つのは明白. 逆に, $\|\boldsymbol{a}+\boldsymbol{a}\boldsymbol{b}\| = \|\boldsymbol{a}\| + \|\boldsymbol{b}\|$ であれば, 上の不等式より

$$|(\boldsymbol{a}|\boldsymbol{b})| = \|\boldsymbol{a}\|\|\boldsymbol{b}\|, \quad (\boldsymbol{a}|\boldsymbol{b}) = |(\boldsymbol{a}|\boldsymbol{b})|$$

が生ずる．前者と（ii）より $\boldsymbol{b}=c\boldsymbol{a}, c\in\boldsymbol{R}$ の形であり，後者より $0\leqq|(\boldsymbol{a}|\boldsymbol{b})|=(\boldsymbol{a}|\boldsymbol{b})=c(\boldsymbol{a}|\boldsymbol{a})$．ゆえに $c\geqq 0$．　　（証明終）

シュバルツの不等式は例（7.1.3）の（ i ），（ii），（iii），（iv）の内積では，それぞれ次の形となる．

$$(x_1y_1+\cdots+x_my_m)^2\leqq({x_1}^2+\cdots+{x_m}^2)({y_1}^2+\cdots+{y_m}^2)$$

$$\{\mathrm{tr}\,({}^tAB)\}^2\leqq\mathrm{tr}\,({}^tAA)\,\mathrm{tr}\,({}^tBB)$$

$$\left(\sum_{n=1}^{\infty}x_ny_n\right)^2\leqq\left(\sum_{n=1}^{\infty}{x_n}^2\right)\left(\sum_{n=1}^{\infty}{y_n}^2\right)$$

$$\left(\int_a^b f(t)g(t)dt\right)^2\leqq\left(\int_a^b f(t)^2dt\right)\left(\int_a^b g(t)^2dt\right)$$

定義（7.1.7）　内積空間では，$\boldsymbol{o}$ でないベクトル $\boldsymbol{x},\boldsymbol{y}$ に対しては，シュバルツの不等式より，$-1\leqq\dfrac{(\boldsymbol{x}|\boldsymbol{y})}{\|\boldsymbol{x}\|\|\boldsymbol{y}\|}\leqq 1$ が成り立つ．したがって

$$\cos\theta=\frac{(\boldsymbol{x}|\boldsymbol{y})}{\|\boldsymbol{x}\|\|\boldsymbol{y}\|},0\leqq\theta\leqq\pi$$

をみたす実数 θ がただ一つ定まる．これを $\boldsymbol{x}$ と $\boldsymbol{y}$ とがなす**角**と言い，$\angle(\boldsymbol{x},\boldsymbol{y})$ で表す．

$$\boldsymbol{x}\perp\boldsymbol{y}\Longleftrightarrow\text{"}\boldsymbol{x}=\boldsymbol{o}\text{または}\boldsymbol{y}=\boldsymbol{o}\text{または}\angle(\boldsymbol{x},\boldsymbol{y})=\frac{\pi}{2}\text{"}$$

例（7.1.8）　複素数体 $\boldsymbol{C}$ を実線型空間とみる．$\xi=x_1+ix_2$，$\eta=y_1+iy_2\in\boldsymbol{C}$ に対して

$$(\xi|\eta)=\mathrm{Re}(\xi\bar{\eta})=x_1y_1+x_2y_2$$

とおけば，$(\xi|\eta)$ は内積である．ξ の長さは

$$\|\xi\|=\sqrt{(\xi|\xi)}=\sqrt{x_1^2+{x_2}^2}=|\xi|\quad\text{（複素数の絶対値）}$$

である．$A=\arg(\xi), B=\arg(\eta)$ とおくと，

$$\xi=|\xi|e^{iA}, \eta=|\eta|e^{iB}, \bar{\eta}=|\bar{\eta}|e^{-iB} \quad \text{（極形式）}$$

$$\therefore (\xi|\eta)=\mathrm{Re}(\xi\bar{\eta})=\mathrm{Re}\left(|\xi||\bar{\eta}|e^{i(A-B)}\right)=|\xi||\eta|\cos(A-B)$$

$$\therefore \cos\angle(\xi,\eta)=\frac{(\xi|\eta)}{\|\xi\|\|\eta\|}=\frac{|\xi||\eta|\cos(A-B)}{|\xi||\eta|}=\cos(A-B)$$

$$\therefore \arg(\xi)-\arg(\eta)=A-B=\pm\angle(\xi,\eta)+\text{（}2\pi\text{の整数倍）}$$

すなわち，上の内積に関する角 $\angle(\xi,\eta)$ は，ξ,η の偏角の差に（符号と 2π の整数倍を除いて）等しい．

命題（7.1.9） $\boldsymbol{o}$ でないベクトル $\boldsymbol{x}_1,\cdots,\boldsymbol{x}_k$ のどの二つも直交すれば，$\boldsymbol{x}_1,\cdots,\boldsymbol{x}_k$ は線型独立である．

証明 $a_1\boldsymbol{x}_1+\cdots+a_k\boldsymbol{x}_k=\boldsymbol{o}, a_1,\cdots,a_k\in\boldsymbol{R}$ のとき，両辺の $\boldsymbol{x}_i$ との内積をつくれば

$$a_1(\boldsymbol{x}_1|\boldsymbol{x}_i)+\cdots+a_k(\boldsymbol{x}_k|\boldsymbol{x}_i)=0$$

ところで，$j\neq i$ ならば $(\boldsymbol{x}_j|\boldsymbol{x}_i)=0$ であるから，これから $a_i(\boldsymbol{x}_i|\boldsymbol{x}_i)=0$ が生ずる．$(\boldsymbol{x}_i|\boldsymbol{x}_i)\neq 0$ だから，$a_i=0(1\leqq i\leqq k)$

（証明終）

内積の定義より，ベクトル $\boldsymbol{a}$ を一つ定めたとき，写像 $V\longrightarrow\boldsymbol{R}$, $x\longmapsto(\boldsymbol{a}|\boldsymbol{x})$ は線型写像である．逆に

命題（7.1.10）（ i ）Vを有限次元の内積空間，$\sigma:V\longrightarrow\boldsymbol{R}$ を任意の線型写像とする．このとき，ある $\boldsymbol{a}\in V$があって

$$\sigma(\boldsymbol{x})=(\boldsymbol{a}|\boldsymbol{x})$$

と表される．

（ii）$\sigma : M_{n,n}(\boldsymbol{R}) \longrightarrow \boldsymbol{R}$ を任意の線型写像とする．このとき，ある $A \in M_{n,n}(\boldsymbol{x})$ があって

$$\sigma(X) = T_r(AX)$$

証明　（i）$(\boldsymbol{u}_i, \boldsymbol{u}_j) = \delta_{ij}$ となる基底 $< \boldsymbol{u}_1, \cdots, \boldsymbol{u}_n >$ を定め（これを正規直交基底という．(7.2.1) 参照），$c_i = \sigma(\boldsymbol{u}_i) \in \boldsymbol{R}, \boldsymbol{a} = \sum_{i=1}^{n} c_i \boldsymbol{u}_i$ とおく．このとき，任意の $\boldsymbol{x} = \sum_{j=1}^{n} x_j \boldsymbol{u}_j \in V$ に対して

$$(\boldsymbol{a}|\boldsymbol{x}) = c_1 x_1 + \cdots + c_n x_n$$
$$\sigma(\boldsymbol{x}) = \sum_{j=1}^{n} x_j \sigma(\boldsymbol{u}_j) = \sum_{j=1}^{n} x_j c_j = (\boldsymbol{a}|\boldsymbol{x})$$

（ii）$M_{n,n}(\boldsymbol{R})$ は内積 $(X|Y) = T_r({}^t XY) = T_r({}^t YX)$ によって内積空間となる．これに対して，（i）を適用すれば，ある $B \in M_{n,n}(\boldsymbol{R})$ があって，$A = {}^t B$ とおくとき

$$\sigma(X) = (B|X) = \mathrm{tr}({}^t BX) = \mathrm{tr}(AX) \qquad \text{（証明終）}$$

上の事実は無限次元の内積空間 l_2 に対しても成り立つ．すなわち次のことが知られている．

（F.Riesz の定理）　$\sum_{n=1}^{\infty} x_n^2$ が収束するような実数列 $(x_1, x_2, \cdots)$ 全体の実線型空間 l_2 において，$F : l_2 \longrightarrow \boldsymbol{R}$ を任意の連続な線型写像とするとき，ある $a = (a_1, a_2, \cdots) \in l_2$ があって

$$F(x) = \sum_{n=1}^{\infty} a_n x_n''$$

§7．1 の練習問題

1. $c_1, \cdots, c_n \in \boldsymbol{R}$ とする．$\boldsymbol{R}^n$ において，$\boldsymbol{x} = (x_i), \boldsymbol{y} = (y_i)$ に対して，$(\boldsymbol{x}|\boldsymbol{y}) = c_1 x_1 y_1 + \cdots + c_n x_n y_n$ とおく．$(\boldsymbol{x}|\boldsymbol{y})$ が内積となるための，$c_1, \cdots, c_n$ の条件をいえ．

§7.1 の答

1. $c_1 > 0, \cdots, c_n > 0.$

§7.2 正規直交基底

定義（7.2.1） 内積空間Vの（必ずしも有限個でない），ベクトル$\boldsymbol{u}_1, \cdots, \boldsymbol{u}_k, \cdots$が互いに直交し，かつどの長さも1に等しいとき，すなわち$\left(\boldsymbol{u}_i | \boldsymbol{u}_j\right) = \delta_{ij}$であるとき，それらは**正規直交系**をなすと言う．Vが有限次元で，正規直交系$\boldsymbol{u}_1, \cdots, \boldsymbol{u}_n$が$V$の基底をなすとき，$\langle \boldsymbol{u}_1, \cdots, \boldsymbol{u}_n \rangle$を$V$の**正規直交基底**という．

ベクトル$\boldsymbol{x}$に対して，スカラー

$$(\boldsymbol{x} | \boldsymbol{u}_i)$$

を，$\boldsymbol{x}$の$\boldsymbol{u}_i$に関する **Fourier 係数**という．

命題（7.2.2） Vの正規直交基底を定めたとき，それ関する$\boldsymbol{x} \in V$の座標が$(x_i)_{1 \leqq i \leqq n}$, $\boldsymbol{y} \in V$の座標が$(y_i)_{1 \leqq i \leqq n}$であれば,

$$(\boldsymbol{x} | \boldsymbol{y}) = x_1 y_1 + \cdots + x_n y_n, \|\boldsymbol{x}\| = \sqrt{x_1^2 + \cdots + x_n^2}$$

証明 $\langle \boldsymbol{u}_1, \cdots, \boldsymbol{u}_n \rangle$が正規直交基底のとき，$\left(\boldsymbol{u}_i | \boldsymbol{u}_j\right) = \delta_{ij}$から

$$\boldsymbol{x} = x_1 \boldsymbol{u}_1 + \cdots + x_n \boldsymbol{u}_n, \boldsymbol{y} = y_1 \boldsymbol{u}_1 + \cdots + y_n \boldsymbol{u}_n$$

ならば,

$$(\boldsymbol{x} | \boldsymbol{y}) = \sum_{1 \leq i, j \leq n} x_i y_j \left(\boldsymbol{u}_i | \boldsymbol{u}_j\right) = \sum_{1 \leqq i \leqq n} x_i y_i = x_1 y_1 + \cdots + x_n y_n$$

である．特に

$$(\boldsymbol{x} | \boldsymbol{x}) = {x_1}^2 + \cdots + {x_n}^2, \quad \therefore \|\boldsymbol{x}\| = \sqrt{(\boldsymbol{x} | \boldsymbol{x})} = \sqrt{{x_1}^2 + \cdots + {x_n}^2}$$

例（7.2.3）（i）列ベクトル空間 $\boldsymbol{R}^n$ において，単位ベクトルよりなる自然基底 $\langle \boldsymbol{e}_1, \cdots, \boldsymbol{e}_n \rangle$ は一つの正規直交基底である．ベクトル $\boldsymbol{x} = (x_i)_{1 \leqq i \leqq n}$ の $\boldsymbol{e}_i$ に関する Fourier 係数は

$$(\boldsymbol{x}|\boldsymbol{e}_i) = x_i, \quad \boldsymbol{x} = \sum_{i=1}^{n} (\boldsymbol{x}|\boldsymbol{e}_i)\, \boldsymbol{e}_i.$$

（ii）行列空間 $M_{m,n}(\boldsymbol{R})$ において，行列単位よりなる自然基底 $\langle E_{pq} \rangle_{1 \leqq p \leqq m, 1 \leq q \leq n}$ は一つの正規直交基底である．

（iii）$\displaystyle\sum_{n=1}^{\infty} a_n^2$ が収束するような実数列 $(a_1, a_2, \cdots)$ 全体の内積空間 l_2 において，第 n 項が 1 その他の項はすべて 0 となる数列を e_n とするとき，$e_1, \cdots, e_k, \cdots$ は正規直交系をなす．数列 $f = (a_1, a_2, \cdots)$ の e_i に関する Fourier 係数は

$$(f|e_i) = a_i.$$

（iv）閉区間 $[0, 2\pi]$ 上の実数値連続関数の全体 $C^0([0, 2\pi], \boldsymbol{R})$ において，$C_m(t) = \dfrac{\cos mt}{\sqrt{\pi}}, S_m(t) = \dfrac{\sin mt}{\sqrt{\pi}}$ とおくとき，整数 $m, n \geqq 1$ に対して

$$\left\| \frac{1}{\sqrt{2\pi}} \right\|^2 = \int_0^{2\pi} \frac{1}{2\pi} dt = 1, \quad \|C_m(t)\|^2 = \frac{1}{\pi} \int_0^{2\pi} \cos^2 mt dt = 1,$$

$$\|S_m(t)\|^2 = 1,$$

$$(C_m(t)|C_n(t)) = \frac{1}{\pi} \int_0^{2\pi} \cos(mt)\cos(nt) dt = 0 (m \neq n)$$

$$(S_m(t)|S_n(t)) = \frac{1}{\pi} \int_0^{2\pi} \sin(mt)\sin(nt) dt = 0 (m \neq n)$$

$$(C_m(t)|S_n(t)) = \frac{1}{\pi} \int_0^{2\pi} \cos(mt)\sin(nt) dt = 0 (m, n \text{ 任意})$$

であるし，$\dfrac{1}{\sqrt{2\pi}}$ が $C_m(t), S_m(t)$ と直交することも同様にしてわかる．ゆえに

$$\left\{ \frac{1}{\sqrt{2\pi}}, C_m(t), S_m(t) \right\}_{m \geqq 1}$$

は正規直交系をなす．この正規直交系は物理・工学を志す者は絶対避けることの出来ない重要なものである．関数 f の $C_m(t)$,$S_m(t)$ に関する Fourier 係数は

$$a_m = \frac{1}{\sqrt{\pi}} \int_0^{2\pi} f(t) \cos mt dt, \quad b_m = \frac{1}{\sqrt{\pi}} \int_0^{2\pi} f(t) \sin mt dt.$$

$[0, 2\pi]$ 上の関数はどんな関数 $f(t)$ も（細かい条件は省く）

$$\begin{aligned} f(t) &= a_0 \frac{1}{\sqrt{2\pi}} + \left(a_1 \frac{\cos t}{\sqrt{\pi}} + b_1 \frac{\sin t}{\sqrt{\pi}} \right) + \left(a_2 \frac{\cos 2t}{\sqrt{\pi}} + b_2 \frac{\sin 2t}{\sqrt{\pi}} \right) + \cdots \\ &= a_0 \frac{1}{\sqrt{2\pi}} + \sum_{n=1}^{\infty} (a_n C_n(t) + b_n S_n(t)) \end{aligned}$$

と表されるというのが，Fourier解析の基本定理である．

例（7.2.4）（ｉ）関数 $P_n(t) = \dfrac{1}{2^n n!} \dfrac{d^n}{dt^n} \left(t^2 - 1\right)^n$ (n は整数 $\geqq 0$) は n 次の多項式である．これを **Legendre 多項式**という．

$$P_0(t) = 1, P_1(t) = t, P_2(t) = \frac{3t^2 - 1}{2}, P_3(t) = \frac{5t^3 - 3t}{2}, \cdots.$$

$$\frac{d}{dt} \left\{ \left(1 - t^2\right) \frac{dP_n(t)}{dt} \right\} + n(n+1) P_n(t) = 0,$$

$$\int_{-1}^{1} P_m(t) P_n(t) dt = 0 \quad (m \neq n)$$

が成り立つ．実際

$$z = \left(t^2 - 1\right)^n, \quad y = \frac{d^n z}{dt^n} \text{とおくと}, \frac{dz}{dt} = 2n \left(t^2 - 1\right)^{n-1} t,$$

$$\left(t^2 - 1\right) \frac{dz}{dt} = 2nzt.$$

これを $n+1$ 回微分して整理すると

$$\left(t^2 - 1\right) \frac{d^2 y}{dt^2} + 2t \frac{dy}{dt} = n(n+1) y$$

$$\begin{aligned} \therefore \frac{d}{dt} \left[\left(t^2 - 1\right) \frac{dP_n(t)}{dt} \right] &= \left(t^2 - 1\right) \frac{d^2 P_n(t)}{dt^2} + 2t \frac{dP_n(t)}{dt} \\ &= n(n+1) P_n(t) \end{aligned}$$

さらに，$m \neq n$ のとき

$$M = m(m+1)\int_{-1}^{1} P_m(t)P_n(t)dt$$
$$= \int_{-1}^{1} \frac{d}{dt}\left\{(t^2-1)\frac{dP_m(t)}{dt}\right\} P_n(t)dt$$

部分積分によって

$$= \left[(t^2-1)\cdot\frac{dP_m(t)}{dt}\cdot P_n(t)\right]_{-1}^{1} - \int_{-1}^{1}(t^2-1)\frac{dP_m(t)}{dt}\cdot\frac{dP_n(t)}{dt}dt$$
$$= -\int_{-1}^{1}(t^2-1)\frac{dP_m(t)}{dt}\cdot\frac{dP_n(t)}{dt}dt$$

同様に

$$N = n(n+1)\int_{-1}^{1} P_m(t)P_n(t)dt$$
$$= -\int_{-1}^{1}(t^2-1)\frac{dP_m(t)}{dt}\frac{dP_n(t)}{dt}dt$$
$$\therefore 0 = M - N = \{m(m+1) - n(n+1)\}\int_{-1}^{1} P_m(t)P_n(t)dt$$

である．$m(m+1)-n(n+1) = (m-n)(m+n+1) \neq 0$ で割って

$$\int_{-1}^{1} P_m(t)P_n(t)dt = 0 \quad (m \neq n).$$

よって，内積 $(f|g) = \displaystyle\int_{-1}^{1} f(t)g(t)dt$ に関して，$P_m(t)$ と $P_n(t)$ は直交する $(m \neq n)$．さらに

$$\|P_n(t)\|^2 = \int_{-1}^{1} P_n(t)^2 dt = \frac{2}{2n+1}$$

が証明されるから，$\left\{\sqrt{\dfrac{2n+1}{2}}P_n(t)\right\}_{n=0,1,2,\cdots}$ は連続関数の線型空間 $C^0([-1,1],\boldsymbol{R})$ において正規直交系をなす．Legendre 多項式は水素様原子の波動関数を表すのに用いられる．

（ii）関数 $H_n(t)=(-1)^n e^{t2}\dfrac{d^n e^{-t2}}{dt^n}$ は n 次の多項式である (n は整数 $\geqq 0$)．これを **Hermite 多項式**という．関数 $\psi_n(t)=e^{-\frac{t^2}{2}}H_n(t)=(-1)^n e^{\frac{t^2}{2}}\dfrac{d^n e^{-t^2}}{dt^n}$ を **Hermite 関数**という．

$$H_0(t)=1, H_1(t)=2t, H_2(t)=4t^2-2, H_3(t)=8t^3-12t, \cdots$$

$$\frac{d^2\psi_n(t)}{dt^2}-t^2\psi_n(t)+(2n+1)\psi_n(t)=0,$$

$$\int_{-\infty}^{\infty}\psi_n(t)\psi_m(t)dt=0 \quad (m\neq n)$$

が成り立つ．実際

$$z=e^{-t^2}, y=e^{\frac{t^2}{2}}\frac{d^n z}{dt^n} \text{とおくと，} \frac{dz}{dt}=-2tz.$$

これを $n+1$ 回微分すると

$$\frac{d^{n+2}z}{dt^{n+2}}=-2t\frac{d^{n+1}z}{dt^{n+1}}-2(n+1)\frac{d^n z}{dt^n}$$

$$\begin{aligned}
\therefore \frac{d^2y}{dt^2} &= e^{\frac{t^2}{2}}\frac{d^{n+2}z}{dt^{n+2}}+2\left(te^{\frac{t^2}{2}}\right)\frac{d^{n+1}z}{dt^{n+1}}+\left(e^{\frac{t^2}{2}}+t^2e^{\frac{t^2}{2}}\right)\frac{d^n z}{dt^n}\\
&= e^{\frac{t^2}{2}}\left\{-2t\frac{d^{n+1}z}{dt^{n+1}}-(2n+2)\frac{d^n z}{dt^n}\right\}+2te^{\frac{t^2}{2}}\frac{d^{n+1}z}{dt^{n+1}}\\
&\quad +\left(e^{\frac{t^2}{2}}+t^2e^{\frac{t^2}{2}}\right)\frac{d^n z}{dt^n}\\
&= (t^2-2n-1)\,e^{\frac{t^2}{2}}\frac{d^n z}{dt^n}=(t^2-2n-1)\,y
\end{aligned}$$

$$\therefore \frac{d^2y}{dt^2}+(2n+1-t^2)\,y=0, \frac{d^2\psi_n(t)}{dt^2}+(2n+1-t^2)\,\psi_n(t)=0$$

さらに，$m\neq n$ のとき

$$\begin{aligned}
M &= -(2m+1)\int_{-\infty}^{\infty}\psi_m(t)\psi_n(t)dt\\
&= \int_{-\infty}^{\infty}\frac{d^2\psi_m(t)}{dt^2}\psi_n(t)dt-\int_{-\infty}^{\infty}t^2\psi_m(t)\psi_n(t)dt
\end{aligned}$$

部分積分によって

$$= \left[\frac{d\psi_m(t)}{dt}\cdot\psi_n(t)\right]_{-\infty}^{\infty} - \int_{-\infty}^{\infty}\frac{d\psi_m(t)}{dt}\cdot\frac{d\psi_n(t)}{dt}dt - \int_{-\infty}^{\infty} t^2\psi_m(t)\psi_n(t)dt$$

$$\psi_n(t) = \frac{H_n(t)}{e^{\frac{t^2}{2}}} = \frac{(n\text{次多項式})}{e^{\frac{t^2}{2}}} \longrightarrow 0 \quad (t \longrightarrow \pm\infty)$$

$$\frac{d\psi_m(t)}{dt} = \frac{H'_m(t)}{e^{\frac{t^2}{2}}} - \frac{tH_m(t)}{e^{\frac{t^2}{2}}} = \frac{(m+1\text{次多項式})}{e^{\frac{t^2}{2}}}$$

$$\therefore M = -\int_{-\infty}^{\infty}\frac{d\psi_m(t)}{dt}\frac{d\psi_n(t)}{dt}dt - \int_{-\infty}^{\infty} t^2\psi_m(t)\psi_n(t)dt$$

が生ずる．同様に

$$N = -(2n+1)\int_{-\infty}^{\infty}\psi_m(t)\psi_n(t)dt = -\int_{-\infty}^{\infty}\frac{d\psi_m(t)}{dt}\frac{d\psi_n(t)}{dt}dt - \int_{-\infty}^{\infty} t^2\psi_m(t)\psi_n(t)dt$$

$$\therefore \quad 0 = M - N = [(2n+1)-(2m+1)]\int_{-\infty}^{\infty}\psi_m(t)\psi_n(t)dt$$

である．$(2n+1)-(2m+1) = 2(n-m) \neq 0$ で割って

$$\int_{-\infty}^{\infty}\psi_m(t)\psi_n(t)dt = 0$$

よって，内積 $(f|g) = \int_{-\infty}^{\infty} f(t)g(t)dt$ に関して，

$\psi_m(t)$ と $\psi_n(t)$ は直交する $(m \neq n)$.

さらに

$$\|\psi_n(t)\|^2 = \int_{-\infty}^{\infty}\psi_n(t)^2dt = \int_{-\infty}^{\infty} e^{-t^2}H_n(t)^2dt = 2^n n!\sqrt{\pi}$$

が証明されるから，$\left\{\frac{1}{\sqrt{2^n\cdot n!\sqrt{\pi}}}e^{-\frac{t^2}{2}}H_n(t)\right\}_{n=0,1,2,\ldots}$ は正規直交系をなす．Hermite 関数は調和振動子の波動関数である．

（iii） α は実数 $> -1, n$ は整数 $\geqq 0$ とする．関数 ${L_n}^{(\alpha)}(t) = t^{-\alpha}e^t \dfrac{d^n}{dt^n}(t^{\alpha+n}e^{-t})$ は n 次の多項式である．これを **Laguerre 多項式**という．関数 ${\omega_n}^{(\alpha)}(t) = e^{-\frac{t}{2}}t^{\frac{\alpha}{2}}{L_n}^{(\alpha)}(t) = t^{-\frac{\alpha}{2}}e^{\frac{t}{2}}\dfrac{d^n}{dt^n}(t^{\alpha+n}e^{-t})$ を **Laguerre 関数**という．

$$L_0^{(\alpha)}(t) = 1, {L_1}^{(\alpha)}(t) = (\alpha+1) - t,$$
$$L_2^{(\alpha)}(t) = (\alpha+2)(\alpha+1) - 2(\alpha+2)t + t^2, \cdots$$
$$\frac{d}{dt}\left\{t\frac{d\omega_n^{(\alpha)}(t)}{dt}\right\} - \left(\frac{t}{4} + \frac{\alpha^2}{4t}\right){\omega_n}^{(\alpha)}(t) + \frac{\alpha+1+2n}{2}\omega_n^{(\alpha)}(t) = 0,$$
$$\int_0^\infty {\omega_m}^{(\alpha)}(t){\omega_n}^{(\alpha)}(t)dt = 0 (m \neq n)$$

が成り立つ．実際

$$z = t^{\alpha+n}e^{-t} \text{とおくと}, t\frac{dz}{dt} = (\alpha+n)z - tz.$$

これを $n+1$ 回微分して整理すると

$$t\frac{d^{n+2}z}{dt^{n+2}} = (\alpha-1-t)\frac{d^{n+1}z}{dt^{n+1}} - (n+1)\frac{d^n z}{dt^n}$$

一方，$\omega = {\omega_n}^{(\alpha)}(t) = t^{-\frac{\alpha}{2}}e^{\frac{t}{2}}\dfrac{d^n z}{dt^n}$ に対して

$$\frac{d\omega}{dt} = \left(-\frac{\alpha}{2}t^{-\frac{\alpha}{2}-1} + \frac{1}{2}t^{-\frac{\alpha}{2}}\right)e^{\frac{t}{2}}\frac{d^n z}{dt^n} + t^{-\frac{\alpha}{2}}e^{\frac{t}{2}}\frac{d^{n+1}z}{dt^{n+1}}$$
$$t\frac{d\omega}{dt} = \left(-\frac{\alpha}{2}t^{-\frac{\alpha}{2}} + \frac{1}{2}t^{-\frac{\alpha}{2}+1}\right)e^{\frac{t}{2}}\frac{d^n z}{dt^n} + t^{-\frac{\alpha}{2}+1}e^{\frac{t}{2}}\frac{d^{n+1}z}{dt^{n+1}}$$
$$\therefore \frac{d}{dt}\left\{t\frac{d\omega}{dt}\right\} = \left(\frac{\alpha^2}{4t} + \frac{t}{4} - \frac{\alpha+1+2n}{2}\right)t^{-\frac{\alpha}{2}}e^{\frac{t}{2}}\frac{d^n z}{dt^n}$$
$$\therefore \frac{d}{dt}\left\{t\frac{d\omega}{dt}\right\} = \left(\frac{\alpha^2}{4t} + \frac{t}{4} - \frac{\alpha+1+2n}{2}\right)\omega$$

さらに，$m \neq n$ のとき

$$M = -\frac{\alpha+1+2m}{2}\int_0^\infty {\omega_m}^{(\alpha)}(t)\omega_n^{(\alpha)}(t)dt$$

$$= \int_0^\infty \frac{d}{dt}\left\{t\frac{d\omega_m^{(\alpha)}(t)}{dt}\right\}\omega_n^{(\alpha)}(t)dt$$

$$-\int_0^\infty \left(\frac{\alpha^2}{4t}+\frac{t}{4}\right)\omega_m^{(\alpha)}(t)\omega_n^{(\alpha)}(t)dt$$

$$= \left[t\frac{d\omega_m{}^{(\alpha)}(t)}{dt}\cdot\omega_n{}^{(\alpha)}(t)\right]_0^\infty - \int_0^\infty t\frac{d\omega_m{}^{(\alpha)}(t)}{dt}\cdot\frac{d\omega_n{}^{(\alpha)}(t)}{dt}dt$$

$$-\int_0^\infty \left(\frac{\alpha^2}{4t}+\frac{t}{4}\right)\omega_m^{(\alpha)}(t)\omega_n{}^{(\alpha)}(t)dt$$

$$= -\int_0^\infty t\frac{d\omega_m{}^{(\alpha)}(t)}{dt}\cdot\frac{d\omega_n{}^{(\alpha)}(t)}{dt}dt$$

$$-\int_0^\infty \left(\frac{\alpha^2}{4t}+\frac{t}{4}\right)\omega_m{}^{(\alpha)}(t)\omega_n{}^{(\alpha)}(ttd)$$

同様に

$$N = -\frac{\alpha+1+2n}{2}\int_0^\infty \omega_m^{(\alpha)}(t)\omega_n^{(\alpha)}(t)dt = -\int_0^\infty t\frac{d\omega_m^{(\alpha)}(t)}{dt}.$$

$$\frac{d\omega_n^{(\alpha)}(t)}{dt}dt - \int_0^\infty \left(\frac{\alpha^2}{4t}+\frac{t}{4}\right)\omega_m{}^{(\alpha)}(t)\omega_n{}^{(\alpha)}(t)dt$$

$$\therefore 0 = M - N = \left(\frac{\alpha+1+2n}{2}-\frac{\alpha+1+2m}{2}\right)\int_0^\infty \omega_m{}^{(\alpha)}(t)\omega_n^{(\alpha)}(t)dt$$

$$= (n-m)\int_0^\infty \cdot$$

$$\therefore \int_0^\infty \omega_m{}^{(\alpha)}(t)\omega_n{}^{(\alpha)}(t)dt = 0.$$

よって，内積 $(f|g) = \int_0^\infty f(t)g(t)dt$ に関して， $\omega_m{}^{(\alpha)}(t)$ と $\omega_n{}^{(\alpha)}(t)$ は直交する $(m \neq n)$．さらに

$$\left\|\omega_n^{(\alpha)}(t)\right\|^2 = \int_0^\infty e^{-t}t^\alpha L_n^{(\alpha)}(t)^2dt = n!\int_0^\infty t^{\alpha+n}e^{-t}dt$$

$$= n!\Gamma(\alpha+n+1)$$

が証明されるから， $\left\{\frac{1}{\sqrt{n!\Gamma(\alpha+n+1)}}\omega_n{}^{(\alpha)}(t)\right\}_{n=0,1,2,\ldots}$ は正規直

交系をなす．Laguerre 関数もまた水素様原子の波動関数を表すのに用いられる．

命題（7.2.5）（グラム・シュミットの直交化法） $\langle \boldsymbol{a}_1, \cdots, \boldsymbol{a}_n \rangle$ を有限次元の内積空間 V の勝手な基底とする．このとき

$$\boldsymbol{u}_1 = \frac{\boldsymbol{a}_1}{\|\boldsymbol{a}_1\|}$$

$$\boldsymbol{a}_2{}' = \boldsymbol{a}_2 - (\boldsymbol{a}_2|\boldsymbol{u}_1)\,\boldsymbol{u}_1, \qquad \boldsymbol{u}_2 = \frac{\boldsymbol{a}_2'}{\|\boldsymbol{a}_2'\|}$$

$$\boldsymbol{a}_3' = \boldsymbol{a}_3 - (\boldsymbol{a}_3|\boldsymbol{u}_1)\,\boldsymbol{u}_1 - (\boldsymbol{a}_3|\boldsymbol{u}_2)\,\boldsymbol{u}_2 \qquad \boldsymbol{u}_3 = \frac{\boldsymbol{a}_3'}{\|\boldsymbol{a}_3'\|}$$

$$\cdots \qquad \cdots$$

$$\boldsymbol{a}_n' = \boldsymbol{a}_n - (\boldsymbol{a}_n|\boldsymbol{u}_1)\,\boldsymbol{u}_1 - (\boldsymbol{a}_n|\boldsymbol{u}_2)\,\boldsymbol{u}_2 - \cdots - (\boldsymbol{a}_n|\boldsymbol{u}_{n-1})\,\boldsymbol{u}_{n-1}$$

$$\boldsymbol{u}_n = \frac{\boldsymbol{a}_n'}{\|\boldsymbol{a}_n'\|}$$

とおけば，$\langle \boldsymbol{u}_1, \cdots, \boldsymbol{u}_n \rangle$ は正規直交基底である．

証明　簡単のため $n = 3$ とする．$\|\boldsymbol{u}_1\| = \|\boldsymbol{u}_2\| = \|\boldsymbol{u}_3\| = 1$ は明白．$(\boldsymbol{a}_2{}'|\boldsymbol{u}_1) = (\boldsymbol{a}_2|\boldsymbol{u}_1) - (\boldsymbol{a}_2|\boldsymbol{u}_1)\,(\boldsymbol{u}_1|\boldsymbol{u}_1) = (\boldsymbol{a}_2|\boldsymbol{u}_1) - (\boldsymbol{a}_2|\boldsymbol{u}_1) = 0$ より $\boldsymbol{a}_2{}' \perp \boldsymbol{u}_1, \therefore \boldsymbol{u}_2 \perp \boldsymbol{u}_1$.

また $(\boldsymbol{a}_3'|\boldsymbol{u}_1) = (\boldsymbol{a}_3|\boldsymbol{u}_1) - (\boldsymbol{a}_3|\boldsymbol{u}_1)\,(\boldsymbol{u}_1|\boldsymbol{u}_1) - (\boldsymbol{a}_3|\boldsymbol{u}_2)\,(\boldsymbol{u}_2|\boldsymbol{u}_1) = (\boldsymbol{a}_3|\boldsymbol{u}_1) - (\boldsymbol{a}_3|\boldsymbol{u}_1) = 0$ より，$\boldsymbol{a}_3{}' \perp \boldsymbol{u}_1$，　$\therefore \boldsymbol{u}_3 \perp \boldsymbol{u}_1$.

同様に $(\boldsymbol{a}_3{}'|\boldsymbol{u}_2) = 0$ より $\boldsymbol{a}_3{}' \perp \boldsymbol{u}_2, \therefore \boldsymbol{u}_3 \perp \boldsymbol{u}_2$ である．

以上により，$\boldsymbol{u}_1, \boldsymbol{u}_2, \boldsymbol{u}_3$ はすべて長さが 1 で，どの三つも直交する．ゆえに $\langle \boldsymbol{u}_1, \boldsymbol{u}_2, \boldsymbol{u}_3 \rangle$ は正規直交基底である．

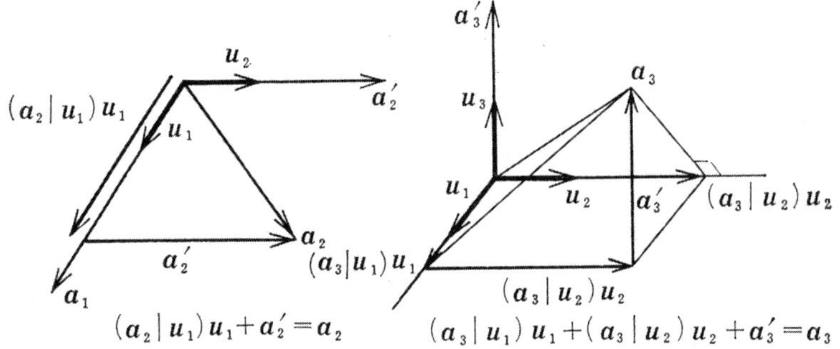

（証明終）

例題（7.2.6）（i）ユークリッド線型空間 $\boldsymbol{R}^2$ において，$\boldsymbol{a}_1 = \begin{pmatrix} 1 \\ 3 \end{pmatrix}, \boldsymbol{a}_2 = \begin{pmatrix} 3 \\ -4 \end{pmatrix}$ のとき，基底 $\langle \boldsymbol{a}_1, \boldsymbol{a}_2 \rangle$ に直交化法を適用して正規直交基底を作れ.

（ii）ユークリッド線型空間 $\boldsymbol{R}^3$ において

$\boldsymbol{b}_1 = \begin{pmatrix} 1 \\ 1 \\ 0 \end{pmatrix}, \boldsymbol{b}_2 = \begin{pmatrix} 1 \\ 0 \\ 1 \end{pmatrix}, \boldsymbol{b}_3 = \begin{pmatrix} 0 \\ 1 \\ 1 \end{pmatrix}$ のとき，基底 $\langle \boldsymbol{b}_1, \boldsymbol{b}_2, \boldsymbol{b}_3 \rangle$ に直交化法を適用して正規直交基底を作れ.

解　（i）$\boldsymbol{u}_1 = \dfrac{\boldsymbol{a}_1}{\|\boldsymbol{a}_1\|} = \dfrac{1}{\sqrt{10}} \begin{pmatrix} 1 \\ 3 \end{pmatrix} \cdot \boldsymbol{a}_2{}' = \boldsymbol{a}_2 - (\boldsymbol{a}_2|\boldsymbol{u}_1)\boldsymbol{u}_1 = \boldsymbol{a}_2 + \dfrac{9}{10} \begin{pmatrix} 1 \\ 3 \end{pmatrix} = \dfrac{1}{10} \begin{pmatrix} 39 \\ -13 \end{pmatrix}, \boldsymbol{u}_2 = \dfrac{\boldsymbol{a}_2'}{\|\boldsymbol{a}_2{}'\|} = \dfrac{1}{\frac{13}{\sqrt{10}}} \cdot \dfrac{1}{10} \begin{pmatrix} 39 \\ -13 \end{pmatrix} = \dfrac{1}{\sqrt{10}} \begin{pmatrix} 3 \\ -1 \end{pmatrix}$

$\langle \boldsymbol{u}_1, \boldsymbol{u}_2 \rangle = \left\langle \dfrac{1}{\sqrt{10}} \begin{pmatrix} 1 \\ 3 \end{pmatrix}, \dfrac{1}{\sqrt{10}} \begin{pmatrix} 3 \\ -1 \end{pmatrix} \right. >$ が求めるもの

(ii) $v_1 = \dfrac{b_1}{\|b_1\|} = \dfrac{1}{\sqrt{2}}\begin{pmatrix} 1 \\ 1 \\ 0 \end{pmatrix}$,

$$b_2{}' = b_2 - (b_2|v_1)\,v_1 = b_2 - \frac{1}{2}\begin{pmatrix} 1 \\ 1 \\ 0 \end{pmatrix} = \begin{pmatrix} \frac{1}{2} \\ -\frac{1}{2} \\ 1 \end{pmatrix}$$

$$v_2 = \frac{b_2{}'}{\|b_2{}'\|} = \frac{1}{\frac{2}{\sqrt{6}}}\cdot\frac{1}{2}\begin{pmatrix} 1 \\ -1 \\ 2 \end{pmatrix} = \frac{1}{\sqrt{6}}\begin{pmatrix} 1 \\ -1 \\ 2 \end{pmatrix}.$$

$$b_3{}' = b_3 - (b_3|v_1)\,v_1 - (b_3|v_2)\,v_2 = b_3 - \frac{1}{\sqrt{2}}\cdot\frac{1}{\sqrt{2}}\begin{pmatrix} 1 \\ 1 \\ 0 \end{pmatrix}$$

$$-\frac{1}{\sqrt{6}}\cdot\frac{1}{\sqrt{6}}\begin{pmatrix} 1 \\ 1 \\ 2 \end{pmatrix} = \frac{2}{3}\begin{pmatrix} -1 \\ 1 \\ 1 \end{pmatrix}$$

$$v_3 = \frac{b_3{}'}{\|b_3{}'\|} = \frac{1}{\frac{2}{\sqrt{3}}}\cdot\frac{2}{3}\begin{pmatrix} 1 \\ 1 \end{pmatrix} = \frac{1}{\sqrt{3}}\begin{pmatrix} -1 \\ 1 \\ 1 \end{pmatrix}.$$

$$\langle v_1, v_2, v_3\rangle = \left\langle \begin{pmatrix} \frac{1}{\sqrt{2}} \\ \frac{1}{\sqrt{2}} \\ 0 \end{pmatrix}, \begin{pmatrix} \frac{1}{\sqrt{6}} \\ -\frac{1}{\sqrt{6}} \\ \frac{2}{\sqrt{6}} \end{pmatrix}, \begin{pmatrix} -\frac{1}{\sqrt{3}} \\ \frac{1}{\sqrt{3}} \\ \frac{1}{\sqrt{3}} \end{pmatrix} \right\rangle$$

が求めるもの.（終）

§7.2 の練習問題

1. 次の基底にグラム・シュミットの直交化法を行え.

(i) $\boldsymbol{R}^2$ の基底 $\left\langle \begin{pmatrix} 1 \\ 2 \end{pmatrix}, \begin{pmatrix} 3 \\ 5 \end{pmatrix} \right\rangle$, （ii）$\boldsymbol{R}^3$ の基底 $\left\langle \begin{pmatrix} 1 \\ 2 \\ 3 \end{pmatrix}, \begin{pmatrix} 1 \\ 0 \\ 1 \end{pmatrix}, \begin{pmatrix} 1 \\ 1 \\ 1 \end{pmatrix} \right\rangle$

2. $p(t), q(t), v(t) \in C^0([a,b], \boldsymbol{R}), [a,b]$ において $p(t) > 0, r(t) > 0. \lambda_1, \lambda_2 \in \boldsymbol{R}$, 関数 f_1, f_2 が

$$\begin{cases} \dfrac{d}{dt}\left(p(t)\dfrac{df_i(t)}{dt}\right) - q(t)f_i(t) + \lambda_i r(t) f_i(t) = 0 \quad (1 \leqq i \leqq 2) \\ \qquad [p(t)f_1(t)f_2'(t) - p(t)f_1'(t)f_2(t)]_a^b = 0 \end{cases}$$

をみたすとする．(7.2.4) の考え方で次を証明せよ．

$$\lambda_1 \neq \lambda_2 \text{ ならば } \int_a^b r(t)f_1(t)f_2(t)dt = 0$$

§ 7.2 の答

1. （i）$\left\langle \dfrac{1}{\sqrt{5}}\begin{pmatrix} 1 \\ 2 \end{pmatrix}, \dfrac{1}{\sqrt{5}}\begin{pmatrix} 2 \\ -1 \end{pmatrix} \right\rangle$

（ii）$\left\langle \dfrac{1}{\sqrt{14}}\begin{pmatrix} 1 \\ 2 \\ 3 \end{pmatrix}, \dfrac{1}{\sqrt{42}}\begin{pmatrix} 5 \\ -4 \\ 1 \end{pmatrix}, \dfrac{1}{\sqrt{3}}\begin{pmatrix} 1 \\ 1 \\ -1 \end{pmatrix} \right\rangle$

2. $(-\lambda_2 + \lambda_1)\displaystyle\int_a^b r(t)f_1(t)f_2(t)dt$

$$= \int_a^b \left\{ f_1(t)\frac{d}{dt}\left(p(t)\frac{df_2}{dt}\right) - f_2(t)\frac{d}{dt}\left(p(t)\frac{df_1}{dt}\right) \right\} dt$$

$$= \left[p(t)f_1(t)\frac{df_2}{dt} - p(t)f_2(t)\frac{df_1}{dt} \right]_a^b = 0$$

§ 7.3　直交変換（実ユニタリー変換）

定義（7.3.1）　V を実内積空間，T を V 線型変換とする．T が二つの条件

（i）T が線型空間としての V から V への同型写像である．

（ii）任意の $\boldsymbol{x}, \boldsymbol{y} \in V$ に対して $(T(\boldsymbol{x})|T(\boldsymbol{y})) = (\boldsymbol{x}|\boldsymbol{y})$ をみたすこと

を，簡単のため，F は V の**直交変換**または**実ユニタリー変換**であるという．

実内積空間においては，長さと角が内積を用いて定義され，逆に内積は長さと角とで表される．すなわち

$$(\boldsymbol{x}|\boldsymbol{y}) = \|\boldsymbol{x}\|\|\boldsymbol{y}\| \cos\angle(\boldsymbol{x},\boldsymbol{y}), \quad (\boldsymbol{x},\boldsymbol{y} \neq \boldsymbol{o})$$

であるから，上の条件（ii）は T が長さと角を保存する．すなわち

（ii）$'$ 任意のベクトル $\boldsymbol{x}$ に対して $\|T(\boldsymbol{x})\| = \|\boldsymbol{x}\|$

任意のベクトル $\boldsymbol{x},\boldsymbol{y}$ に対して $\angle(T\boldsymbol{x},T\boldsymbol{y}) = \angle(\boldsymbol{x},\boldsymbol{y})$

が成り立つこと，と言ってもよい．

命題（7.3.2） V を有限次元の内積空間，$T : V \longrightarrow V$ を線型変換とする．このとき次の四条件は同値である．

（i）T は直交変換である．

（ii）すべての $\boldsymbol{x},\boldsymbol{y} \in V$ に対して $(T\boldsymbol{x}|T\boldsymbol{y}) = (\boldsymbol{x}|\boldsymbol{y})$．（$T$ が線型空間としての同型写像であることを仮定しない）

（iii）T はベクトルの長さを保存する．すなわち，すべての $\boldsymbol{x} \in V$ に対して $\|T\boldsymbol{x}\,| = \|\boldsymbol{x}\,|$

（iv）T は長さ 1 のベクトルを長さ 1 のベクトルにうつす．すなわち $\|\boldsymbol{x}\| = 1$ ならば $\|T\boldsymbol{x}\| = 1$

仮定 $\dim V < \infty$ は（ii）$\Longrightarrow$（i）においてのみ使われる．

証明 （i）$\Longrightarrow$(iv)$\Longrightarrow$（iii）$\Longrightarrow$（ii）$\Longrightarrow$（i）の順に進める．

（i）$\Longrightarrow$（iv）は明白．

（iv）$\Longrightarrow$（iii）$\boldsymbol{x} = \boldsymbol{o}$ のとき，$T(\boldsymbol{x}) = \boldsymbol{o}, \therefore \|T\boldsymbol{x}\| = 0 = \|\boldsymbol{x}\|$．$\boldsymbol{x} \neq \boldsymbol{o}$ のとき，$\boldsymbol{e} = \dfrac{\boldsymbol{x}}{\|\boldsymbol{x}\|}$ の長さは 1 だから，（iv）より $\|T(\boldsymbol{e})\| = 1$．
$\therefore T(\boldsymbol{x}) = T(\|\boldsymbol{x}\|\boldsymbol{x}) = \|\boldsymbol{x}\|T(\boldsymbol{e})$ の長さは $\|\boldsymbol{x}\|$ に等しい．

（iii）$\Longrightarrow$（ii）二つの等式

$$\|\boldsymbol{x}+\boldsymbol{y}\|^2 - \|\boldsymbol{x}-\boldsymbol{y}\|^2 = 4(\boldsymbol{x}|\boldsymbol{y}),$$
$$\|T(\boldsymbol{x}+\boldsymbol{y})\|^2 - \|T(\boldsymbol{x}-\boldsymbol{y})\|^2 = 4(T(\boldsymbol{x})|T(\boldsymbol{y}))$$

に注意する．（iii）を仮定すれば $\|T(\boldsymbol{x}\pm\boldsymbol{y})\|^2 = \|\boldsymbol{x}\pm\boldsymbol{y}\|^2$ であるから，上の三式より

$$4(T(\boldsymbol{x})|T(\boldsymbol{y})) = 4(\boldsymbol{x}|\boldsymbol{y}), \quad \therefore (T(\boldsymbol{x})|T(\boldsymbol{y})) = (\boldsymbol{x}|\boldsymbol{y})$$

（ii）$\Rightarrow$（i）$\boldsymbol{x} \in T^{-1}(\boldsymbol{o}$ ならば，　$T(\boldsymbol{x}) = \boldsymbol{o}$,　$(\boldsymbol{x}|\boldsymbol{x}) = (T(\boldsymbol{x})|T(\boldsymbol{x})) = 0$, したがって $\boldsymbol{x} = \boldsymbol{o}$. ゆえに $T^{-1}(\boldsymbol{o}) = \{\boldsymbol{o}\}$. 命題の仮定 $\dim V < \infty$ によって, $\dim V = \dim T(V) + \dim T^{-1}(\boldsymbol{o}) = \dim T(V)$　$\therefore V = T(V)$. ゆえに T は全単写像であって同型写像．さらに $(T(\boldsymbol{x})|T(\boldsymbol{y})) = (\boldsymbol{x}|\boldsymbol{y})$ をみたすから，T は直交変換である．（証明終）

直交変換 T はベクトルのなす角を保存するから，勿論直交性を保存する．しかしながら逆は真ではない．たとえば，スカラー倍変換 $T(\boldsymbol{x}) = 3\boldsymbol{x}$ は

$$\cos\angle(T(\boldsymbol{x}), T(\boldsymbol{y})) = \frac{(3\boldsymbol{x}|3\boldsymbol{y})}{\|3\boldsymbol{x}\|\|3\boldsymbol{y}\|} = \frac{(\boldsymbol{x}|\boldsymbol{y})}{\|\boldsymbol{x}\|\|\boldsymbol{y}\|} = \cos\angle(\boldsymbol{x}, \boldsymbol{y})$$

であって，角と直交性を保存するけれども，直交変換ではない．

定義と命題（7.3.3）　正方行列 $U \in M_{n,n}(\boldsymbol{R})$ について次の三条件は同値である．

（i）線型変換 $\boldsymbol{R}n \longrightarrow \boldsymbol{R}^n, \boldsymbol{x} \longmapsto U\boldsymbol{x}$ は，内積空間 $\boldsymbol{R}^n$ の直交変換である．

（ii）${}^tUU = U{}^tU = E_n$ すなわち ${}^tU = U^{-1}$

（iii）U の列ベクトル $\boldsymbol{u}_1, \cdots, \boldsymbol{u}_n$ は $\boldsymbol{R}^n$ の正規直交基底をなす，すなわち

$$(\boldsymbol{u}_i|\boldsymbol{u}_j) = \delta_{ij}$$

U がこれらの条件をみたすことを，U は**直交行列**または**実ユニタリー行列**であるという．

証明　（i）$\Longrightarrow$（ii）任意の $\boldsymbol{x} \in \boldsymbol{R}^n$ に対して，$\boldsymbol{y} = ({}^tUU - E_n)\boldsymbol{x}$ とおけば

$$
\begin{aligned}
(\boldsymbol{y}|\boldsymbol{y}) &= (({}^tUU - E_n)\boldsymbol{x}|\boldsymbol{y}) = ({}^tUU\boldsymbol{x}|\boldsymbol{y}) - (\boldsymbol{x}|\boldsymbol{y}) \\
&= (U\boldsymbol{x}|U\boldsymbol{y}) - (\boldsymbol{x}|\boldsymbol{y}) = 0 \\
\therefore \boldsymbol{o} &= \boldsymbol{y} = ({}^tUU - E_n)\boldsymbol{x}
\end{aligned}
$$

$\boldsymbol{x}$ は任意であるから，${}^tUU - E^n = 0$

（ii）$\Longrightarrow$（i）${}^tUU = E_n$ のとき，$(U\boldsymbol{x}|U\boldsymbol{y}) = ({}^tUU\boldsymbol{x}|\boldsymbol{y}) = (\boldsymbol{x}|\boldsymbol{y})$

（ii）$\Longleftrightarrow$（iii）$U = (\boldsymbol{u}_1, \cdots, \boldsymbol{u}_n)$ のとき

$$
{}^tUU = \begin{pmatrix} {}^t\boldsymbol{u}_1 \\ \vdots \\ {}^t\boldsymbol{u}_n \end{pmatrix} (\boldsymbol{u}_1, \cdots, \boldsymbol{u}_n) = \begin{pmatrix} (\boldsymbol{u}_1|\boldsymbol{u}_1) \cdots (\boldsymbol{u}_1|\boldsymbol{u}_n) \\ \vdots \qquad\qquad \vdots \\ (\boldsymbol{u}_n|\boldsymbol{u}_1) \cdots (\boldsymbol{u}_n|\boldsymbol{u}_n) \end{pmatrix}
$$

$\therefore {}^tUU = E_n \Longleftrightarrow \left(\boldsymbol{u}_i|\boldsymbol{u}_j\right) = \delta_{ij}$　（証明終）

例題（7.3.4）　2 次の直交行列をすべて求めよ．

解　$U = \begin{pmatrix} u & x \\ v & y \end{pmatrix}$ が直交行列であるための条件は

$$
u^2 + v^2 = 1, x^2 + y^2 = 1, \quad ux + vy = 0
$$

である．ゆえに $u = \cos\theta, v = \sin\theta, x = \cos t, y = \sin t$ と表される．

$$
\begin{aligned}
&0 = ux + vy = \cos\theta\cos t + \sin\theta\sin t = \cos(t - \theta) \\
&\therefore t - \theta = \frac{\pi}{2} + n\pi, n \text{整数} \\
&\cos t = \cos\left(\theta + \frac{\pi}{2} + n\pi\right) = -(-1)^n \sin\theta, \\
&\sin t = \sin\left(\theta + \frac{\pi}{2} + n\pi\right) = (-1)^n \cos\theta
\end{aligned}
$$

となる．ゆえに，n の偶奇に応じて

$$U = R(\theta) = \begin{pmatrix} \cos\theta & -\sin\theta \\ \sin\theta & \cos\theta \end{pmatrix}$$

$$\text{または} U = \begin{pmatrix} \cos\theta & \sin\theta \\ \sin\theta & -\cos\theta \end{pmatrix} = R(\theta) \begin{pmatrix} 1 & 0 \\ 0 & -1 \end{pmatrix}$$

（終）

命題（7.3.5）　Vを有限次元の内積空間，$T : V \longrightarrow V$を線型変換とする．$\langle \boldsymbol{u}_1, \cdots, \boldsymbol{u}_n \rangle$ を V の一つの正規直交基底，この基底に関する T の表現行列を U とする．このとき

$$T\text{が直交変換} \iff U\text{が直交行列}$$

証明　$\boldsymbol{x} \in V$の座標を $(x_i)_{1 \leqq i \leqq n}$, $\boldsymbol{y} \in V$の座標を $(y_i)_{1 \leqq i \leqq n}$，とするとき，$T\boldsymbol{x}$ の座標は $U \begin{pmatrix} x_1 \\ \vdots \\ x_n \end{pmatrix}$, $T\boldsymbol{y}$ の座標は $U \begin{pmatrix} y_1 \\ \vdots \\ y_n \end{pmatrix}$ であるから，

$$(\boldsymbol{x}|\boldsymbol{y}) = (x_1, \cdots, x_n) \begin{pmatrix} y_1 \\ \vdots \\ y_n \end{pmatrix}, (T\boldsymbol{x}|T\boldsymbol{y}) = (x_1, \cdots, x_n)\, {}^t UU \begin{pmatrix} y_1 \\ \vdots \\ y_n \end{pmatrix}.$$

$$\therefore T\text{が直交変換} \iff (T\boldsymbol{x}|T\boldsymbol{y}) = (\boldsymbol{x}|\boldsymbol{y})$$

$$\iff (x_1, \cdots, x_n)\, {}^t UU \begin{pmatrix} y_1 \\ \vdots \\ y_n \end{pmatrix} = (x_1, \cdots, x_n)\, E_n \begin{pmatrix} y_1 \\ \vdots \\ y_n \end{pmatrix}$$

$$\iff {}^t UU = E_n$$

（証明終）

命題（7.3.6）　$\langle \boldsymbol{u}_1 \cdots, \boldsymbol{u}_n \rangle$ を n 次元内積空間 Vの一つの正規直交基底とする．Vの n 個の元 $\boldsymbol{b}_1, \cdots, \boldsymbol{b}_n$ に対して

$$(\boldsymbol{b}_1, \cdots, \boldsymbol{b}_n) = (\boldsymbol{u}_1, \cdots, \boldsymbol{u}_n)\, P, P \in M_{n,n}(\boldsymbol{R})$$

とおく．このとき

$$\langle \boldsymbol{b}_1, \cdots, \boldsymbol{b}_n \rangle \text{ が正規直交基底 } \Longleftrightarrow P \text{ が直交行列}$$

証明

$$P = (\boldsymbol{p}_1, \cdots, \boldsymbol{p}_n) = \begin{pmatrix} p_{11} & \cdots & p_{1n} \\ \vdots & & \vdots \\ p_{n1} & \cdots & p_{nn} \end{pmatrix}$$

とすると，

$$\boldsymbol{b}_i = \boldsymbol{u}_1 p_{1i} + \cdots + \boldsymbol{u}_n p_{ni} = \sum_{k=1}^{n} u_k p_{ki}, 1 \leqq i \leqq n$$

であるから，

$$(\boldsymbol{b}_i | \boldsymbol{b}_j) = \sum_{k,l} (\boldsymbol{u}_k | \boldsymbol{u}_l) \, p_{ki} p_{lj} = \sum_{k=1}^{n} p_{ki} p_{kj} = (\boldsymbol{p}_i | \boldsymbol{p}_j)$$

である（ここに $(\boldsymbol{p}_i | \boldsymbol{p}_j)$ は $\boldsymbol{R}^n$ の自然内積）．ゆえに $\langle \boldsymbol{b}_1, \cdots, \boldsymbol{b}_n \rangle$ が正規直交基底 $\Longleftrightarrow (\boldsymbol{b}_i | \boldsymbol{b}_j) = (\boldsymbol{p}_i | \boldsymbol{p}_j) = \delta_{ij} \Longleftrightarrow P$ が直交行列．（証明終）

第 8 章

線型変換の対角化

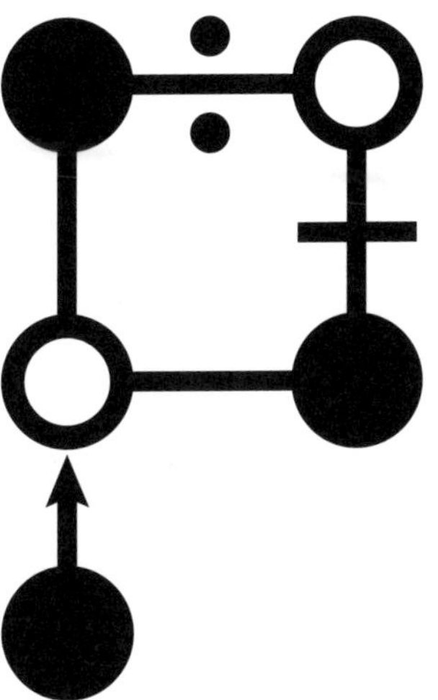

線型変換を簡単な行列で表そうとすると，自然に固有値の概念に達する．対称行列の固有値は物理学や工学でも重要な役割を果たす．

§8.1　固有多項式，固有ベクトル

相異なる有限次元線型空間の間の線型写像 $F: V \longrightarrow V'$ に対しては，V と V' の基底をそれぞれ適当にとれば，F は簡単な行列 $\begin{pmatrix} E_r & O \\ O & O \end{pmatrix}$ によって表現された（5.3.1）．しかし，一つの線型空間 V の線型変換の場合には，定義域の V と値域の V の基底を別々にとるわけにはいかないから，話は面倒になる．

定義（8.1.1） V を n 次元の実線型空間，F を V の線型変換とする．

（i）V のある基底 $\langle \boldsymbol{b}_1, \cdots, \boldsymbol{b}_n \rangle$ に関する F の表現行列が上三角行列になるとき，すなわち

$$(F(\boldsymbol{b}_1), F(\boldsymbol{b}_2), \cdots, F(\boldsymbol{b}_n)) = (\boldsymbol{b}_1, \boldsymbol{b}_2, \cdots, \boldsymbol{b}_n) \begin{pmatrix} \alpha_{11} \alpha_{12} & \cdots & a_{1n} \\ \alpha_{22} & \cdots & a_{2n} \\ & \ddots & \vdots \\ & & a_{nn} \end{pmatrix}$$

となるとき，F は**三角化可能**であるという．

（ii）V のある基底 $\langle \boldsymbol{b}_1, \cdots, \boldsymbol{b}_n \rangle$ に関する F の表現行列が対角行列になるとき，すなわち

$$(F(\boldsymbol{b}_1), F(\boldsymbol{b}_2), \cdots, F(\boldsymbol{b}_n)) = (\boldsymbol{b}_1, \boldsymbol{b}_2, \cdots, \boldsymbol{b}_n) \begin{pmatrix} \alpha_1 & & & \\ & a_2 & & \\ & & \ddots & \\ & & & a_n \end{pmatrix}$$

となるとき，F は**対角化可能**または**準単純**であるという．

線型変換の三角化または対角化に際して重要な役割を演ずるのが，次の固有多項式である．

定義と命題（8.1.2） n 次の正方行列 $A=\begin{pmatrix} a_{11} & \cdots & a_{1n} \\ \vdots & & \vdots \\ a_{n1} & \cdots & a_{nn} \end{pmatrix}$ に対して一変数の多項式

$$\gamma_A(t)=\det(tE_n-A)=\begin{vmatrix} t-a_{11} & -a_{12} & \cdots & -a_{1n} \\ -a_{21} & t-a_{22} & \cdots & -a_{2n} \\ \vdots & \vdots & \ddots & \vdots \\ -a_{n1} & -a_{n2} & \cdots & t-a_{nn} \end{vmatrix} \in \boldsymbol{R}[t]$$

を，A の**固有多項式**または**特性多項式**という．展開して

$$\det(tE_n-A)=t^n+c_1t^{n-1}+c_2t^{n-2}+\cdots+c_{n-1}t+c_n$$

とすると

$$(-1)^k c_k=\sum_{i_1<\cdots<i_k}\begin{vmatrix} a_{i_1i_1} & \cdots & a_{i_1i_k} \\ \vdots & & \\ a_{i_ki_1} & \cdots & a_{i_ki_k} \end{vmatrix}$$

である．特に，　$-c_1=a_{11}+a_{22}+\cdots+a_{nn}=\mathrm{tr}(A)$，　$(-1)^n c_n=\det A$ である．

証明は c_1, c_n を除いて面倒，省略する．

たとえば，$n=2$ のときは

$$\det(tE_2-A)=\begin{vmatrix} t-a_{11} & -a_{12} \\ -a_{21} & t-a_{22} \end{vmatrix}=t^2-(\mathrm{tr}\,A)t+\det A,$$

$$\mathrm{tr}\ A=a_{11}+a_{22}$$

である．$n=3$ のときは

$$\det(tE_3-A)=\begin{vmatrix} t-a_{11} & -a_{12} & -a_{13} \\ -a_{21} & t-a_{22} & -a_{23} \\ -a_{31} & -a_{32} & t-a_{33} \end{vmatrix}$$

$$=t^3-(\mathrm{tr}\,A)t^2+\left(\begin{vmatrix} a_{22} & a_{23} \\ a_{32} & a_{33} \end{vmatrix}+\begin{vmatrix} a_{11} & a_{13} \\ a_{31} & a_{33} \end{vmatrix}+\begin{vmatrix} a_{11} & a_{12} \\ a_{21} & a_{22} \end{vmatrix}\right)t$$

$$-\det A$$

$$\mathrm{tr}(A)=a_{11}+a_{22}+a_{33}$$

我々の目標は，線型変換 $T:V\longrightarrow V$ が与えられたとき，V の基底をうまくとって，T の表現行列をなるべく簡単なものにすることである．まず，V の基底を取り替えると T の表現行列はどう変るかを見ておこう．これは（5.2.5）において，$V=U$，$P=Q$ とおくことにより，直ちに

命題（8.1.3） $\langle \boldsymbol{v}_1,\cdots,\boldsymbol{v}_n\rangle$ と $\langle \boldsymbol{v}_1{}',\cdots,\boldsymbol{v}_n{}'\rangle$ を V の二つの基底とし，$F:V\longrightarrow V$ を線型変換とする．$\langle \boldsymbol{v}_1,\cdots,\boldsymbol{v}_n\rangle$ に関する F の行列を $M(F)$, $\langle \boldsymbol{v}_1{}',\cdots,\boldsymbol{v}_n{}'\rangle$ に関する F の行列を $M'(F)$,

$$(\boldsymbol{v}_1{}',\cdots,\boldsymbol{v}_n{}')=(\boldsymbol{v}_1,\cdots,\boldsymbol{v}_n)\,P$$

とすれば,

$$M'(F)=P^{-1}M(F)P$$

定義（8.1.4） V を有限次元の実線型空間，$T:V\longrightarrow V$ を線型変換とする．このとき，V の基底を勝手に定め，それに関する T の行列 $M(T)$ の固有多項式，跡，行列式を，それぞれ T の**固有多項式，跡，行列式**という．別の基底に関する T の行列を $M'(T)$ とすれば,

基底変換の行列 P を用いて $M'(T) = P^{-1}M(T)P$ となるから，

$$\begin{aligned}\det(tE_n - M'(T)) &= \det(tE_n - P^{-1}M(T)P)\\ &= \det\{P^{-1}(tE_n - M(T))P\}\\ &= |P|^{-1}\det(tE_n - M(T))|P|\\ &= \det(tE_n - M(T))\end{aligned}$$

特に，両辺の t^{n-1} の係数と定数項を比べると $(n = \dim V)$

$$\mathrm{tr}(M'(T)) = \mathrm{tr}(M(T)), \det M'(T) = \det M(T)$$

であり，T の固有多項式，跡，行列式は V の基底のとり方に依存しない．そこでこれらをそれぞれ

$$\gamma_T(t), \quad \mathrm{tr}\, T, \quad \det T$$

で表す．

例題（8.1.5） 複素数体 $\boldsymbol{C}$ を実線型空間と見る．複素数 $\alpha = a+bi$ が定める線型変換 $T : \boldsymbol{C} \longrightarrow \boldsymbol{C}, \xi \longmapsto \alpha\xi$ の固有多項式，跡，列式を求めよ．$|\alpha|^2 = \det T$ を示せ．

解　$(T(1), T(\mathrm{i})) = (a+bi, -b+ai) = (1, i)\begin{pmatrix} a & -b \\ b & a \end{pmatrix}$ であるから，基底 $\langle\langle 1, i\rangle$ に関する T の行列は

$$M(T) = \begin{pmatrix} a & -b \\ b & a \end{pmatrix}$$

$$\therefore \mathrm{tr}\, T = \mathrm{tr}\, M(T) = 2a, \det T = \det M(T) = a^2 + b^2 = |\alpha|^2$$

$$\gamma_T(t) = |tE_2 - M(T)| = \begin{vmatrix} t-a & b \\ -b & t-a \end{vmatrix} = t^2 - 2at + (a^2 + b^2)$$

最も簡単な線型変換は実数倍 $T\boldsymbol{x} = a\boldsymbol{x}$ であって，このときには，$\dim V < \infty$ であれば，Vのどんな基底に関する表現行列もスカラー行列 $M(T) = \alpha E_n$ となる．

スカラー倍の次に簡単な線型変換は対角化可能な線型変換である．線型変換 T が Vの基底 $\langle \boldsymbol{p}_1, \cdots, \boldsymbol{p}_n \rangle$ によって対角化されるためには，

$$(T\boldsymbol{p}_1, \cdots, T\boldsymbol{p}_n) = (\boldsymbol{p}_1, \cdots, \boldsymbol{p}_n) \begin{pmatrix} a_1 & & \\ & \ddots & \\ & & a_n \end{pmatrix}$$

すなわち

$$T\boldsymbol{p}_1 = a_1\boldsymbol{p}_1, \cdots, T\boldsymbol{p}_n = a_n\boldsymbol{p}_n, a_i \in \boldsymbol{R}$$

となることが必要かつ十分である．そこで

定義（8.1.6） Tを実線型空間Vの線型変換とする ($\dim V \leqq \infty$)．実数 a に対して，二つの条件

（1）$\boldsymbol{p} \neq \boldsymbol{o}$　（2）$T\boldsymbol{p} = a\boldsymbol{p}$

をみたす $\boldsymbol{p} \in V$が存在するとき，a を T の一つの固有値という．$\boldsymbol{p}$ を T の，固有値 a に属する，一つの**固有ベクトル**という．

Tの固有値全体の集合を T の**点スペクトル，スペクトル**などという．

例（8.1.7） $V = C^\infty((-\infty, \infty), \boldsymbol{R})$ において，微分演算子 $D{:}V \longrightarrow V, f(t) \longmapsto f'(t)$ は，任意の実数 a を固有値としてもち，関数 e^{at} は a に属する固有ベクトルである．すなわち $De^{at} = ae^{at}$, (Dの点スペクトル) $= \boldsymbol{R}$.

定義（8.1.8） 線型変換 $T : V \longrightarrow V$と任意の実数 a に対して

$$V(a) = \{\boldsymbol{p} \in V | T\boldsymbol{p} = a\boldsymbol{p}\}$$

とおく．$V(a)$ は線型変換 $T-aI_V : V \longrightarrow V$ の核 $(T-aI_V)^{-1}(\boldsymbol{o})$ に等しく，V の部分空間である．a が T の固有値であるとは $V(a) \neq \{\boldsymbol{o}\}$ のことに他ならない．このとき，$V(a)$ を固有値 a に属する**固有空間**という．

命題（8.1.9） 線型変換 T の相異なる固有値に属するベクトルは線型独立である．すなわち，$a_1, \cdots, a_r$ が T の相異なる固有値，$\boldsymbol{p}_1, \cdots, \boldsymbol{p}_r$ がこれらのそれぞれに属する固有ベクトルであれば，$\boldsymbol{p}_1, \cdots, \boldsymbol{p}_r$ は線型独立である $(r \geqq 1)$.

証明 $r=1$ のときは，固有ベクトルの定義から $\boldsymbol{p}_1 \neq \boldsymbol{o}$ である．
$\therefore \boldsymbol{p}_1$ は線型独立．

$r \geqq 2$ とする．背理法による．仮りに $\boldsymbol{p}_1, \cdots, \boldsymbol{p}_r$ が線型従属としてみる．このとき，$\boldsymbol{p}_1, \cdots, \boldsymbol{p}_s$ は線型独立であるが $\boldsymbol{p}_1, \cdots, \boldsymbol{p}_s, \boldsymbol{p}_{s+1}$ は線型従属であるような s が存在する $(1 \leqq s < r)$.$\boldsymbol{p}_{s+1}$ は $\boldsymbol{p}_1, \cdots, \boldsymbol{p}_s$ の線型結合

$$\boldsymbol{p}_{s+1} = b_1 \boldsymbol{p}_1 + \cdots + b_s \boldsymbol{p}_s$$

と表される．この両辺に T を作用したものと a_{s+1} を乗じたものを作ると

$$a_{s+1}\boldsymbol{p}_{s+1} = b_1 a_1 \boldsymbol{p}_1 + \cdots + b_s a_s \boldsymbol{p}_s$$

$$a_{s+1}\boldsymbol{p}_{s+1} = b_1 a_{s+1} \boldsymbol{p}_1 + \cdots + b_s a_{s+1} \boldsymbol{p}_s$$

を得る．この二式の差をとると

$$\boldsymbol{o} = b_1(a_1 - a_{s+1})\boldsymbol{p}_1 + \cdots + b_s(a_s - a_{s+1})\boldsymbol{p}_s$$

が生ずる．$\boldsymbol{p}_1, \cdots, \boldsymbol{p}_s$ が線型独立だから

$$b_1(a_1 - a_{s+1}) = \cdots = b_s(a_s - a_{s+1}) = 0$$

仮定により $a_i \neq a_{s+1} (1 \leqq i \leqq s)$ であるから，$b_1 = \cdots = b_s = 0$. したがって $\boldsymbol{p}_{s+1} = \boldsymbol{o}$ となり，$\boldsymbol{p}_{s+1}$ が固有ベクトル ($\neq \boldsymbol{o}$) と言う仮定に反する．（証明終）

例（8.1.10） 実線型空間 $C^\infty((-\infty, \infty), \boldsymbol{R})$ において $a_1, \cdots, a_m$ が相異なる正の実数であるとき，m 個の関数

$$\sin a_1 t, \cdots, \sin a_m t$$

は，微分作用素 $D^2 = d^2/dt^2$ の固有ベクトルで，それぞれ相異なる固有値 $-{a_1}^2, \cdots, -{a_m}^2$ に属するから，線型独立である．

定義（8.1.11） A を n 次の実正方行列とする．線型変換 $\boldsymbol{R}^n \longrightarrow \boldsymbol{R}^n, \boldsymbol{x} \longmapsto A\boldsymbol{x}$ の固有値，固有ベクトル，固有空間，スペクトルを，それぞれ行列 A の**固有値，固有ベクトル，固有空間，スペクトル**と言う．たとえば，実数 a が A の固有値であるとは

（1）$\boldsymbol{p} \neq \boldsymbol{o}$,　（2）$A\boldsymbol{p} = \alpha \boldsymbol{p}$

をみたす $\boldsymbol{p} \in \boldsymbol{R}^n$ が存在することである．a に属する固有空間は $V(a) = \{\boldsymbol{x} \in \boldsymbol{R}^n \mid (A - aE_n)\,\boldsymbol{x} = \boldsymbol{o}\}$.

$$\therefore \boxed{\dim V(a) = n - \operatorname{rank}(A - aE_n)}\,.$$

注意 複素線型空間の線型変換や複素正方行列の固有値も，実の場合と同様に考えられる．そのような立場では，実正方行列の固有値で虚数であるものも考えられるが，ここでは扱わない．

命題（8.1.12） $a \in \boldsymbol{R}$ とする．

（i）n 次の実行列 A に対して

a が A の固有値 $\Longleftrightarrow$ a が A の固有多項式の零点

$$\text{すなわち}\ \det(aE_n - A) = 0$$

（ii）有限次元の実線型空間 V の線型変換 T に対して

$$a \text{ が } T \text{ の固有値} \iff a \text{ が } T \text{ の固有多項式の零点}$$

特に，（T の固有値の個数）$\leqq \dim V$, T のスペクトルは有限集合である．

証明　（i）a が A の固有値 $\iff \boldsymbol{R}^n \ni \boldsymbol{x} \neq \boldsymbol{o}$ があって $A\boldsymbol{x} = a\boldsymbol{x}$

$$\iff (A - aE_n)\,\boldsymbol{x} = \boldsymbol{o}, \quad \boldsymbol{x} \neq \boldsymbol{o}$$

$$\iff \det(A - aE_n) = 0$$

（ii）V の基底 $\langle \boldsymbol{b}_1, \cdots, \boldsymbol{b}_n \rangle$ に関する T の表現行列を A とすれば，$\gamma_T(t) = \det(tE_n - A)$ である．このとき

a が T の固有値 $\iff V \ni \boldsymbol{p} = x_1\boldsymbol{b}_1 + \cdots + x_n\boldsymbol{b}_n \neq \boldsymbol{o}$ があって

$$T\boldsymbol{p} = a\boldsymbol{p}$$

$$\left(\begin{array}{l} T\boldsymbol{p} = (\boldsymbol{b}_1, \cdots, \boldsymbol{b}_n)\,A \begin{pmatrix} x_1 \\ \vdots \\ x_n \end{pmatrix}, \quad a\boldsymbol{p} = (\boldsymbol{b}_1, \cdots, \boldsymbol{b}_n) \begin{pmatrix} ax_1 \\ \vdots \\ ax_n \end{pmatrix} \\ \text{であるから，} \quad \boldsymbol{x} = (x_i)_{1 \leqq i \leqq n} \ \text{とおけば} \end{array} \right)$$

$$\iff \boldsymbol{R}^n \ni \boldsymbol{x} \neq \boldsymbol{o}, \quad A\boldsymbol{p} = a\boldsymbol{x}$$

$$\iff \gamma_T(a) = \det(A - aE_n) = 0$$

（証明終）

例題（8.1.13）　次の行列の固有値，固有ベクトルを求めよ．

$$A = \begin{pmatrix} -6 & 12 \\ -6 & 11 \end{pmatrix}, \quad B = \begin{pmatrix} 0 & -1 \\ 1 & 0 \end{pmatrix}, \quad C = \begin{pmatrix} 42 & -20 & 160 \\ 10 & -3 & 40 \\ -10 & 5 & -38 \end{pmatrix}$$

解　（i）$|tE_2 - A| = t^2 - 5t + 6 = (t-2)(t-3)$, A のスペクトル

は $\{2,3\}$. 固有値 2 に属する固有ベクトル $\boldsymbol{p}$ は方程式

$$(A-2E_2)\,\boldsymbol{x}=\boldsymbol{o}\text{すなわち}\begin{pmatrix}-8 & 12\\ -6 & 9\end{pmatrix}\begin{pmatrix}x_1\\ x_2\end{pmatrix}=\begin{pmatrix}0\\ 0\end{pmatrix}$$

を解いて, $\boldsymbol{p}=\begin{pmatrix}3t\\ 2t\end{pmatrix}, t\in\boldsymbol{R}.$

固有値 3 に属する固有ベクトル $\boldsymbol{q}$ は方程式

$$(A-3E_2)\,\boldsymbol{x}=\boldsymbol{o}\text{すなわち}\begin{pmatrix}-9 & 12\\ -6 & 8\end{pmatrix}\begin{pmatrix}x_1\\ x_2\end{pmatrix}=\begin{pmatrix}0\\ 0\end{pmatrix}$$

を解いて, $\boldsymbol{q}=\begin{pmatrix}4s\\ 3s\end{pmatrix}, s\in\boldsymbol{R}.$

（ii）$|tE_2-B|=t^2+1$. ゆえに（実数の範囲では）B は固有値をもたない. B のスペクトルは空集合. 当然固有ベクトルももたない.（複素数の範囲では B のスペクトルは $\{i,-i\}$).

（iii）
$$\begin{aligned}|tE_3-C| &= t^3-(\mathrm{tr}\,C)t^2\\ &\quad+\left(\begin{vmatrix}42 & -20\\ 10 & -3\end{vmatrix}+\begin{vmatrix}42 & 160\\ -10 & -38\end{vmatrix}+\begin{vmatrix}-3 & 40\\ 5 & -38\end{vmatrix}\right)t-|C|\\ &= t^3-t^2-8t+12=(t+3)(t-2)^2\end{aligned}$$

C のスペクトルは $\{-3,2\}$

固有値 -3 に属する固有ベクトルは, 方程式

$$(C+3E_2)\,\boldsymbol{x}=\boldsymbol{o}\text{すなわち}\begin{pmatrix}45 & -20 & 160\\ 10 & 0 & 40\\ -10 & 5 & -35\end{pmatrix}\begin{pmatrix}x_1\\ x_2\\ x_3\end{pmatrix}=\begin{pmatrix}0\\ 0\\ 0\end{pmatrix}$$

を解いて, $\boldsymbol{p}=\begin{pmatrix}4t\\ t\\ -t\end{pmatrix}, t\in\boldsymbol{R}.$

固有値 2 に属する固有ベクトルは，方程式

$$(C-2E_3)\,\boldsymbol{x}=\boldsymbol{o}\text{すなわち}\begin{pmatrix}40 & -20 & 160\\ 10 & -5 & 40\\ -10 & 5 & -40\end{pmatrix}\begin{pmatrix}x_1\\ x_2\\ x_3\end{pmatrix}=\begin{pmatrix}0\\ 0\\ 0\end{pmatrix}$$

$$2x_1-x_2+8x_3=0,\quad \therefore \boldsymbol{x}=\begin{pmatrix}x_1\\ x_2\\ x_3\end{pmatrix}=\begin{pmatrix}x_1\\ 2x_1+8x_3\\ x_3\end{pmatrix}=x_1\begin{pmatrix}1\\ 2\\ 0\end{pmatrix}+x_3\begin{pmatrix}0\\ 8\\ 1\end{pmatrix}$$

$x_1, x_2 \in \boldsymbol{R}$. 特に，$\dim V(2)=2$　　(終)

§ 8.1 の練習問題

1. 実数 $k \neq 0$ が定める線型変換 $T_k : C^0((-\infty,\infty),\boldsymbol{R}) \longrightarrow C^0((-\infty,\infty),\boldsymbol{R}), f(t) \longmapsto f(t+k)$ に対して，任意の実数 $a>0$ が T_k の固有値であることを示せ.

2. 実数全体で定義され，C^∞ 級で，周期が 2π の複素数値関数の全体を V とする. V の複素線型変換 $D: f \longmapsto f'$ のスペクトルを求めよ.

§ 8.1 の答

1. $f(t)=e^{\frac{t\log a}{k}}$ とおけば，$f(t+k)=af(t)$.

2. $\dfrac{dy}{dt}=ay, a\in \boldsymbol{C}$ ならば，$y=Ce^{at}, C\in\boldsymbol{C}$.
$y(2\pi)=y(0)$ より，$e^{2\pi a}=e^0=1, \therefore 2\pi\alpha=2\pi ni$（$n$ 整数).
$\therefore a=ni$. D のスペクトルは $\{ni|n$ 整数$\}$.

§ 8.2　行列の三角化，対角化

定理（8.2.1)（線型変換の三角化)（i）実 n 次行列 A の固有多項式が実数の範囲で一次式の積に

$$\det(tE_n-A)=(t-a_1)(t-a_2)\cdots(t-a_n),\quad a_i\in\boldsymbol{R}$$

と分解するとせよ（$a_1, \cdots, a_n$ の中に同じものがあってもよい）．このとき，実行列 P があって

$$P\text{ は正則，}\quad P^{-1}AP = \begin{pmatrix} \alpha_1 & & * \\ & \ddots & \\ & & \alpha_n \end{pmatrix}$$

となる．さらに P を直交行列にとることもできる．

（ii）V が n 次元の実線型空間，$T : V \longrightarrow V$ が線型変換であって，T の固有多項式が実数の範囲で一次式の積に

$$\gamma_T(t) = (t - a_1) \cdots (t - a_n) \quad a_i \in \boldsymbol{R}$$

と分解するとせよ．このとき，V のある基底 $\langle \boldsymbol{p}_1, \cdots, \boldsymbol{p}_n \rangle$ に関する表現行列が，三角行列

$$\begin{pmatrix} a_1 & & * \\ & \ddots & \\ & & a_n \end{pmatrix}$$

の形となる．さらに V が内積空間であれば $\langle \boldsymbol{p}_1, \cdots, \boldsymbol{p}_n \rangle$ を正規直交基底にとることができる．

証明　（i）行列の次数 n に関する帰納法による．一次行列はすべて三角行列だから，$n = 1$ のとき命題は成り立つ．$n > 1$,$n - 1$ 次の行列については命題が成り立つとする．A の固有値 a_1 に属する固有ベクトル $\boldsymbol{u}_1 \in \boldsymbol{R}^n$ をとる．$\dfrac{\boldsymbol{u}_1}{\|\boldsymbol{u}_1\|}$ も固有ベクトルだから，始めから $\|\boldsymbol{u}_1\| = 1$ としてよい．$\boldsymbol{u}_1$ を含む $\boldsymbol{R}^n$ の一つの正規直交基底を $\langle \boldsymbol{u}_1, \boldsymbol{u}_2, \cdots, \boldsymbol{u}_n \rangle$ とすれば，$U_1 = (\boldsymbol{u}_1, \cdots, \boldsymbol{u}_n)$ は直交行列である (7.3.3)．$U_1\boldsymbol{e}_1 = \boldsymbol{u}_1, {U_1}^{-1}\boldsymbol{u}_1 = \boldsymbol{e}_1$ であるから，

$$AU_1 = (A\boldsymbol{u}_1, A\boldsymbol{u}_2, \cdots, A\boldsymbol{u}_n) = (a_1\boldsymbol{u}_1, A\boldsymbol{u}_2, \cdots, A\boldsymbol{u}_n)$$

$$U_1^{-1}AU_1 = (\alpha_1 U_1^{-1}\boldsymbol{u}_1, U_1^{-1}A\boldsymbol{u}_2, \cdots, U_1^{-1}A\boldsymbol{u}_n)$$
$$= \begin{pmatrix} a_1 & b_{12}\cdots b_{1n} \\ 0 & \\ \vdots & A_2 \\ 0 & \end{pmatrix}$$
$$A_2 \in M_{n-1,n-1}(\boldsymbol{R})$$

の形となる．ところで

$$\begin{aligned}(t-a_1)(t-a_2)\cdots(t-a_n) &= \det(tE_n - A) \\ &= \det(tE_n - U_1^{-1}AU_1) \\ &= (t-a_1)\det(tE_{n-1} - A_2)\end{aligned}$$
$$\therefore \det(tE_{n-1} - A_2) = (t-a_2)\cdots(t-a_n)$$

すなわち $\det(E_{n-1} - A_2)$ も $\boldsymbol{R}$ で 1 次式の積に分解する．ゆえに，帰納法の仮定によって，$n-1$ 次の直交行列 V_2 があって

$$V_2^{-1}A_2V_2 = \begin{pmatrix} a_2 & & \\ & \ddots & \\ & & a_n \end{pmatrix}$$

となる．このとき

$$U_2 = \begin{pmatrix} 1 & 0\cdots 0 \\ 0 & \\ \vdots & V_2 \\ 0 & \end{pmatrix} \in M_{n,n}(\boldsymbol{R})$$

は直交行列で

$$(U_1U_2)^{-1}AU_1U_2 = U_2^{-1}U_1^{-1}AU_1U_2 = \begin{pmatrix} a_1 & & & \\ & a_2 & & * \\ & & \ddots & \\ & & & a_n \end{pmatrix}$$

となる．二つの直交行列の積 $P=U_1U_2$ もまた直交行列であるから，証明が完了した．

（ii）Vの任意の一つの正規直交基底 $\langle \boldsymbol{v}_1,\cdots,\boldsymbol{v}_n\rangle$ に関するTの表現行列を $A\in M_{n,n}(\boldsymbol{R})$ とする．行列Aに対して，（i）により，直交行列Pが存在して

$$P^{-1}AP=\begin{pmatrix} a_1 & & * \\ & \ddots & \\ & & a_n \end{pmatrix}$$

このとき，

$$(\boldsymbol{p}_1,\cdots,\boldsymbol{p}_n)=(\boldsymbol{v}_1,\cdots,\boldsymbol{v}_n)\,P$$

とおけば，$\langle \boldsymbol{p}_1,\cdots,\boldsymbol{p}_n\rangle$ もた正規直交基底であって，これに関するTの表現行列は $P^{-1}AP$ である．　　　　　　（証明終）

次の Hamilton-Cayley の定理の証明には，実行列に対する場合でも，定理（8.2.1）の複素数版が必要である．証明ぬきで結果だけを述べておく．これまで，わかり易さを考えて，実行列と実線型空間だけを考えて来たが，実線型空間だけを考える場合でも複素線型空間の理論が必要となるのである．その理由は代数学の基本定理にある．わかり易さを考えた教育的配慮（のつもり）が仇となったわけである．

定義と定理（8.2.1）′　（i）（代数学の基本定理）複素係数の多項式は（たまたま実係数であっても勿論よい）すべて，複素数の範囲で一次式の積に分解する．すなわち，任意の

$$f(t)=c_0+c_1t+\cdots+c_nt^n,\quad c_i\in\boldsymbol{C},\quad c_n\neq 0, n\geqq 1$$

に対して，$a_1,a_2,\cdots,a_n\in\boldsymbol{C}$ が存在して

$$f(t)=c_n\,(t-a_1)\,(t-a_2)\cdots(t-a_n)$$

（ii）複素行列 $B=\begin{pmatrix} b_{11} & \cdots\cdots & b_{1n} \\ \vdots & & \vdots \\ b_{m1} & \cdots\cdots & b_{mn} \end{pmatrix}$ に対し ${}^t\bar{B}=\begin{pmatrix} \bar{b}_{11} & \cdots & \bar{b}_{m1} \\ \vdots & & \vdots \\ \bar{b}_{1n} & \cdots & \bar{b}_{mn} \end{pmatrix}$ と置く．n 次行列 U に対して

$$ {}^t\bar{U}U = U{}^t\bar{U} = E_n \quad \text{すなわち} \quad U^{-1} = {}^t\bar{U} $$

が成り立つとき，U を**ユニタリー行列**という．実ユニタリー行列とは直交行列にほかならない．

（iii）（複素線型変換の三角化）n 次の複素行列 A（たまたま実行列であってよい）に対して

$$ \gamma_A(t) = \det(tE_n - A) = (t-a_1)\cdots(t-a_n)\,, a_i \in \boldsymbol{C} $$

のとき，複素行列 U があって

$$ U\text{はユニタリー}, U^{-1}AU = \begin{pmatrix} a_1 & & \\ & \ddots & * \\ & & a_n \end{pmatrix}. $$

命題（8.2.2）（Hamilton-Cayley の定理） n 次の実行列 A に対して，$\det(tE_n - A) = t^n + c_1 t^{n-1} + \cdots + c_{n-1}t + c_n$ のとき，

$$ A^n + c_1 A^{n-1} + \cdots + c_{n-1}A + c_n E_n = O \qquad \text{零行列} $$

証明　複素数の範囲では多項式は一次式の積に分解するから

$$ \gamma_A(t) = \det(tE_n - A) = (t-a_1)\cdots(t-a_n)\,, a_i \in \boldsymbol{C} $$

と分解する．複素ユニタリー行列 U があって

$$U^{-1}AU = \begin{pmatrix} a_1 & & & \\ & a_2 & & * \\ & & \ddots & \\ & & & u_n \end{pmatrix}$$

となる (8.2.1)$'$．したがって

$$\begin{aligned}\gamma_A(U^{-1}AU) &= (U^{-1}AU - a_1E_n)(U^{-1}AU - a_2E_n)\cdots \\ &\qquad\qquad\qquad \cdots(U^{-1}AU - a_nE_n) \\ &= \begin{pmatrix} 0 & & & * \\ 0 & a_2 - a_1 & & \\ & & \ddots & \\ & & & a_n - a_1 \end{pmatrix} \begin{pmatrix} a_1 - a_2 & & & * \\ 0 & 0 & & \\ & & \ddots & \\ & & & a_n - a_2 \end{pmatrix} \cdots \\ &\quad \cdots \begin{pmatrix} a_1 - a_n & & & * \\ 0 & a_2 - a_n & & \\ & & \ddots & \\ & & & 0 \end{pmatrix}\end{aligned}$$

前から二つずつ順に積をつくって行くと

$$= \begin{pmatrix} 0 & 0 & * & \cdots & * \\ 0 & 0 & * & \cdots & * \\ 0 & 0 & * & \cdots & * \\ \vdots & \vdots & \vdots & & \vdots \\ 0 & 0 & * & \cdots & * \end{pmatrix} \begin{pmatrix} a_1 - a_3 & * & * & \cdots & * \\ 0 & a_2 - a_3 & * & \cdots & * \\ 0 & 0 & 0 & \cdots & * \\ \vdots & \vdots & \vdots & & \vdots \\ 0 & 0 & 0 & \cdots & a_n - a_3 \end{pmatrix} \cdots\cdots$$

$$= \begin{pmatrix} 0 & 0 & 0 & * & \cdots & * \\ 0 & 0 & 0 & * & \cdots & * \\ 0 & 0 & 0 & * & \cdots & * \\ \vdots & \vdots & \vdots & & & * \\ 0 & 0 & 0 & * & \cdots & * \end{pmatrix} \begin{pmatrix} a_1 - a_4 & * & * & \cdots & * \\ 0 & a_2 - a_4 & * & \cdots & * \\ 0 & 0 & a_3 - a_4 & \cdots & * \\ \vdots & \vdots & \vdots & & * \\ 0 & 0 & 0 & \cdots & * \end{pmatrix} \cdots$$

$$= \cdots\cdots = O$$

となる．ゆえに，$U^{-1}\gamma_A(A)U = \gamma_A\left(U^{-1}AU\right) = O$ である．ゆえに

$$\begin{aligned} O &= UU^{-1}\gamma_A(A)UU^{-1} = \gamma_A(A) \\ &= A^n + c_1A^{n-1} + \cdots + c_{n-1}A + c_nE_n \end{aligned}$$

（証明終）

例（8.2.3） $A = \begin{pmatrix} 4 & 2 \\ 3 & 1 \end{pmatrix}$ のとき，$\gamma_A(t) = t^2 - 5t - 2$ であるから，$A^2 - 5A - 2E_2 = O$ となる筈である．直接計算してみると，$A^2 = \begin{pmatrix} 22 & 10 \\ 15 & 7 \end{pmatrix}$,

$$A^2 - 5A - 2E_2 = \begin{pmatrix} 22 & 10 \\ 15 & 7 \end{pmatrix} - 5\begin{pmatrix} 4 & 2 \\ 3 & 1 \end{pmatrix} - 2\begin{pmatrix} 1 & 0 \\ 0 & 1 \end{pmatrix} = \begin{pmatrix} 0 & 0 \\ 0 & 0 \end{pmatrix}$$

が確かに成り立っている．

次に対角化を考えよう．まず，n 次元の実線型空間 V の線型変換 T が対角化されるとは，基底 $\langle \boldsymbol{p}_1, \cdots, \boldsymbol{p}_n \rangle$ があって

$$(T\boldsymbol{p}_1, \cdots, T\boldsymbol{p}_n) = (\boldsymbol{p}_1, \cdots, \boldsymbol{p}_n) \begin{pmatrix} a_1 & & \\ & \ddots & \\ & & a_n \end{pmatrix}$$

すなわち $T\boldsymbol{p}1 = a_1\boldsymbol{p}_1, \cdots, T\boldsymbol{p}_n = a_n\boldsymbol{p}_n$

となることだから，T が対角化可能とは T の固有ベクトルからなる V の基底が存在することである．これを行列の言葉に翻訳すると

命題（8.2.4） n 次の実行列 A に対して正則な実行列 P があって $P^{-1}AP$ が対角行列となるためには，n 個の線型独立な A の固有ベクトルが存在することが必要かつ十分である．

証明　必要性 $P=(\boldsymbol{p}_1,\cdots,\boldsymbol{p}_n)$ が正則，$P^{-1}AP=\begin{pmatrix} a_1 & & \\ & \ddots & \\ & & a_n \end{pmatrix}$，

$a_i \in \boldsymbol{R}$ とする．P を左から乗ずると

$$AP=P\begin{pmatrix} a_1 & & \\ & \ddots & \\ & & a_n \end{pmatrix}$$

これを列ベクトルで表示すると

$(A\boldsymbol{p}_1,\cdots,A\boldsymbol{p}_n)=(a_1\boldsymbol{p}_1,\cdots,a_n\boldsymbol{p}_n)$，$\therefore A\boldsymbol{p}_1=a_1\boldsymbol{p}_1,\cdots,A\boldsymbol{p}_n=a_n\boldsymbol{p}_n$ が生ずる．P が正則だから，$\boldsymbol{p}_1,\cdots,\boldsymbol{p}_n$ は線型独立である．

十分性 $\boldsymbol{p}_1,\cdots,\boldsymbol{p}_n$ が線型独立，$A\boldsymbol{p}_1=a_1\boldsymbol{p}_1,\cdots,A\boldsymbol{p}_n=a_n\boldsymbol{p}_n$ とする．このとき $P=(\boldsymbol{p}_1,\cdots,\boldsymbol{p}_n)$ は正則行列で

$$AP=(A\boldsymbol{p}_1,\cdots,A\boldsymbol{p}_n)=(a_1\boldsymbol{p}_1,\cdots,a_n\boldsymbol{p}_n)=(\boldsymbol{p}_1,\cdots,\boldsymbol{p}_n)\begin{pmatrix} a_1 & & \\ & \ddots & \\ & & a_n \end{pmatrix}$$

$$\therefore AP=P\begin{pmatrix} a_1 & & \\ & \ddots & \\ & & a_n \end{pmatrix},\quad P^{-1}AP=\begin{pmatrix} a_1 & & \\ & \ddots & \\ & & a_n \end{pmatrix}$$

（証明終）

上の十分性の証明は，行列の対角化の実際の手続きを与えている．大変実用的なことだからもう一度まとめておこう．

n 次行列 A を対角化するには，

（i）A の固有値，すなわち $|tE_n-A|=0$ の（重複度をこめ

て）n 個の根 $a_1, \cdots, a_n$ 求め

（ii）$A\boldsymbol{p}_1 = a_1\boldsymbol{p}_1, \cdots, A\boldsymbol{p}_n = a_n\boldsymbol{p}_n$ となる線型独立な $\boldsymbol{p}_1, \cdots, \boldsymbol{p}_n$ を求めればよい．このとき

$$P = (\boldsymbol{p}_1, \cdots, \boldsymbol{p}_n) \text{ とおけば} P^{-1}AP = \begin{pmatrix} a_1 & & \\ & \ddots & \\ & & a_n \end{pmatrix}$$

これが最も簡単に実行できるのは次の場合である．

定理（8.2.5）（線型変換の対角化，その 1）（i）A が n 次の実行列，$\det(tE_n - A)$ が n 個の相異なる実根をもつならば，正則行列 P があって $P^{-1}AP$ が対角行列となる．（逆は必ずしも真ならず）

（ii）V が n 次元の実線型空間で，線型変換 $T: V \longrightarrow V$ の固有多項式 $\gamma_T(t)$ が n 個の相異なる実根をもつとする．このとき T は対角化可能である．

証明　（i）A の固有多項式が n 個の相異なる実根 $a_1, \cdots, a_n$ をもつとする．これらは A の固有値である．各 a_i に属する固有ベクトル $\boldsymbol{p}_i$ を一つずつとると，$\boldsymbol{p}_1, \cdots, \boldsymbol{p}_n$ は線型独立である（8.1.9）．ゆえに，$P = (\boldsymbol{p}_1, \cdots, \boldsymbol{p}_n) \in M_{n,n}(\boldsymbol{R})$ とおけば，P は正則で

$$A(\boldsymbol{p}_1, \cdots, \boldsymbol{p}_n) = (\boldsymbol{p}_1, \cdots, \boldsymbol{p}_n)\begin{pmatrix} a_1 & & \\ & \ddots & \\ & & a_n \end{pmatrix}, \quad \therefore P^{-1}AP = \begin{pmatrix} a_1 & & \\ & \ddots & \\ & & a_n \end{pmatrix}$$

（ii）略　　（証明終）

例題（8.2.6）　次の行列は対角化できるか，できるならばそれを

実行せよ.

$$A=\begin{pmatrix} 62 & -48 \\ 80 & -62 \end{pmatrix},\quad B=\begin{pmatrix} 2 & 12 & 0 \\ 0 & -1 & 0 \\ -1 & 4 & 3 \end{pmatrix}$$

解 (i) $|tE_2-A|=t^2-(\mathrm{tr}\,A)t+|A|=t^2-0\cdot t-4$

$$=(t-2)(t+2).$$

A は $n=2$ 個の相異なる固有値 $2,-2$ をもつから対角化可能. 固有値 -2 に属する固有ベクトル $\boldsymbol{p}_1=\begin{pmatrix} x \\ y \end{pmatrix}$ は方程式

$$A\boldsymbol{p}_1=-2\boldsymbol{p}_1, (A+2E_2)\,\boldsymbol{p}_1=\boldsymbol{o}\ \text{すなわち}\ \begin{pmatrix} 64 & -48 \\ 80 & -60 \end{pmatrix}\begin{pmatrix} x \\ y \end{pmatrix}=\begin{pmatrix} 0 \\ 0 \end{pmatrix}$$

を解いて, $\boldsymbol{p}_1=\begin{pmatrix} 3t \\ 4t \end{pmatrix}$ たとえば $t=1, \boldsymbol{p}_1=\begin{pmatrix} 3 \\ 4 \end{pmatrix}$.

固有値 2 に属する固有ベクトル $\boldsymbol{p}_2=\begin{pmatrix} u \\ v \end{pmatrix}$ は, 方程式

$$A\boldsymbol{p}_2=2\boldsymbol{p}_2, (A-2E_2)\,\boldsymbol{p}_2=\boldsymbol{o}\ \text{すなわち}\ \begin{pmatrix} 60 & -48 \\ 80 & -64 \end{pmatrix}\begin{pmatrix} u \\ v \end{pmatrix}=\begin{pmatrix} 0 \\ 0 \end{pmatrix}$$

を解いて, $\boldsymbol{p}_2=\begin{pmatrix} 4s \\ 5s \end{pmatrix}$ たとえば $s=1, \boldsymbol{p}_2=\begin{pmatrix} 4 \\ 5 \end{pmatrix}$ ゆえに

$$P=(\boldsymbol{p}_1, \boldsymbol{p}_2)=\begin{pmatrix} 3 & 4 \\ 4 & 5 \end{pmatrix}\ \text{とおくとき}\ P^{-1}AP=\begin{pmatrix} -2 & \\ & 2 \end{pmatrix}.$$

(ii) $|tE_3-B|=t^3-(\mathrm{tr}\,B)t^2+\left(\begin{vmatrix} 2 & 12 \\ 0 & -1 \end{vmatrix}+\begin{vmatrix} 2 & 0 \\ -1 & 3 \end{vmatrix}+\begin{vmatrix} -1 & 0 \\ 4 & 3 \end{vmatrix}\right)t-|B|$

$$= t^3 - 4t^2 + t + 6 = (t+1)(t-2)(t-3)$$

B は $n = 3$ 個の固有値 $-1, 2, 3$ をもつから対角化可能.

固有値 -1 に属する固有ベクトル $\boldsymbol{q}_1$ は，方程式

$$(B + E_3)\,\boldsymbol{q}_1 = \boldsymbol{o}$$

を解いて

$$\boldsymbol{q}_1 = \begin{pmatrix} -4t \\ t \\ -2t \end{pmatrix} \text{たとえば} \quad \boldsymbol{q}_1 = \begin{pmatrix} 4 \\ -1 \\ 2 \end{pmatrix}$$

固有値 2 に属する固有ベクトル $\boldsymbol{q}_2$ は，方程式

$$(B - 2E_3)\,\boldsymbol{q}_2 = \boldsymbol{o}$$

を解いて

$$\boldsymbol{q}_2 = \begin{pmatrix} t \\ 0 \\ t \end{pmatrix} \text{たとえば} \quad \boldsymbol{q}_2 = \begin{pmatrix} 1 \\ 0 \\ 1 \end{pmatrix}.$$

固有値 3 に属する固有ベクトル $\boldsymbol{q}_3$ は，方程式

$$(B - 3E_3)\,\boldsymbol{q}_3 = \boldsymbol{o}$$

を解いて

$$\boldsymbol{q}_3 = \begin{pmatrix} 0 \\ 0 \\ t \end{pmatrix} \text{たとえば} \boldsymbol{q}_3 = \begin{pmatrix} 0 \\ 0 \\ 1 \end{pmatrix}$$

である．ゆえに

$$Q = (\boldsymbol{q}_1, \boldsymbol{q}_2, \boldsymbol{q}_3) = \begin{pmatrix} 4 & 1 & 0 \\ -1 & 0 & 0 \\ 2 & 1 & 1 \end{pmatrix} \text{とおくとき } Q^{-1}BQ = \begin{pmatrix} -1 & & \\ & 2 & \\ & & 3 \end{pmatrix}$$

定理（8.2.7）（線型変換の対角化，その 2）（i）n 次の実行列 A の固有多項式が実数の範囲で一次式の積に分解するとし，

$$\det(tE_n - A) = (t-a_1)^{n_1 \cdots (t-a_r)^{nr}}, \quad a_i \in \boldsymbol{R}$$

$$a_i \neq a_j \quad (i \neq j)$$

とする（したがって A は三角化可能）．このとき

$$\boxed{A \text{ が対角化可能} \Longleftrightarrow n - \operatorname{rank}(A - a_i E_n) = n_i (1 \leqq i \leqq r)}$$

（ii）n 次元の実線型空間 V の線型変換 T の固有多項式が

$$\gamma_T(t) = (t-a_1)^{n_1} \cdots (t-a_r)^{n_r}, \quad a_i \in \boldsymbol{R}$$

と分解するとする．$a_i \neq a_j \quad (i \neq j)$．このとき
T が対角化可能 $\Longleftrightarrow n - \operatorname{rank}(T - \alpha_i I_V) = n_i (1 \leqq i \leqq r)$

証明（i）$(\Longrightarrow)$$A$ が対角化可能とする．行列 P があって

$$P \text{ は正則}, \quad P^{-1}AP = \begin{pmatrix} b_1 & & \\ & \ddots & \\ & & b_n \end{pmatrix}$$

となる．ここで $\gamma_A(t) = \gamma_{P^{-1}AP}(t)$ だから，$b_1, \cdots, b_n$ は $\overbrace{a_1, \cdots, a_1}^{n_1 \text{個}}$，$\overbrace{a_2, \cdots, a_2}^{n_2 \text{個}}$，$\overbrace{a_r, \cdots, a_r}^{n_r \text{個}}$ をある順序に並べたものである．適当な置換行列 Q をとれば

$$(PQ)^{-1}APQ = Q^{-1}\left(P^{-1}AP\right)Q = \begin{pmatrix} a_1 E_{n_1} & & & \\ & a_2 E_{n_2} & & \\ & & \ddots & \\ & & & a_r E_{n_r} \end{pmatrix}$$

$$\therefore (PQ)^{-1}APQ - a_1E_n = \begin{pmatrix} O_{n_1n_1} & & & \\ & (a_2-a_1)\,E_{n_2} & & \\ & & \ddots & \\ & & & (a_r-a_1)\,E_{n_r} \end{pmatrix}$$

この右辺の行列の階数は $n_2+\cdots+n_r=n-n_1$ である．

$$\begin{aligned}\therefore \operatorname{rank}(A-a_1E_n) &= \operatorname{rank}\left((PQ)^{-1}(A-a_1E_n)\,PQ\right)\\ &= \operatorname{rank}\left((PQ)^{-1}APQ-a_1E_n\right)=n-n_1\end{aligned}$$

同様に

$$\operatorname{rank}(A-\alpha_iE_n)=n-n_i \quad (1 \leqq i \leqq r)$$

($\Longleftarrow$)$n-\operatorname{rank}(A-a_iE_n)=n_i \quad (1 \leqq i \leqq r)$ とする．固有値 a_i に属する固有空間 $V(a_i)$ の次元は

$$\dim V(a_i)=n-\operatorname{rank}(A-a_iE_n)=n_i$$

である (8.1.11)．そこで，各固有空間 $V(a_i)$ の基底 $\langle \boldsymbol{p}_{i1},\cdots,\boldsymbol{p}_{in_i}\rangle$ を勝手にとれ，異なる固有値に属する固有ベクトルは線型独立であるから，n 個のベクトル

$$\boldsymbol{p}_{11},\cdots,\boldsymbol{p}_{1n_1},\boldsymbol{p}_{21},\cdots,\boldsymbol{p}_{2n_2},\cdots\cdots,\boldsymbol{p}_{r1},\cdots,\boldsymbol{p}_{rn_r}$$

は線型独立であって，これらを並べて作った行列

$$P=\left(\boldsymbol{p}_{11},\cdots,\boldsymbol{p}_{1n_1},\boldsymbol{p}_{21},\cdots,\boldsymbol{p}_{2n_2},\cdots\cdots,\boldsymbol{p}_{r1},\cdots,\boldsymbol{p}_{rn_r}\right)$$

は正則である．

$$\begin{aligned}AP &= \left(A\boldsymbol{p}_{11},\cdots,A\boldsymbol{p}_{1n_1},A\boldsymbol{p}_{21},\cdots,A\boldsymbol{p}_{2n_2},\cdots,A\boldsymbol{p}_{r1},\cdots,A\boldsymbol{p}_{rn_r}\right)\\ &= \left(a_1\boldsymbol{p}_{11},\cdots,a_1\boldsymbol{p}_{1n_1},a_2\boldsymbol{p}_{21},\cdots,a_2\boldsymbol{p}_{2n_2},\cdots,a_r\boldsymbol{p}_{r1},\cdots,a_r\boldsymbol{p}_{rn_r}\right)\end{aligned}$$

$$= \Big(\boldsymbol{p}_{11}, \cdots, \boldsymbol{p}_{1n_1}, \boldsymbol{p}_{21}, \cdots, \boldsymbol{p}_{2n_2},$$

$$\cdots\cdots, \boldsymbol{p}_{r1}, \cdots, \boldsymbol{p}_{rn_r}\Big) \begin{pmatrix} a_1 E_{n_1} & & & \\ & a_2 E_{n_2} & & \\ & & \ddots & \\ & & & a_r E_{n_r} \end{pmatrix}$$

$$= P \begin{pmatrix} a_1 E_{n_1} & & & \\ & a_2 E_{n_2} & & \\ & & \ddots & \\ & & & a_r E_{n_r} \end{pmatrix}$$

$$\therefore P^{-1}AP = \begin{pmatrix} a_1 E_{n_1} & & & \\ & a_2 E_{n_2} & & \\ & & \ddots & \\ & & & a_r E_{n_r} \end{pmatrix}$$ （証明終）

例題（8.2.8） 次の行列は三角化可能か，対角化可能か．対角化できるものは対角化せよ．

$$A = \begin{pmatrix} 8 & 3 & 3 \\ -24 & -10 & -12 \\ 9 & 6 & 8 \end{pmatrix}, \quad B = \begin{pmatrix} -18 & 24 & -16 \\ -40 & 50 & -32 \\ -40 & 48 & -30 \end{pmatrix},$$

$$C = \begin{pmatrix} -26 & 34 & -22 \\ -44 & 55 & -35 \\ -36 & 43 & -27 \end{pmatrix}$$

解 （i） $|tE_3 - A| = t^3 - (\mathrm{tr}\, A)t^2$

$$+ \left(\begin{vmatrix} 8 & 3 \\ -24 & -10 \end{vmatrix} + \begin{vmatrix} 8 & 3 \\ 9 & 8 \end{vmatrix} + \begin{vmatrix} -10 & -12 \\ 6 & 8 \end{vmatrix} \right) t - |A|$$

$$= t^3 - 6t^2 + 21t - 26 = (t-2)\left(t^2 - 4t + 13\right)$$

これは実数の範囲では 1 次式の積に分解しない．ゆえに A は三角化できない．当然対角化もできない．

（ii） $|tE_3 - B| = t^3 - (\mathrm{tr}\, B)t^2$

$$+ \left(\begin{vmatrix} -18 & 24 \\ -40 & 50 \end{vmatrix} + \begin{vmatrix} -18 & -16 \\ -40 & -30 \end{vmatrix} + \begin{vmatrix} 50 & -32 \\ 48 & -30 \end{vmatrix} \right) t - |B|$$

$$= t^3 - 2t^2 - 4t + 8 = (t+2)(t-2)^2$$

となって 1 次式の積に分解するから，B は三角化できる．B のスペクトルは $\{-2, 2\}$.

固有値 $-2, 2$ に属する固有空間 $V(-2), V(2)$ の次元は

$$\mathrm{rank}\,(B + 2E_2) = \mathrm{rank} \begin{pmatrix} -16 & 24 & -16 \\ -40 & 52 & -32 \\ -40 & 48 & -28 \end{pmatrix} = 2 \text{より}$$

$$\dim V(-2) = 3 - 2 = 1$$

$$\mathrm{rank}\,(B - 2E_2) = \mathrm{rank} \begin{pmatrix} -20 & 24 & -16 \\ -40 & 48 & -32 \\ -40 & 48 & -32 \end{pmatrix} = 1 \text{より}$$

$$\dim V(2) = 3 - 1 = 2$$

である．ゆえ B は対角化できる．

固有値 -2 に属する固有ベクトル $\boldsymbol{p}_1$ は，方程式

$$(B + 2E_2)\, \boldsymbol{p}_1 = \boldsymbol{o}$$

を解いて，$\boldsymbol{p}_1 = \begin{pmatrix} t \\ 2t \\ 2t \end{pmatrix}$，たとえば $\boldsymbol{p}_1 = \begin{pmatrix} 1 \\ 2 \\ 2 \end{pmatrix}$.

固有空間 $V(2)$ の基底を求めるために，方程式

$$(B - 2E_2)\, \boldsymbol{q} = \boldsymbol{o}$$

を解いて，一般解 $\boldsymbol{q} = \begin{pmatrix} x \\ y \\ z \end{pmatrix}$ は $-5x + 6y - 4z = 0$ をみたす．ゆえに，独立解としてたとえば $\boldsymbol{q}_1 = \begin{pmatrix} 2 \\ 1 \\ -1 \end{pmatrix}$，$\boldsymbol{q}_2 = \begin{pmatrix} 2 \\ 3 \\ 2 \end{pmatrix}$ を得る．

ゆえに，$\langle \boldsymbol{p}_1 \rangle$ は$V(-2)$ の基底，$\langle \boldsymbol{q}_1, \boldsymbol{q}_2 \rangle$ は $V(2)$ の基底である．

$$P = (\boldsymbol{p}_1, \boldsymbol{q}_1, \boldsymbol{q}_2) = \begin{pmatrix} 1 & 2 & 2 \\ 2 & 1 & 3 \\ 2 & -1 & 2 \end{pmatrix} \text{とおけば} P^{-1}BP = \begin{pmatrix} -2 & & \\ & 2 & \\ & & 2 \end{pmatrix}$$

（iii）
$$\begin{aligned} |tE_3 - C| &= t^3 - (\operatorname{tr} C)t^2 \\ &\quad + \left(\begin{vmatrix} -26 & 34 \\ -44 & 55 \end{vmatrix} + \begin{vmatrix} -26 & -22 \\ -36 & -27 \end{vmatrix} + \begin{vmatrix} 55 & -35 \\ 43 & -27 \end{vmatrix} \right) t - |C| \\ &= t^3 - 2t^2 - 4t + 8 = (t+2)(t-2)^2 \end{aligned}$$

となって 1 次式の積に分解するから，C は三角化できる．C のスペクトルは $\{-2, 2\}$.

固有値 2 に属する固有空間 $V(2)$ の次元は

$$\operatorname{rank}(C - 2E_3) = \operatorname{rank} \begin{pmatrix} -28 & 34 & -22 \\ -44 & 53 & -35 \\ -36 & 43 & -29 \end{pmatrix} = 2 \text{ より}$$

$$\dim V(2) = 3 - 2 < 2$$

である．ゆえに C は対角化できない． (終)

§8.2 の練習問題

1. 次の行列は三角化可能か，対角化可能か．対角化できるものは対角化せよ．(C の 1 つの固有値は 2, D の 1 つの固有値は 4).

$$A=\begin{pmatrix} 8 & -5 \\ 13 & -8 \end{pmatrix}, B=\begin{pmatrix} 17 & -10 \\ 30 & -18 \end{pmatrix}, C=\begin{pmatrix} 12 & -5 & -5 \\ 15 & -8 & -5 \\ 15 & -5 & -8 \end{pmatrix},$$

$$D=\begin{pmatrix} 2 & 1 & 1 \\ -2 & 5 & 1 \\ -3 & 2 & 5 \end{pmatrix}$$

2. 4 次元の実線型空間 $V=\boldsymbol{R}e^{3t}+\boldsymbol{R}te^{3t}+\boldsymbol{R}e^{4t}+\boldsymbol{R}te^{4t}$ において，線型変換 $D: f(t)\longmapsto f'(t)$ の固有値，固有空間を求めよ．

§8.2 の答

1. $|tE_2-A|=t^2+1, A$ は三角化できない．

$$P=\begin{pmatrix} 2 & 1 \\ 3 & 2 \end{pmatrix}, P^{-1}BP=\mathrm{diag}(2,-3).$$

$$Q=\begin{pmatrix} 1 & 1 & 1 \\ 1 & 1 & 2 \\ 1 & 2 & 1 \end{pmatrix}, \quad Q^{-1}CQ=\mathrm{diag}(2,-3,-3).$$

$|tE_3-D|=t^3-12t+48t-64=(t-4)^3$,　$\therefore D$ は三角化可能，

$\mathrm{rank}\,(D-4E_3)=2$　$\therefore D$ は対角化できない．

2. 基底 $\langle e^{3t}, te^{3t}, e^{4t}, te^{4t}\rangle$ に関する D の表現行列は

$$A=\begin{pmatrix} 3 & 1 & & \\ & 3 & & \\ & & 4 & 1 \\ & & & 4 \end{pmatrix}.$$

$|tE_4-A|=(t-3)^2(t-4)^2$，D のスペクトルは，$\{3,\ 4\}$

$\mathrm{rank}\,(A-3E_4)=3, \mathrm{rank}\,(A-4E_4)=3$

$\dim V(3)=\dim V(4)=1.$

$V(3)=\boldsymbol{R}e^{3t},\quad V(4)=\boldsymbol{R}e^{4t}$

§8.3　対称行列

正方行列 A の転置行列と内積の関係を考えてみよう．$\boldsymbol{R}^n$ の自然

内積 $(\boldsymbol{x}|\boldsymbol{y})$ は $(1,n)$ 行列 ${}^t\boldsymbol{x}$ と $(n,1)$ 行列 $\boldsymbol{y}$ の積 ${}^t\boldsymbol{x}\boldsymbol{y}$ に等しい．すなわち

$$\boldsymbol{x}=\begin{pmatrix} x_1 \\ \vdots \\ x_n \end{pmatrix},\quad \boldsymbol{y}=\begin{pmatrix} y_1 \\ \vdots \\ y_n \end{pmatrix} \text{のとき，} {}^t\boldsymbol{x}=(x_1,\cdots,x_n)$$

$$(\boldsymbol{x}|\boldsymbol{y})=x_1y_1+\cdots+x_ny_n={}^t\boldsymbol{x}\boldsymbol{y}$$

である．したがって

$$(A\boldsymbol{x}|\boldsymbol{y})={}^t(A\boldsymbol{x})\boldsymbol{y}={}^t\boldsymbol{x}{}^tA\boldsymbol{y}={}^t\boldsymbol{x}\,({}^tA\boldsymbol{y})=(\boldsymbol{x}|{}^tA\boldsymbol{y})$$

$$\therefore(A\boldsymbol{x}|\boldsymbol{y})=(\boldsymbol{x}|{}^tA\boldsymbol{y}),({}^tA\boldsymbol{x}|\boldsymbol{y})=(\boldsymbol{x}|A\boldsymbol{y})$$

が成り立つ．一般に

定義と命題（8.3.1） Vを内積空間，TをVの線型変換とする．このとき，

$$\text{任意の } \boldsymbol{x},\boldsymbol{y}\in V \text{ に対して } (S\boldsymbol{x}|\boldsymbol{y})=(\boldsymbol{x}|T\boldsymbol{y})$$

をみたす線型変換 $S:V\longrightarrow V$をTの**随伴変換，転置変換**などといい，T^* または ${}^tT$ で表す．　$({}^tT\boldsymbol{x}|\boldsymbol{y})=(\boldsymbol{x}|T\boldsymbol{y})$

（i）Vが有限次元のとき，Tの転置変換 ${}^tT$ はただつ存在する．

（ii）Vが有限次元のときVの一つの正規直交基底を勝手にとり，それに関するTの表現行列をAとすれば，転置変換 ${}^tT$ の表現行列はAの転置行列 ${}^tA$ である．

証明　（ii）${}^tT$ の表現行列を $B,\boldsymbol{x}\in V$の座標を $(x_i)_{1\leqq i\leqq n},$ $\boldsymbol{y}\in V$ の座標を $(y_i)_{1\leqq i\leqq n}$ とすれば，${}^tT\boldsymbol{x}$ の座標は $B(x_i)_{1\leqq i\leqq n}$

$$({}^tT\boldsymbol{x}|\boldsymbol{y})=(x_1,\cdots,x_n)^tB\begin{pmatrix} y_1 \\ \vdots \\ y_n \end{pmatrix},\quad (\boldsymbol{x}|T\boldsymbol{y})=(x_1,\cdots,x_n)A\begin{pmatrix} y_1 \\ \vdots \\ y_n \end{pmatrix}$$

であるから（7.2.2），転置変換の定義式 $({}^tT\boldsymbol{x}|\boldsymbol{y}) = (\boldsymbol{x}|T\boldsymbol{y})$ は

$$(x_1,\cdots,x_n)\,{}^tB\begin{pmatrix} y_1 \\ \vdots \\ y_n \end{pmatrix} = (x_1,\cdots,x_n)\,A\begin{pmatrix} y_1 \\ \vdots \\ y_n \end{pmatrix}$$

と同値である．$\boldsymbol{x},\boldsymbol{y}\in V$ は任意，すなわち $x_1,\cdots,x_n,y_1,\cdots,y_n\in\boldsymbol{R}$ が任意であるから，これは

$${}^tB = A \quad \text{すなわち} \quad ({}^tT\text{の表現行列}) = B = {}^tA$$

を意味する．

（i）${}^tT$ の存在と一意性は（ii）より明らかである．実際，一つの正規直交基底を定めたとき，T の表現行列が A であれば，転置行列 ${}^tA$ を表現行列とする線型変換が ${}^tT$ である．また，${}^tT$ の表現行列は必ず ${}^tA$ であるから，${}^tT$ は一意的に定まる．（証明終）

例題（8.3.2）　複素数体 $\boldsymbol{C}$ を実線型空間とみて，内積を

$$(\xi|\bar{\eta}) = \mathrm{Re}(\xi\bar{\eta}) = x_1y_1 + x_2y_2, \quad \xi = x_1 + ix_2, \quad \eta = y_1 + iy_2$$

で定める．$\alpha = \alpha + ib \in \boldsymbol{C}$ が定める線型変換

$$T : \xi \longmapsto \alpha\xi$$

の転置変換 ${}^tT$ を求めよ．正規直交基底 $\langle 1, i\rangle$ に関する $T, {}^tT$ の表現行列を求めよ．

解

$$(T(1), T(i)) = (a + b_i, -b + ia) = (1, i)\begin{pmatrix} a & -b \\ b & a \end{pmatrix}$$

$$\therefore M(T) = \begin{pmatrix} a & -b \\ b & a \end{pmatrix}, M({}^tT) = {}^tM(T) = \begin{pmatrix} a & b \\ -b & a \end{pmatrix}$$

$$\therefore ({}^tT(1), {}^tT(i)) = (1, i)\begin{pmatrix} a & b \\ -b & a \end{pmatrix} = (a - bi, b + ia)$$

$$= (\bar{\alpha}, \bar{\alpha}i)$$

$$\therefore {}^tT : \xi \longmapsto \bar{\alpha}\xi \qquad \text{(終)}$$

定義 (8.3.3)　内積空間 V の線型変換 T が $tT = T$ をみたすとき，すなわち

$$\text{任意の } \boldsymbol{x}, \boldsymbol{y} \text{ に対して } (T\boldsymbol{x}|\boldsymbol{y}) = (\boldsymbol{x}|T\boldsymbol{y})$$

をみたすとき，T を**実エルミート変換**または**対称変換**という．$\dim V < \infty$ のときには，V の一つの正規直交基底を定め，それに関する T の表現行列を A とすれば，

$$T \text{ が対称変換 } \Longleftrightarrow {}^tA = A$$

例 (8.3.4)　(i) 行列 $K = \begin{pmatrix} k_1 & & \\ & \ddots & \\ & & k_n \end{pmatrix}$ は対称行列であるから，線型変換 $T : \boldsymbol{R}^n \longrightarrow \boldsymbol{R}^n$,　$\boldsymbol{x} = \begin{pmatrix} x_1 \\ \vdots \\ x_n \end{pmatrix} \longmapsto K\boldsymbol{x} = \begin{pmatrix} k_1x_1 \\ \cdots \\ k_nx_n \end{pmatrix}$ は対称変換である．見方を変えて，n 項列ベクトルを集合 $\{1, \cdots, n\}$ 上の関数とみれば，すなわち $\boldsymbol{R}^n = \mathscr{F}(\{1, \cdots, n\}, \boldsymbol{R})$ と見れば，$K\boldsymbol{x}$ は二つの関数 $K : i \longmapsto k_i$ と $\boldsymbol{x} : i \longmapsto x_i$ の値による積である．この観点からすれば，(i) は次のように一般化される．

(ii) 連続関数の線型空間 $C^0([0, 2\pi], \boldsymbol{R})$, 内積 $(f|g) = \int_0^{2\pi} f(t)g(t)dt$ を考えよう．関数 $K(t) \in C^0([0, 2\pi], \boldsymbol{R})$ を定めたとき，

$$T : C^0([0, 2\pi], \boldsymbol{R}) \longrightarrow C^0([0, 2\pi], \boldsymbol{R}),$$

$$f(t) \longmapsto (Tf)(t) = K(t)f(t)$$

は対称変換である．実際

$$\begin{aligned}(Tf|g) &= \int_0^{2\pi} (K(t)f(t))g(t)dt = \int_0^{2\pi} f(t)(K(t)g(t))dt \\ &= (f|Tg)\end{aligned}$$

が成り立つ．たとえば $f(t) \longmapsto \sin t f(t)$ は対称変換である．

例（8.3.5）　行列 $A = \left(a_{ij}\right)_{1 \leqq i,j \leqq n} \in M_{n,n}(\boldsymbol{R})$ が線型変換 $\boldsymbol{R}^n \longrightarrow \boldsymbol{R}^n, \boldsymbol{x} = (x_i)_{1 \leqq i \leqq n} \longmapsto A\boldsymbol{x} = \left(\sum_{j=1}^{n} a_{ij}x_j\right)_{1 \leqq i \leqq n}$ を定めるように，2 変数 $s, t (0 \leqq s, t \leqq 2\pi)$ の連続関数 $A(s,t)$ は線型変換

$$\begin{aligned}&T : C^0([0,2\pi], \boldsymbol{R}) \longrightarrow C^0([0,2\pi], \boldsymbol{R}), \\ &f(t) \longmapsto (Tf)(s) = \int_0^{2\pi} A(s,t)f(t)dt\end{aligned}$$

を定める．$B(s,t) = A(t,s)$ とおけば，B が定める線型変換

$$S : f(t) \longmapsto (Sf)(s) = \int_0^{2\pi} B(s,t)f(t)dt = \int_0^{2\pi} A(t,s)f(t)dt$$

は T の転置変換である．実際

$$\begin{aligned}(Tf|g) &= \int_0^{2\pi} (Tf)(s)g(s)ds = \int_0^{2\pi} \left(\int_0^{2\pi} A(s,t)f(t)dt\right) g(s)ds \\ &= \int_0^{2\pi} \left(\int_0^{2\pi} A(s,t)f(t)g(s)dt\right) ds \\ &= \int_0^{2\pi} \left(\int_0^{2\pi} A(s,t)f(t)g(s)ds\right) dt \\ &= \int_0^{2\pi} \left(f(t)\int_0^{2\pi} B(t,s)g(s)ds\right) dt \\ &= \int_0^{2\pi} f(t)(Sg)(t)dt = (f|Sg)\end{aligned}$$

$$\therefore (Tf|g) = (f|Sg), \quad \therefore {}^tT = S$$

が成り立つ．$A(s,t)$ としては

$$e^{-ist}, \cos st, \sin st, e^{-st}, \sqrt{st}J_\nu(st), (s+t)^{-\rho}$$

などが用いられ（ただし積分領域は有限区間 $[0, 2\pi]$ ではなく，$(0, \infty), (-\infty, \infty)$ などであるが考え方は同じである），対応する変換は **Fourier 変換，Fourier 余弦変換，Fourier 正弦変換，Laplace 変換，Hankel 変換，Stieltjes 変換**と呼ばれる．

対称変換は（複素エルミート変換とともに）数学でも自然科学でも頻繁に現れる重要な変換である．対称変換は必ず対角化できる．すなわち

命題（8.3.6） 実対称行列の固有多項式は実数の範囲で 1 次式の積に分解する．（有限次元内積空間の対称線型変換についても同様.）

証明 A を n 次の実対称行列とする．複素数の範囲では

$$|tE_n - A| = (t - a_1) \cdots (t - a_n), \quad a_i \in \boldsymbol{C}$$

と分解する．a_i が実数であることを示せばよい．複素行列 $a_iE_n - A$ は $\det(\alpha_i E_n - A) = 0$ であるから，連立一次方程式

$$(a_iE_n - A)\boldsymbol{x} = \boldsymbol{o}$$

は複素数解 $\boldsymbol{x} = \begin{pmatrix} x_1 \\ \vdots \\ x_n \end{pmatrix} \neq \begin{pmatrix} 0 \\ \vdots \\ 0 \end{pmatrix}$ をもつ $(x_i \in \boldsymbol{C})$．$\overline{\boldsymbol{x}} = \begin{pmatrix} \bar{x}_1 \\ \vdots \\ \bar{x}_n \end{pmatrix}$ と書けば，

$$A\boldsymbol{x} = a_i\boldsymbol{x}, A\overline{\boldsymbol{x}} = \bar{a}_i\overline{\boldsymbol{x}}, {}^t\overline{\boldsymbol{x}}A = \bar{a}_i{}^t\overline{\boldsymbol{x}}$$

$$\bar{a}_i{}^t\overline{\boldsymbol{x}}\boldsymbol{x} = {}^t\boldsymbol{x}A\boldsymbol{x} = {}^t\overline{\boldsymbol{x}}a_i\boldsymbol{x} = a_i{}^t\overline{\boldsymbol{x}}\boldsymbol{x}$$

であるが，$\bar{\boldsymbol{x}} \neq o$ だから，この式を

$$ {}^t\bar{\boldsymbol{x}}\boldsymbol{x} = \bar{x}_1 x_1 + \cdots + \bar{x}_n x_n > 0 $$

で割って

$$ \bar{a}_i = \alpha_i $$

となって，a_i は実数である．　　（証明終）

命題（8.3.7）（ｉ）n 次の実対称行列の相異なる固有値に属する固有ベクトルは（$\boldsymbol{R}^n$ の自然内積に関して）互いに直交する．

（ii）内積空間の線型変換 T が対称変換ならば，T の相異なる固有値に属する固有ベクトルは互いに直交する．

証明（ｉ）A が実対称行列，a, b を A の固有値，$\boldsymbol{x}$ を a に属する固有ベクトル，$\boldsymbol{y}$ を b に属する固有ベクトルとする．$a \neq b$ のとき

$$ A\boldsymbol{x} = a\boldsymbol{x}, \quad A\boldsymbol{y} = b\boldsymbol{y} $$

より，自然内積 $(\boldsymbol{x}|\boldsymbol{y}) = {}^t\boldsymbol{x}\boldsymbol{y}$ を用いて，

$$ a(\boldsymbol{x}|\boldsymbol{y}) = (a\boldsymbol{x}|\boldsymbol{y}) = (A\boldsymbol{x}|\boldsymbol{y}) = (\boldsymbol{x}|A\boldsymbol{y}) = (\boldsymbol{x}|b\boldsymbol{y}) = b(\boldsymbol{x}|\boldsymbol{y}) $$

$$ \therefore (a-b)(\boldsymbol{x}|\boldsymbol{y}) = 0 $$

である．$a - b \neq 0$ で割って，$(\boldsymbol{x}|\boldsymbol{y}) = 0, \therefore \boldsymbol{x} \perp \boldsymbol{y}$.

（ii）も（ｉ）と同様に証明できる．　　（証明終）

定理（8.3.8）（対称変換の対角化）（ｉ）実対称行列 A の固有多項式の因数分解を

$$ \det(tE_n - A) = (t-a_1)^{n_1 \cdots}(t-a_r)^{n_r}, \quad a_i \in \boldsymbol{R} \quad a_i \neq a_j (i \neq j) $$

とする（これは実数の範囲で可能 (8.3.6)）．このとき，行列 P が
あって

$$P\text{は直交行列},\quad P^{-1}AP = \begin{pmatrix} \overbrace{a_1 \ \ddots \ a_1}^{n_1\text{個}} & & & \\ & \overbrace{a_2 \ \ddots \ a_2}^{n_2\text{個}} & & \\ & & \ddots\ddots & \\ & & & \overbrace{a_r \ \ddots \ a_r}^{n_r\text{個}} \end{pmatrix}$$

（ii）有限次元の内積空間の対称変換はすべて，正規直交基底を
用いて，対角化可能である．

証明　（ i ）固有多項式が一次式の積に分解するから，A は三角
化可能．すなわち，ある行列 P を用いて

$$P\text{は直交行列},\quad P^{-1}AP = \begin{pmatrix} b_1 & & \\ & \ddots & \\ & & b_n \end{pmatrix} = D$$

となる (8.2.1)．ここに $b_1, \cdots, b_n$ は $\overbrace{a_1, \cdots, a_1}^{n_1\text{個}}, \cdots\cdots, \overbrace{a_r, \cdots, a_r}^{n_r\text{個}}$ をある
順序に並べたものである．${}^tP = P^{-1}$ だから

$${}^tD = {}^t(P^{-1}AP) = {}^t({}^tPAP) = {}^tP{}^tAP = P^{-1}AP = D$$

$$\therefore {}^tD = D,\quad \begin{pmatrix} b_1 & & * \\ & \ddots & \\ & & b_n \end{pmatrix} = \begin{pmatrix} b_1 & & * \\ & \ddots & \\ & & b_n \end{pmatrix}$$

が生ずる．ゆえに，$*$ の部分は O.

$$\therefore P^{-1}AP = \begin{pmatrix} b_1 & & \\ & \ddots & \\ & & b_n \end{pmatrix}$$

となる．適当な置換行列 Q をとると

$$(PQ)^{-1}APQ = Q^{-1}\left(P^{-1}AP\right)Q = \begin{pmatrix} a_1E_{n_1} & & \\ & \ddots & \\ & & a_rE_{nr} \end{pmatrix}$$

となるが，置換行列は直交行列だから，PQ は直交行列である．よって，A は直交行列 PQ により対角化された．

（ii）読者にまかせる．（証明終）

対称行列の対角化 $A \longrightarrow P^{-1}AP$ は実際には次のように行う．

対称行列 A に対し

（i）固有多項式を因数分解する

$$|tE_n - A| = (t-a_1)^{n_1}\cdots(t-a_r)^{n_r}$$

（ii）方程式 $(A-a_iE_n)\boldsymbol{x} = \boldsymbol{o}$ の n_i 個の独立解を求める．

（iii）上の独立解に Gram-Schmidt の直交化法を適用したものを $\boldsymbol{p}_{i1},\cdots,\boldsymbol{p}_{in_i}$ とする．そこで

$$P = \left(\boldsymbol{p}_{11},\cdots,\boldsymbol{p}_{1n_1},\boldsymbol{p}_{21},\cdots,\boldsymbol{p}_{2n_2},\cdots\cdots,\boldsymbol{p}_{r1},\cdots,\boldsymbol{p}_{rnr}\right)$$

とおけば，

$$P\text{ は直交行列，}\quad P^{-1}AP = \begin{pmatrix} a_1E_{n_1} & & \\ & \ddots & \\ & & a_rE_{n_r} \end{pmatrix}$$

証明　対称行列の異なる固有値に属する固有ベクトルは互いに直交するから，$\left\langle \boldsymbol{p}_{11}, \cdots, \boldsymbol{p}_{1n_1}, \cdots\cdots, \boldsymbol{p}_{r1}, \cdots, \boldsymbol{p}_{rn_r} \right\rangle$ は $\boldsymbol{R}^n$ の正規直交基底である．ゆえに P は直交行列である．$A\boldsymbol{p}_{ij} = a_i \boldsymbol{p}_{ij}$ だから

$$
\begin{aligned}
AP &= \left(A\boldsymbol{p}_{11}, \cdots, A\boldsymbol{p}_{1n_1}, \cdots\cdots, A\boldsymbol{p}_{r1}, \cdots, A\boldsymbol{p}_{rn_r}\right) \\
&= \left(a_1\boldsymbol{p}_{11}, \cdots, a_1\boldsymbol{p}_{1n_1}, \cdots\cdots, a_r\boldsymbol{p}_{r1}, \cdots, a_r\boldsymbol{p}_{rn_r}\right) \\
&= \left(\boldsymbol{p}11, \cdots, \boldsymbol{p}_{1n_1}, \cdots\cdots, \boldsymbol{p}_{r1}, \cdots, \boldsymbol{p}_{rn_r}\right) \begin{pmatrix} a_1E_{n_1} & & \\ & \ddots & \\ & & a_rE_{n_r} \end{pmatrix} \\
&= P \begin{pmatrix} a_1E_{n_1} & & \\ & \ddots & \\ & & a_rE_{n_r} \end{pmatrix}
\end{aligned}
$$

$$
\therefore P^{-1}AP = \begin{pmatrix} a_1E_{n_1} & & \\ & \ddots & \\ & & a_rE_{n_r} \end{pmatrix} \qquad \text{(証明終)}
$$

例題（8.3.9）　次の対称行列を対角化せよ．

$$
A = \begin{pmatrix} 0 & -2 \\ -2 & 0 \end{pmatrix}, \quad B = \begin{pmatrix} 3 & 1 & 2 \\ 1 & 3 & -2 \\ 2 & -2 & 0 \end{pmatrix}
$$

解　（ i ）$|tE_2 - A| = t^2 - 4 = (t-2)(t+2)$
固有値 2 に属する固有ベクトル $\boldsymbol{p}$ は，方程式

$$
(A - 2E_2)\boldsymbol{x} = \boldsymbol{o}
$$

を解いて，$\boldsymbol{p} = \begin{pmatrix} t \\ -t \end{pmatrix}$．$\|\boldsymbol{p}\| = 1$ としてたとえば $\boldsymbol{p} = \begin{pmatrix} \frac{1}{\sqrt{2}} \\ -\frac{1}{\sqrt{2}} \end{pmatrix}$．

固有値 -2 に属する固有ベクトル $\boldsymbol{q}$ は，方程式

$$(A+2E_2)\,\boldsymbol{x}=\boldsymbol{o}$$

を解いて，$\boldsymbol{q}=\begin{pmatrix} t \\ t \end{pmatrix}$．$\|\boldsymbol{q}\|=1$ としてたとえば $\boldsymbol{q}=\begin{pmatrix} \frac{1}{\sqrt{2}} \\ \frac{1}{\sqrt{2}} \end{pmatrix}$

$\therefore P=(\boldsymbol{p},\boldsymbol{q})=\dfrac{1}{\sqrt{2}}\begin{pmatrix} 1 & 1 \\ -1 & 1 \end{pmatrix}$ は直交行列で，$P^{-1}AP=\begin{pmatrix} 2 & \\ & -2 \end{pmatrix}$

（ii）$|tE_3-B|=t^3-6t^2+32=(t+2)(t-4)^2$

固有値 -2 に属する固有ベクトル $\boldsymbol{q}$ は，方程式

$$(B+2E_3)\,\boldsymbol{x}=\boldsymbol{o}$$

を解いて，$\boldsymbol{p}=\begin{pmatrix} -t \\ t \\ 2t \end{pmatrix}$．$\|\boldsymbol{p}\|=1$ としてたとえば $\boldsymbol{p}=\dfrac{1}{\sqrt{6}}\begin{pmatrix} -1 \\ 1 \\ 2 \end{pmatrix}$．

固有値 4 に属する固有ベクトルは，方程式

$$(A-4E_3)\,\boldsymbol{x}=\boldsymbol{o}$$

を解いて，$\boldsymbol{x}=\begin{pmatrix} s+2t \\ s \\ t \end{pmatrix}=s\begin{pmatrix} 1 \\ 1 \\ 0 \end{pmatrix}+t\begin{pmatrix} 2 \\ 0 \\ 1 \end{pmatrix}$ 線型独立なもの

はたとえば，$\begin{pmatrix} 1 \\ 1 \\ 0 \end{pmatrix}, \begin{pmatrix} 2 \\ 0 \\ 1 \end{pmatrix}$ である．Gram-Schmidt の正規直交化

を行って，$\boldsymbol{q}_1=\dfrac{1}{\sqrt{6}}\begin{pmatrix} \sqrt{3} \\ \sqrt{3} \\ 0 \end{pmatrix}$，　$\boldsymbol{q}_2=\dfrac{1}{\sqrt{6}}\begin{pmatrix} \sqrt{2} \\ -\sqrt{2} \\ \sqrt{2} \end{pmatrix}$．$\langle \boldsymbol{q}_1,\boldsymbol{q}_2\rangle$ は固

有空間 $V(4)$ の正規直交基底である．ゆえに

$$P=(\boldsymbol{p},\boldsymbol{q}_1,\boldsymbol{q}_2)=\frac{1}{\sqrt{6}}\begin{pmatrix}-1 & \sqrt{3} & \sqrt{2}\\ 1 & \sqrt{3} & -\sqrt{2}\\ 2 & 0 & \sqrt{2}\end{pmatrix}\ \text{は直交行列},$$

$$P^{-1}BP=\begin{pmatrix}-2 & & \\ & 4 & \\ & & 4\end{pmatrix}.$$

§8.3 の練習問題

1. 次の行列を直交行列により対角化せよ．

$$A=\begin{pmatrix}-1 & 8\\ 8 & 11\end{pmatrix},\quad B=\begin{pmatrix}3 & 7\\ 7 & 3\end{pmatrix},\quad C=\begin{pmatrix} & & 2\\ & 3 & \\ 2 & & \end{pmatrix},$$

$$D=\begin{pmatrix}-7 & 4 & 4\\ 4 & -1 & 8\\ 4 & 8 & -1\end{pmatrix},\quad F=\begin{pmatrix}5 & 0 & -\sqrt{2}\\ 0 & 6 & 0\\ -\sqrt{2} & 0 & 4\end{pmatrix}$$

2. 全区間 $(-\infty,\infty)$ において C^1 級であって周期が 1 の，すなわち $f(t+1)=f(t)$ をみたす，実数値関数全体 V に，$(f|g)=\displaystyle\int_0^1 f(t)g(t)dt$ によって内積を定める．微分演算子 $D=d/dt$ の転置変換 ${}^tD$ を求めよ．

定義 n 次の実対称行列 A に対して，A の固有値の中で正のものが p 個（重複度も入れて），負のものが q 個であるとき，対 (p,q) を A の**符号**といい，$\mathrm{sgn}(A)=(p,q)$ で表す．　$(0\leqq p,\ q\leqq n, 0\leqq p+q\leqq n)$

3. 対称行列 A に対して，A が正則のとき，A^{-1} も対称行列であって，$\mathrm{sgn}\left(A^{-1}\right)=\mathrm{sgn}(A)$ であることを証明せよ．

4. n 次の対称行列 A の固有多項式を

$$\det(tE_n - A) = t^n + c_1 t^{n-1} + \cdots + c_k t^{n-k} + \cdots + c_{n-1}t + c_n$$

とする．このとき，次を証明せよ．

$$\mathrm{sgn}(A) = (n, 0) \iff (-1)^k c_k > 0 \quad (1 \leqq k \leqq n)$$

§8.3 の答

1. $\begin{cases} P = \dfrac{1}{\sqrt{5}}\begin{pmatrix} -2 & 1 \\ 1 & 2 \end{pmatrix} \\ P^{-1}AP = \mathrm{diag}(-5, 15), \end{cases}$ $\begin{cases} Q = \dfrac{1}{\sqrt{2}}\begin{pmatrix} 1 & 1 \\ -1 & 1 \end{pmatrix} \\ Q^{-1}BQ = \mathrm{diag}(-4, 10) \end{cases}$

$\begin{cases} R = \dfrac{1}{\sqrt{2}}\begin{pmatrix} 1 & 1 & 0 \\ 0 & 0 & \sqrt{2} \\ -1 & 1 & 0 \end{pmatrix} \\ R^{-1}CR = \mathrm{diag}(-2, 2, 3), \end{cases}$ $\begin{cases} S = \dfrac{1}{3}\begin{pmatrix} 1 & 2 & 2 \\ 2 & -2 & 1 \\ 2 & 1 & -2 \end{pmatrix} \\ S^{-1}DS = \mathrm{diag}(9, -9, -9), \end{cases}$

$\begin{cases} T = \dfrac{1}{\sqrt{6}}\begin{pmatrix} \sqrt{2} & -\sqrt{2} & \sqrt{2} \\ 0 & \sqrt{3} & \sqrt{3} \\ 2 & 1 & -1 \end{pmatrix} \\ T^{-1}FT = \mathrm{diag}(3, 6, 6) \end{cases}$

2. $$\begin{aligned}(Df|g) &= \int_0^1 f'(t)g(t)dt = [f(t)g(t)]_0^1 - \int_0^1 f(t)g'(t)dt \\ &= (f| - Dg)\end{aligned}$$
$\therefore {}^tD = -D$

3. A の固有値を $a_1, \cdots, a_n$ とすると，$|A| = a_1 \cdots a_n \neq 0, n = p + q$. 直交行列 P があって $P^{-1}AP = \mathrm{diag}(a_1, \cdots, a_n)$．両辺の逆行列をとると，$P^{-1}A^{-1}P = \mathrm{diag}({a_1}^{-1}, \cdots, {a_n}^{-1})$ となり，A^{-1} の固有値は $a_1^{-1}, \cdots, a_n^{-1}$ である．a_i と a_i^{-1} の符号は等しいから，$\mathrm{sgn}(A^{-1}) = \mathrm{sgn}(A)$

4. $(\Longrightarrow)$ 固有値を $a_1, \cdots, a_n$ とすると

$$(-1)^k c_k = \sum_{1 \leqq i_1 < \cdots < i_k \leqq n} a_{i_1} a_{i_2} \cdots a_{i_k} > 0.$$

$(\Longleftarrow)t < 0$のとき$t^{-n}|tE_n - A| = 1 + \sum_{k=1}^{n} (-1)^k c_k (1/-t)^k > 0.$

$\therefore |tE_n - A| \neq 0$

おわりに二つのことを述べておきたい.

第一に　次の諸事実の間の関係は大変面白いと私は思う．貴方の感想はどうであろうか.

（i）正方行列 A に対して $\det({}^tA) = \det A$　(6.1.6)

（ii）(m, n) 行列に対して

（独立な列の最大個数）＝（独立な行の最大個数）　(5.3.5)

（iii）$\dim V = n, V \ni \boldsymbol{b}_1, \cdots, \boldsymbol{b}_n$ のとき

$\boldsymbol{b}_1, \cdots, \boldsymbol{b}_n$ が線型独立 $\Longleftrightarrow \boldsymbol{b}_1, \cdots, \boldsymbol{b}_n$ が Vを生成する.

（iv）$\dim V = \dim V' < \infty, F : V \longrightarrow V'$ が線型写像のとき

Fが単写像 $\Longleftrightarrow$ Fが全写像　(5.3.4)

（v）n 次行列 A, B に対して

$AB = E_n \Longleftrightarrow BA = E_n$　(1.3.5)

第二に　本書の主題を行列の言葉でいえば，次のとおり

（i）(m, n) 行列を $A \longrightarrow PAQ = \begin{pmatrix} E_r & O \\ O & O \end{pmatrix}$ と基本変形すること.

（ii）正方行列 A に対し正則行列 Tをとって $T^{-1}AT$を対角行列とすること（線型変換の標準形）

（iii）対称行列 A に対し直交行列 Pをとって $P^{-1}AP$を対角行列とすること（対称変換の標準形）

（iv）対称行列 A に対し直交行列 Pをとって ${}^tPAP$を対角行列とすること（二次形式の標準形）

本書では（iv）には触れなかった.（iii）と（iv）とは，${}^tP = P^{-1}$だから同じことであるが，発想は異なる.（i），（iii），（iv）は必

ずできる．（ii）はできる場合とできない場合とがある．

著者紹介：

有馬　哲（ありま・さとし）

東京大学理学部化学科卒

東京大学理学部数学科卒

早稲田大学名誉教授，理学博士

現数 Select　No.7　線型空間と線型写像

2024 年 4 月 21 日　　初版第 1 刷発行

著　者　　有馬　哲

編　者　　森　　毅

発行者　　富田　淳

発行所　　株式会社　現代数学社

〒606–8425 京都市左京区鹿ヶ谷西寺ノ前町 1

TEL 075 (751) 0727　FAX 075 (744) 0906

https://www.gensu.co.jp/

装　幀　　中西真一（株式会社 CANVAS）

印刷・製本　　亜細亜印刷株式会社

ISBN 978-4-7687-0634-3　　2024 Printed in Japan